Karl-Heinz Schelling

Bauwerke und Stadtansichten zeichnen

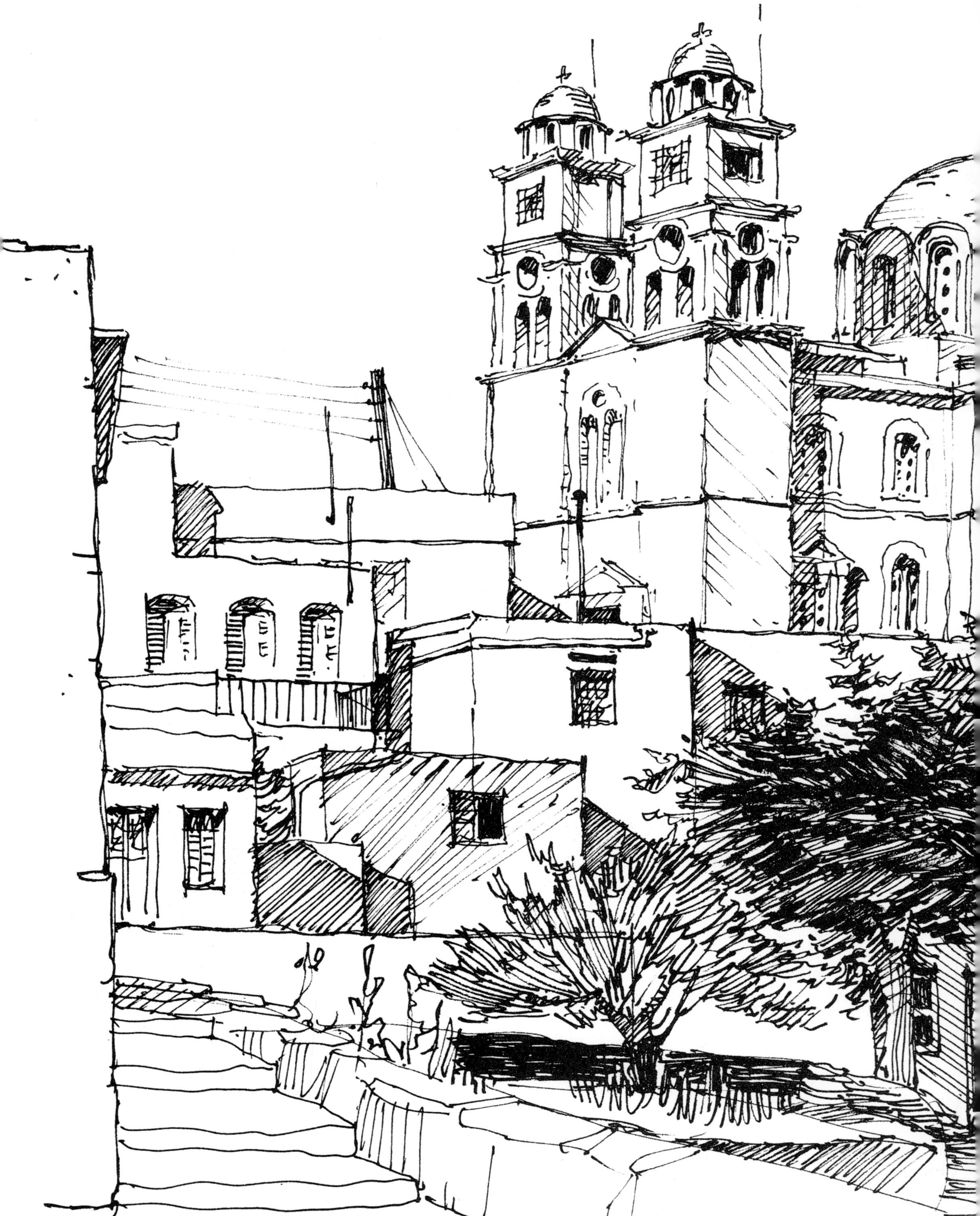

Karl-Heinz Schelling

Bauwerke und Stadtansichten zeichnen

Für Studium und Freizeit

Augustus Verlag

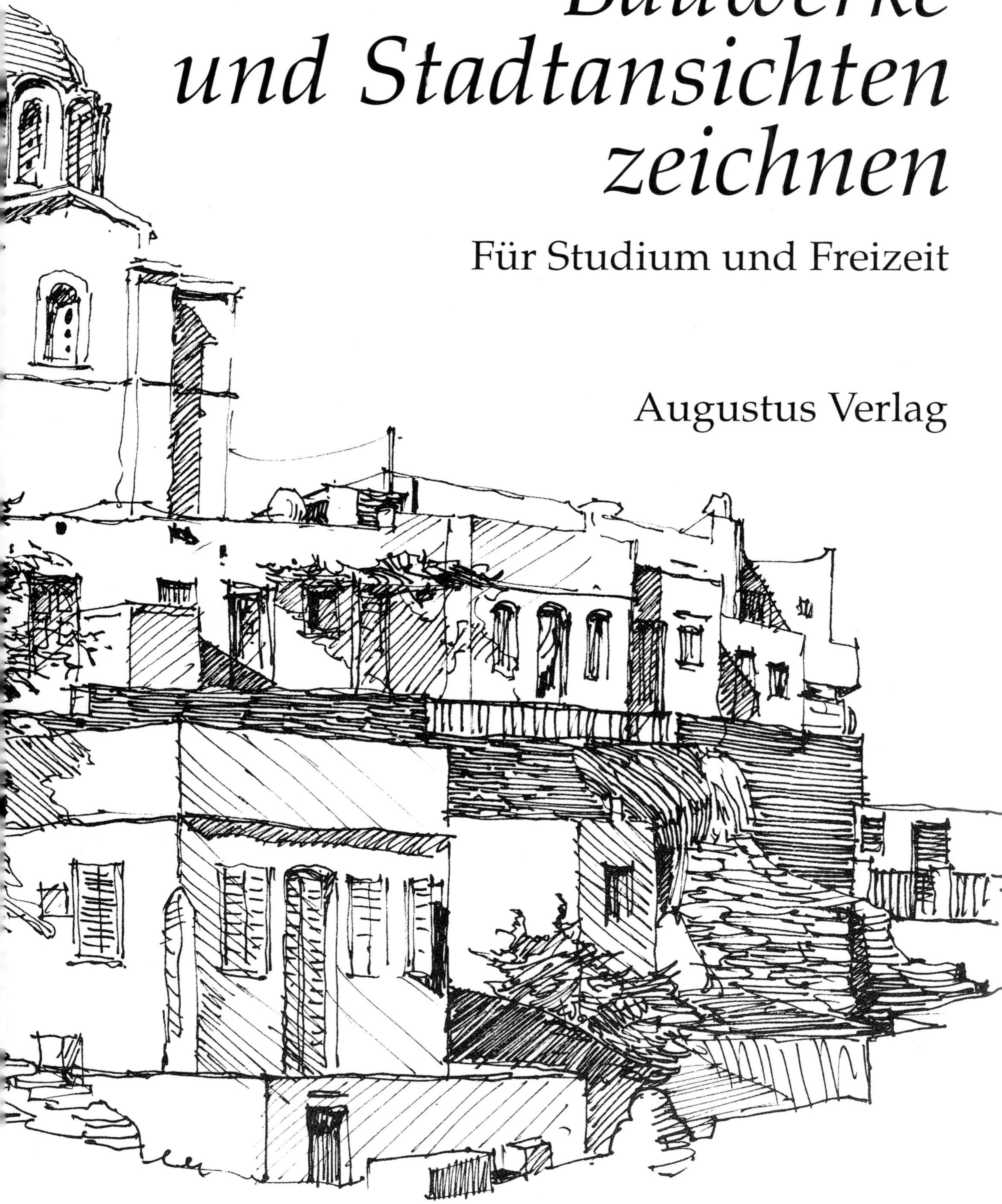

Inhalt

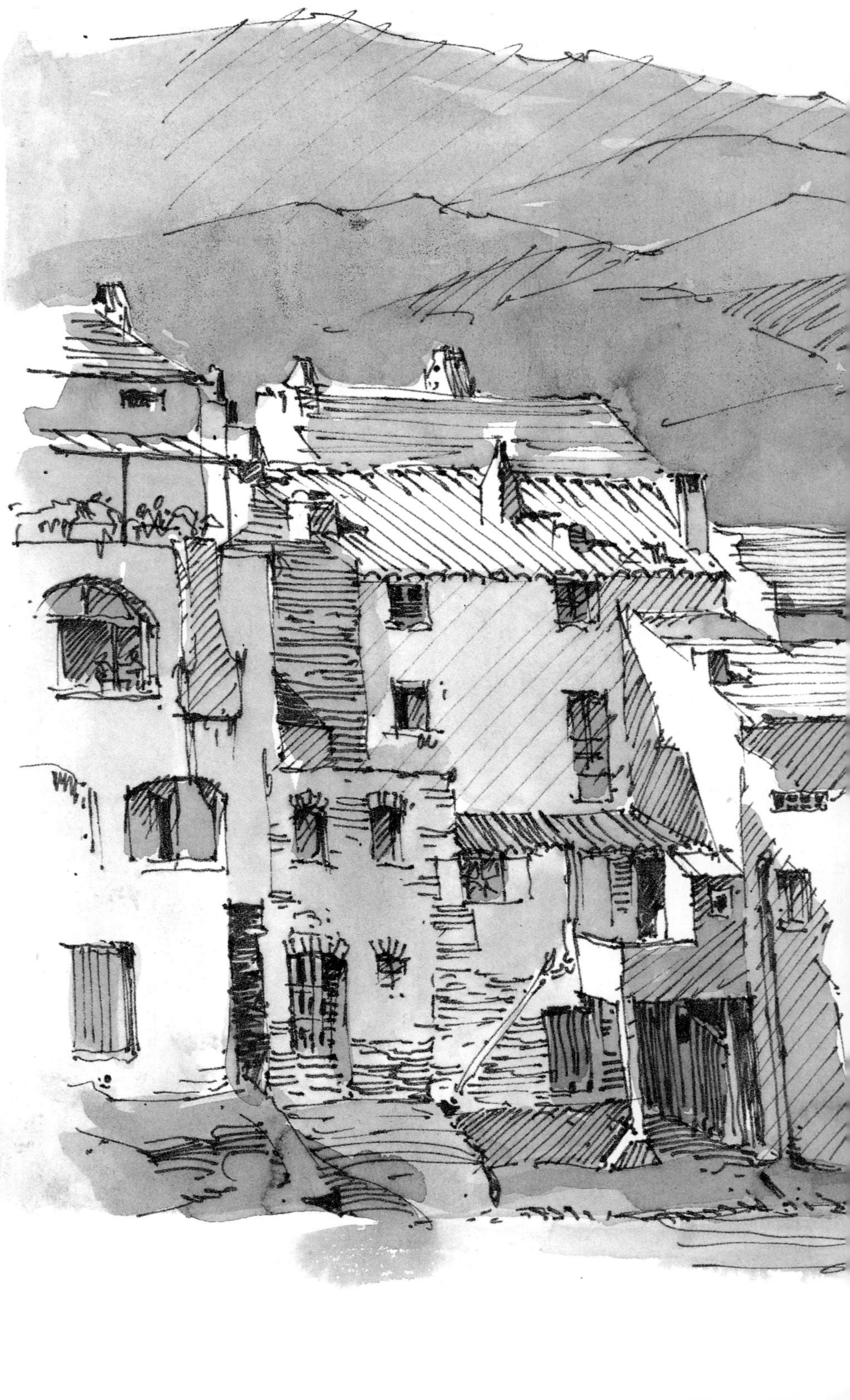

Saint-Florent auf Korsika (1980)

Meinen Freunden

Leo Leonhard, dem Maler und Hochschullehrer, danke ich für seine engagierte Unterstützung und Gesprächsbereitschaft. Die anregende und auch kontroverse Diskussion trug zur Prüfung von Theorieansätzen ebenso bei, wie sie für das Verstehen von Art, Auswahl und Bedeutung der abgebildeten Beispiele wichtig war. So konnten noch nicht eindeutige Passagen geklärt und notwendige Korrekturen vorgenommen werden.

Dr. Eugen Bruno, mein Kollege und kritischer Gesprächspartner, gab mir die Möglichkeit, in seinem Seminar „Stadtbaugeschichte“ das Thema Stadtbildanalyse am Beispiel Eisleben im neuen Kontext vorzustellen, zu diskutieren und zu reflektieren. Auch ihm sei dafür herzlich gedankt.

Karl-Heinz Schelling

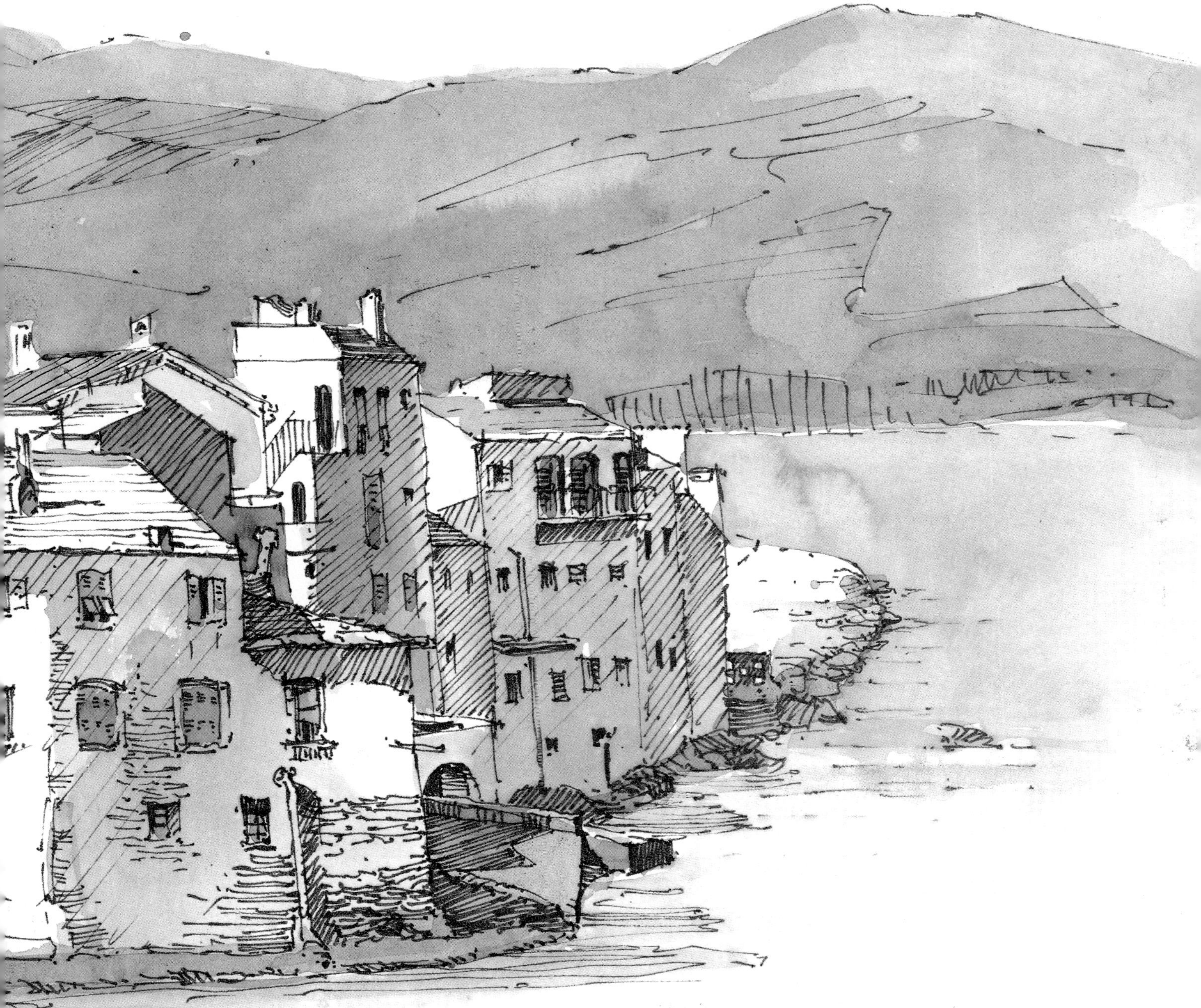

Fotos selbst zeichnen – Vorgespräch an Stelle eines Vorworts

Vor dem Gerichtsgebäude in Darmstadt sitzt ein Zeichner mit Skizzenblock. Eine Passantin, die ihm beim Zeichnen über die Schulter schaut, sagt zu ihrer Begleitung: „Der zeichnet seine Fotos selbst." Dann wendet sie sich dem Zeichner zu, und es entwickelt sich ein Gespräch.

Passantin: Das habe ich mir immer gewünscht, so zeichnen zu können.

Zeichner: Sie können es. Sie haben doch auch sprechen gelernt.

Darmstadt, „Seufzerbrücke" am Gericht (1986)

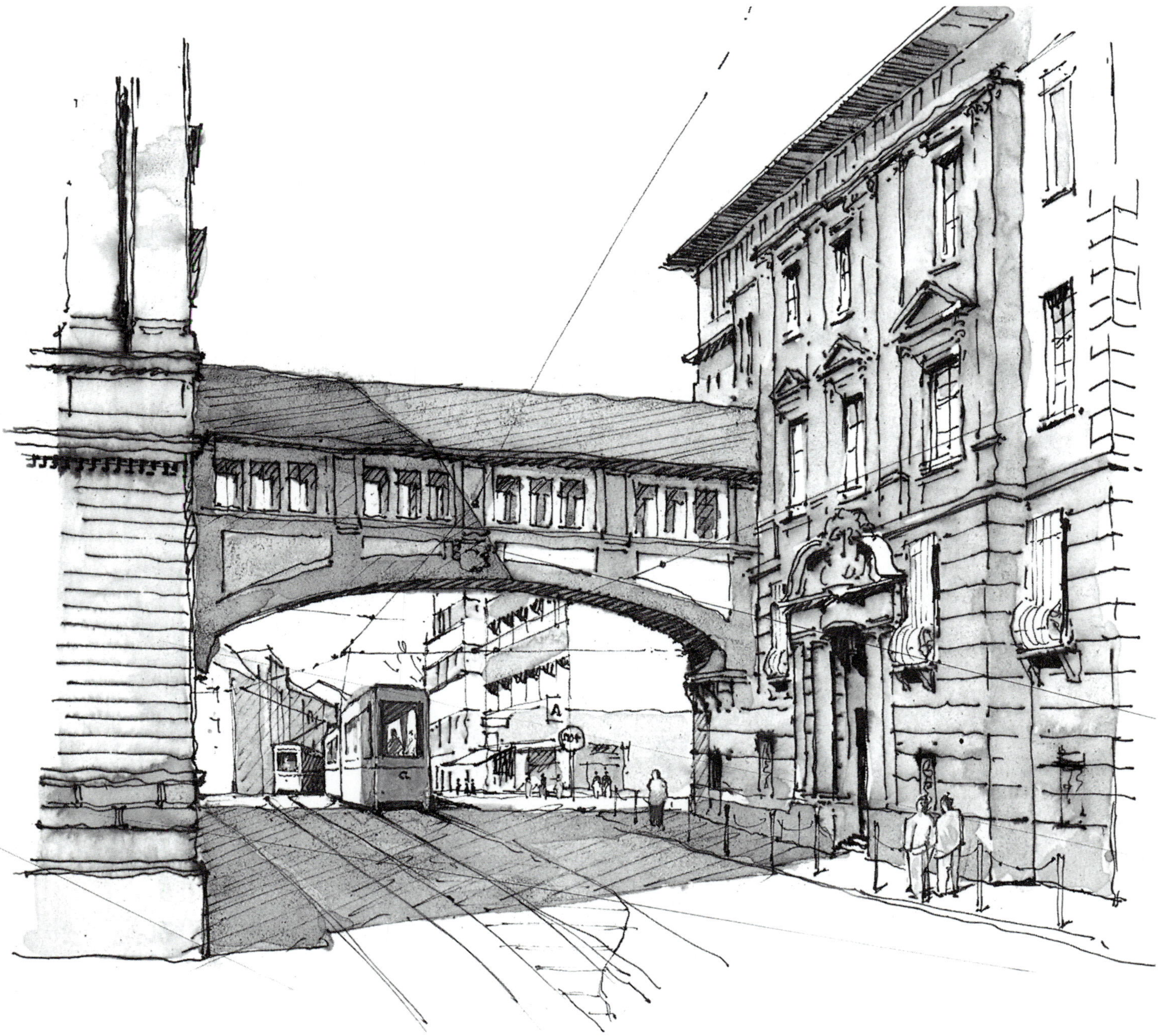

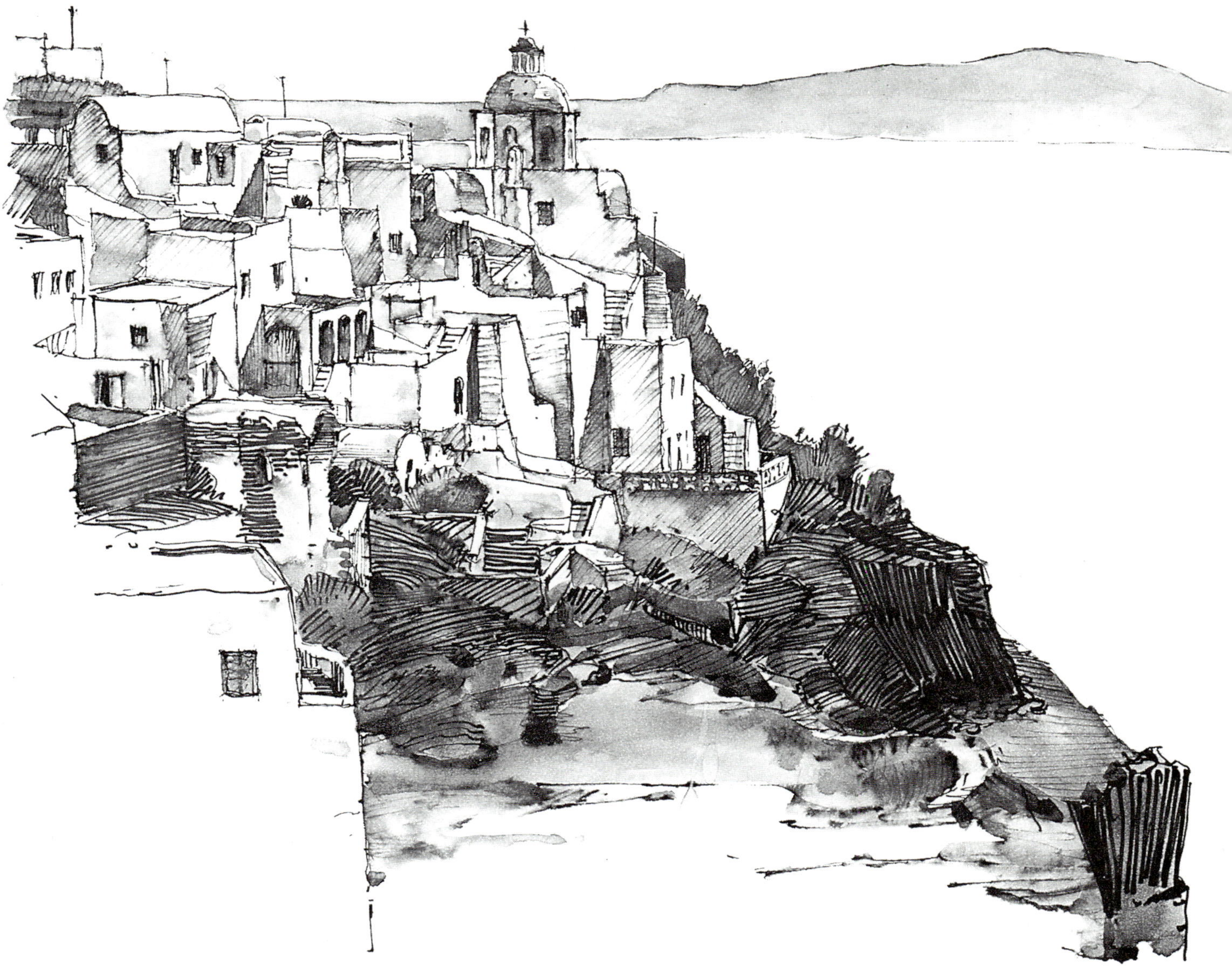

Santorin (1979)

P.: Das verstehe ich nicht. Was hat das mit Zeichnen zu tun?

Z.: Nun, Zeichnen lernt man als Ganzes, als System, wie man seine Muttersprache gelernt hat. Nicht, indem man wie beim Erlernen einer Fremdsprache Vokabeln und Grammatik paukt.

P.: Wieso? Zeichnen muß man doch üben, wenn man es nicht kann. Man braucht ein geschultes Auge, und man muß wissen, mit welchen Strichen und Linien Dinge auf dem Papier festgehalten werden. Wenn das so einfach wäre!

Z.: Daß es einfach ist, habe ich nicht gesagt. Es ist nur so: Wenn man Zeichnen lernen will, muß man sich nicht in einzelnen Lernschritten über das ABC von Linien, Strichen und Mustern zum eigentlichen Thema, zum Motiv vorarbeiten. Der Lernprozeß ist eher ein sich wiederholender Durchlauf mit jeweils neuen Erfahrungen und auch jeweils auf einem höheren Zeichenniveau.

P.: Sie meinen, man kann sich einfach irgendwohin setzen und zum Beispiel hier diese Gebäude zeichnen, ohne daß man vorher irgendwelche Übungen gemacht hat?

Z.: Ja, das ist die Vorgehensweise, die meiner Ansicht nach dazu hilft, das Zeichnen zu erlernen: die Architektur, zum Beispiel dieses Gerichtsgebäude, in ihrer Vielfalt zu sehen, schon am Anfang Zusammenhänge zu erfassen und zu verinnerlichen. Beim Zeichnen können Sie dann vom Ganzen aufs Einzelne gehen. Sie müssen alles im Zusammenhang sehen und erarbeiten, am Objekt, am Material oder durch visuelles Training.

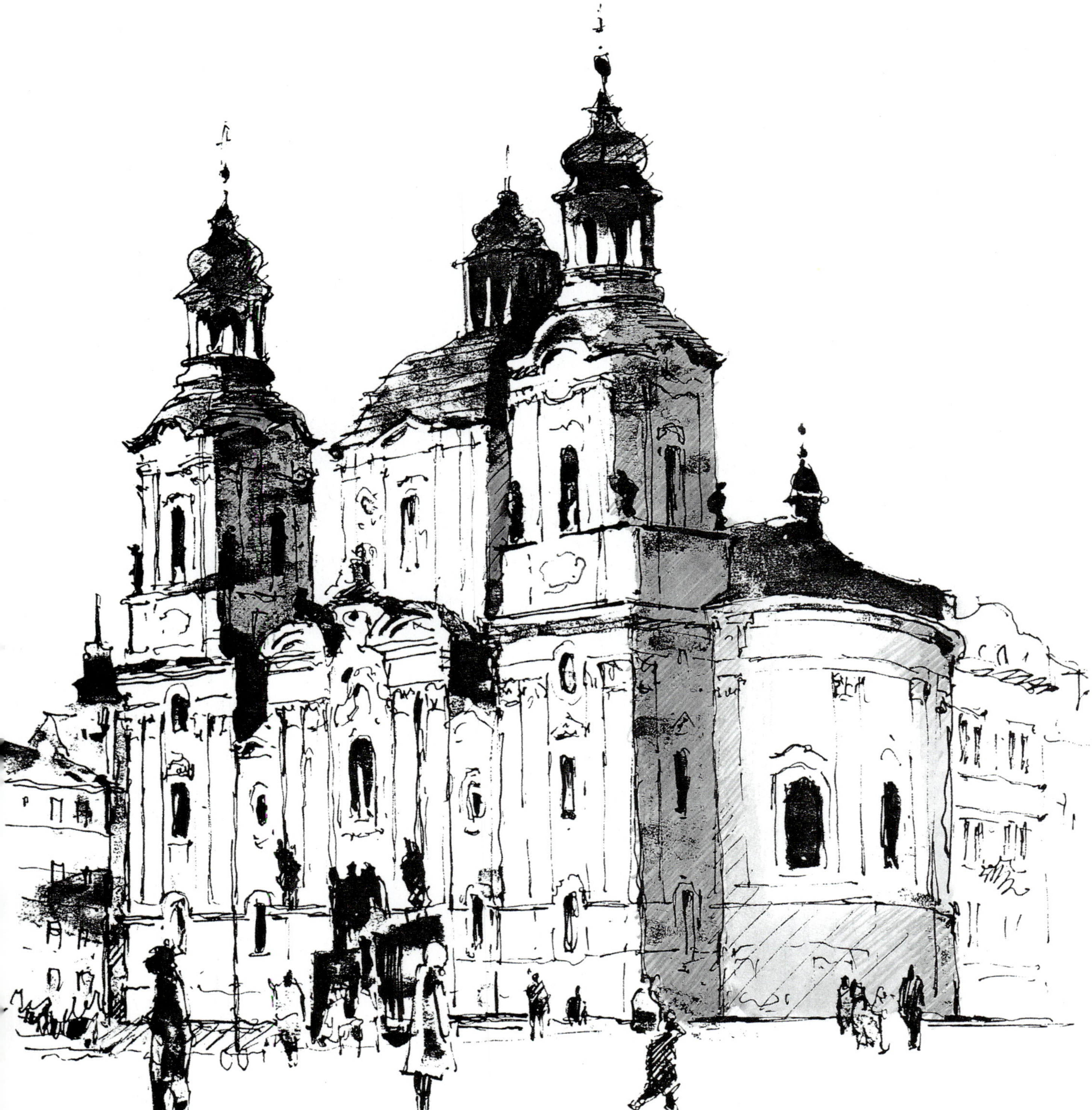

Prag, St. Nikolaus (1973)

P.: Also doch nicht gleich zeichnen, sondern erst sehen, anschauen?

Z.: Indem er ein Motiv betrachtet, erlebt der Zeichner die Formen und Gegenstände der Wirklichkeit, er macht sie sich bewußt und verarbeitet ihre Erscheinung. So kann sein Erlebnis zur Wiedergabe des Gesehenen führen. Er lernt, Zeichen zu setzen, seinen persönlichen Code zu finden und das Wesentliche der Wirklichkeit darzustellen.

P.: Das heißt dann also: Jeder Zeichner gibt eine andere Sicht der Dinge wieder. Ich dachte immer, Architekturzeichnen ist eine objektive Darstellungsart.

Z.: Natürlich sieht jeder die Welt mit eigenen Augen. Beim Architekturzeichnen werden ja nicht alle Einzelheiten eines Gebäudes dargestellt. Daher ist jede Freihandzeichnung auch eine Interpretation der Wirklichkeit, die bei einem anderen Zeichner ganz anders ausfallen kann.

P.: Aber es gibt doch geometrische Gesetze für die Darstellung des Raumes auf einem Zeichenblatt. Wird denn ein Gebäude nicht nach den Gesetzen der Perspektive konstruiert? Das müßte doch bei allen Zeichnern, die vom gleichen Standpunkt aus zeichnen, auch zum gleichen Ergebnis führen.

Z.: Es geht nicht um räumliche Darstellung, sondern darum, die Erscheinung des Räumlichen zu zeichnen. Das ist sicher nicht ganz einfach zu verstehen. Es erscheint paradox, daß wir dreidimensionale Gebilde in uns aufnehmen, sie gedanklich abstrahieren, damit sie auf eine zweidimensionale Fläche projiziert werden können, und die Projektion beim Betrachter wieder ein dreidimensionales Bild entstehen läßt.

Kastro auf Sifnos, Kykladen (1979)

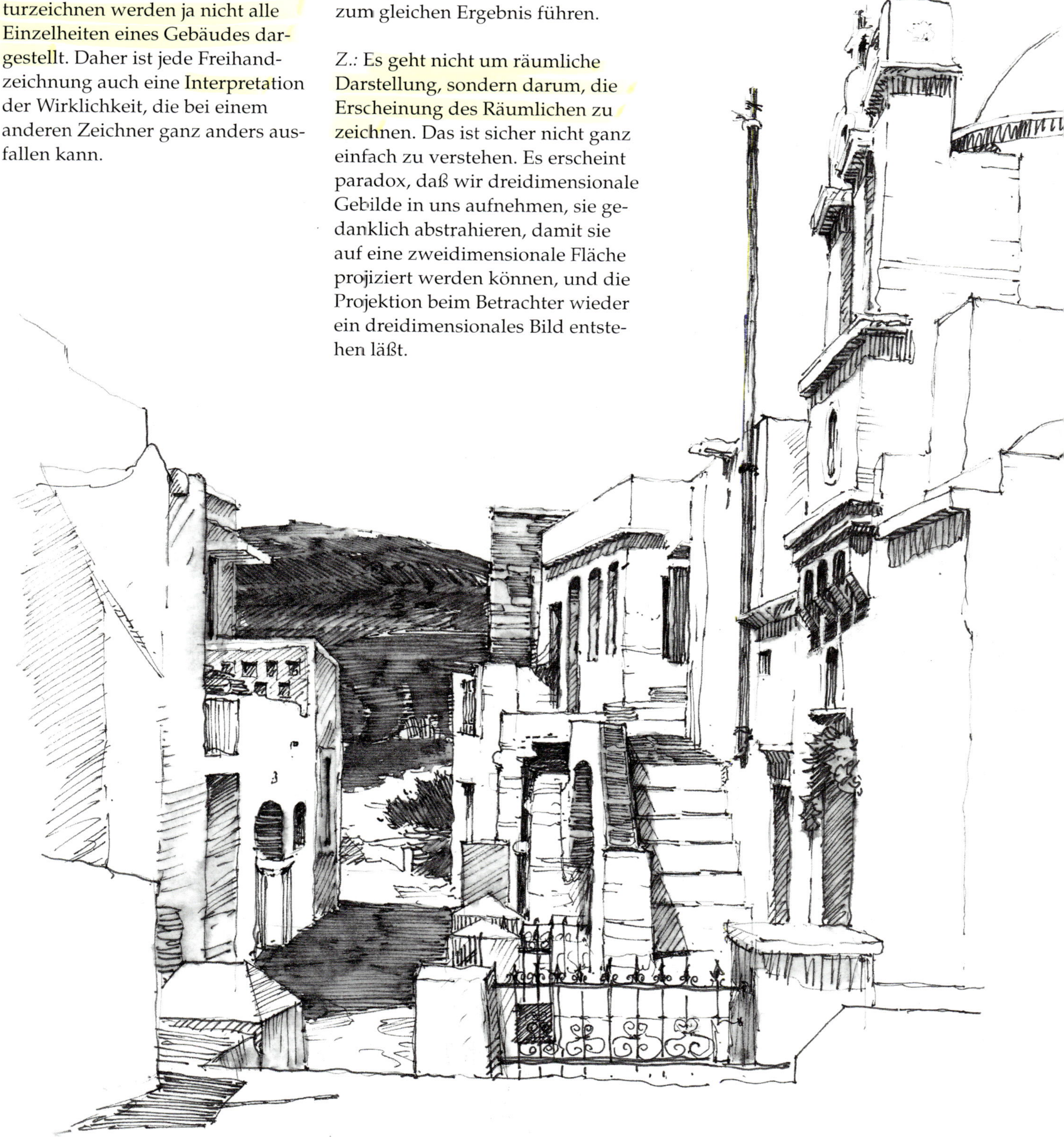

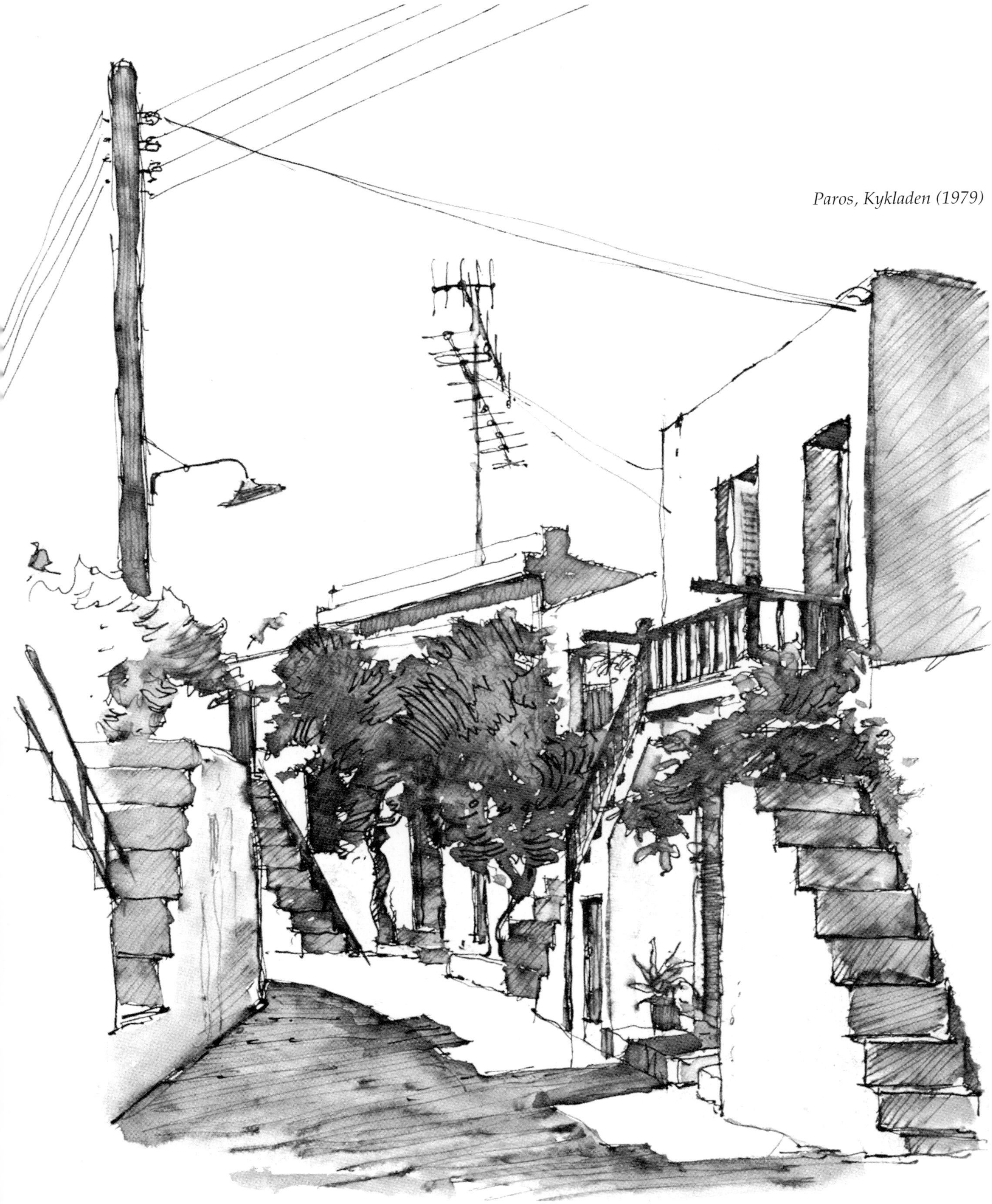

Paros, Kykladen (1979)

P.: Und warum geht das nicht mit den geometrischen Mitteln, die z. B. die Perspektive bietet? Arbeiten nicht alle Zeichner mit Hilfe dieser gedachten Konstruktionen? Sie wird doch auch unterrichtet, etwa beim Architekturstudium.

Z.: Mit diesen Instrumentarien wären wir bald am Ende. Allein die Frage nach den Fluchtpunkten wird kritisch, wenn sie außerhalb des Zeichenblattes liegen.

P.: Aber ist das nicht letztlich eine Frage der Übung oder der Erfahrung, wie man damit umzugehen hat?

Z.: Es ist natürlich richtig, daß wir über jedes System, das wir anwenden, erst dann frei verfügen können, wenn wir genügend Erfahrungen damit gesammelt haben. Dabei ist das System immer nur ein Hilfsmittel. Ich komme noch mal zu den Fluchtpunkten. Dabei meine ich zunächst nur zwei, z. B. bei einem rechtwinkligen Gebäude, bei dem zwei Außenseiten gezeichnet werden. Aber wie wollen Sie Fluchtpunkte handhaben bei Motiven, etwa im mediterranen Raum, die sich nur als plastische Form darstellen: Häuser, die die Richtung wechseln, Bauteile, die

Darmstadt-Eberstadt (1986)

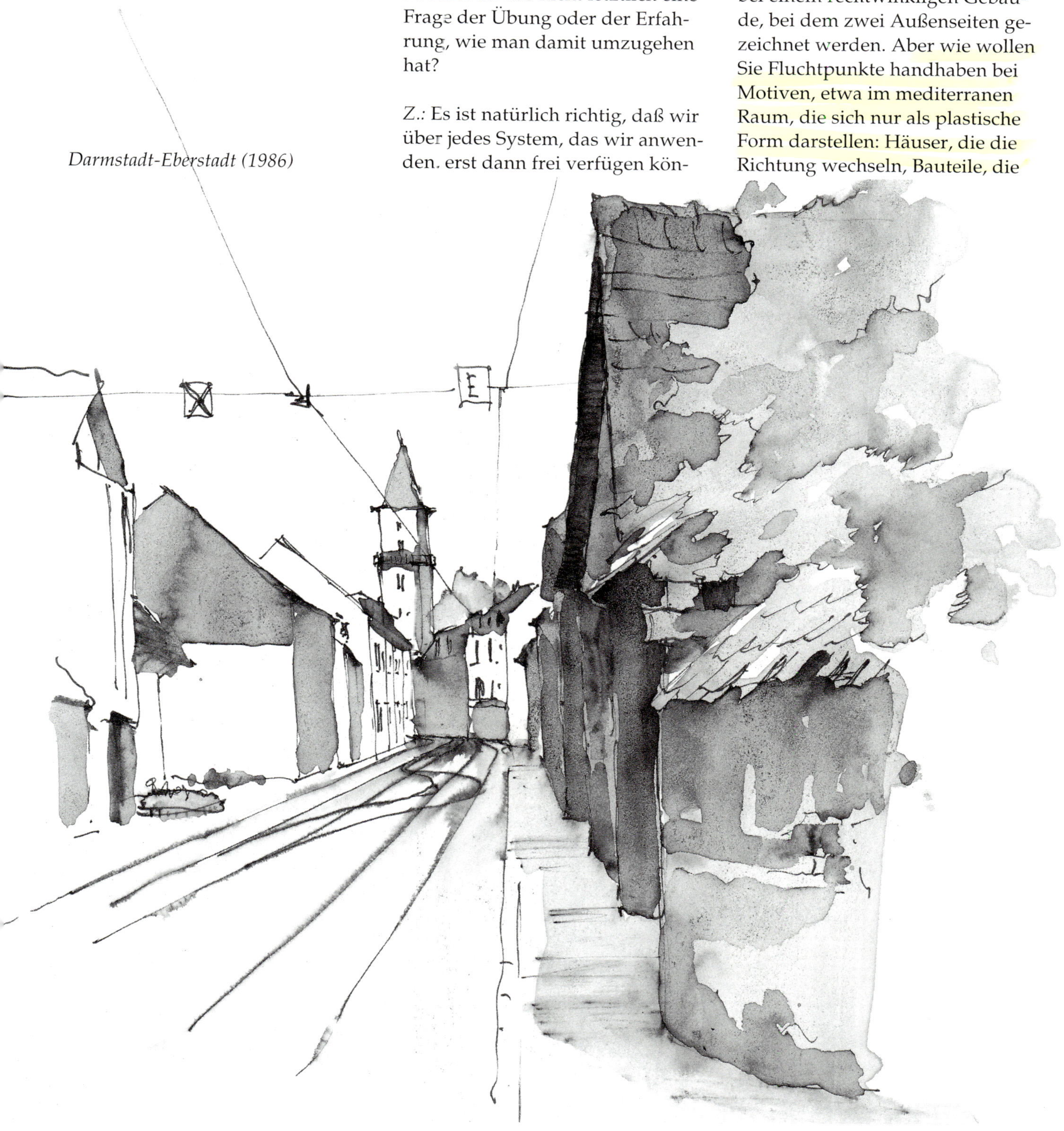

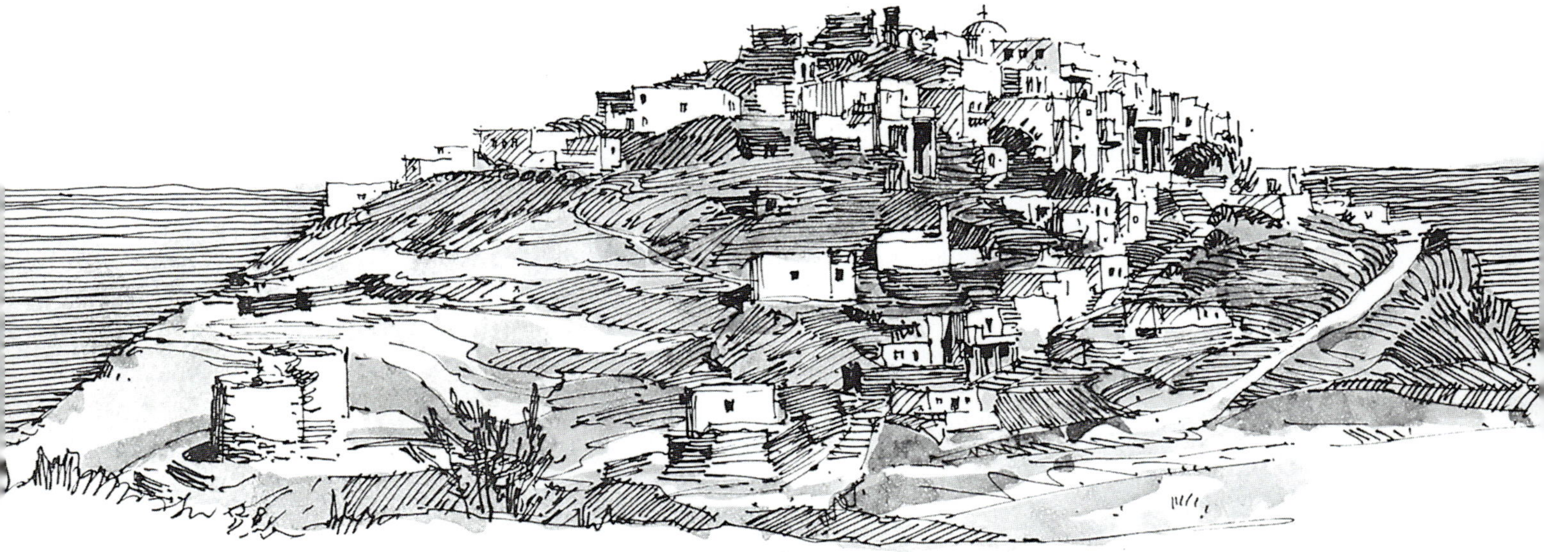

Kastro auf Sifnos, Kykladen (1979). Verdichtete, aber unterschiedliche Formen lassen die Gebäude auf der Kuppe naturhaft gewachsen erscheinen. Die Ausrichtung der Häuser wechselt ständig mit dem Verlauf der Höhenschichten.

in einem anderen als im rechten Winkel zur Grundform des Hauses stehen? Da läßt sich für meine Begriffe die Konstruktion mit Fluchtpunkten oder Fluchtlinien nicht mehr anwenden.

P.: Und wie ist es bei einfacheren Motiven? In unserem Bereich oder unserem Kulturraum finden wir doch fast überall den rechten Winkel an Gebäuden. Ist es denn da nicht sinnvoll, die Zeichnung mit Hilfe der Perspektive zu konstruieren?

Z.: Ich verstehe Ihren Einwand, und ich weiß, daß viele so denken. Aber ich kann Ihnen nicht recht geben. Das Argument mit den vielen Richtungen bei komplizierten Gebäudeformen – oder noch stärker bei Architektur, die sich einem bewegtem Relief anpaßt – ist nur ein technisches. Entscheidend ist für mich das Phänomen der Erscheinung eines vielfältigen und vergänglichen Bildes, auch eines Architekturmotivs. Wenn wir es anschauen, nehmen wir es als Ganzes wahr. Um es zeichnen zu können, müssen wir von diesem Ganzen ein Bild abstrahieren. Das ist ein gedanklicher Prozeß. Ein geschlossenes System wie die Konstruktion der Perspektive mit zwei oder mehr Fluchtpunkten reicht dafür nicht aus. Zum Architekturzeichnen brauchen wir als gedankliche Hilfe ein n-fach auszudehnendes, nach allen Richtungen offenes System, ein Netz von Beziehungen, das von einem Punkt zum anderen weiterhilft und Beziehungen herstellen läßt. Es kann immer wieder horizontal und vertikal geprüft werden durch Schnittpunkte der Linien von Gebäudekanten oder von Details in den Gebäudeflächen. Dieses Netz hat eine eigene Struktur und ist alles andere als ein starres Schema oder Muster. Die Linien und Flächen, die mit Hilfe dieses Denkens herausgefunden werden, sind von Fall zu Fall, d. h. von Objekt zu Objekt neu zu erkennen, und sie werden erst beim Zeichnen entwickelt. Den Ausgangspunkt, den Beginn der Zeichnung kann man frei wählen, wobei jedoch durch die senkrecht zur Blickrichtung stehende Bildebene der Standpunkt vorgegeben ist.

P.: Ist das nachvollziehbar, auch für Laien? Kann man danach zeichnen?

Z.: Wenn Sie diese Gedankengänge verstanden haben, können Sie danach zeichnen. Sie müssen nur Ihre Scheu ablegen und den ganzen theoretischen Ballast hinter sich lassen. Gestehen Sie sich zu, am Anfang Fehler zu machen, sie sind notwendig für den Lernprozeß beim Zeichnen.

P.: Ihre Überlegungen leuchten mir ein. Ich werde darüber nachdenken, und dann werde ich wohl einfach mal versuchen, selbst zu zeichnen.

Einführung

Ergebnis eines Arbeits-aufenthalts

Vor einigen Jahren führte mich ein zweiwöchiger Arbeitsaufenthalt zusammen mit meinem Kollegen Bruno und 15 Architekturstudenten nach Portugal. Das Dorf Pomarao nahe bei Mertula, einer Kreisstadt im Süden des Landes, sollte aufgenommen, vermessen und dokumentiert werden. Erbaut wurde das Dorf im 19. Jahrhundert mit Hilfe der Engländer, die die Schürfrechte zum Abbau von Mineralien besaßen und eine Verladestation am Fluß benötigten.

Um das Dorf, das eine einmalige Struktur besitzt, als Ganzes zu erfassen, war es nötig, Freihandzeichnungen anzufertigen. Bei den Vorgesprächen zeigte sich, daß nur wenige Studenten über Erfahrungen im Freihandzeichnen verfügten. Der Wunsch, freihändig zu zeichnen, war offensichtlich bei den meisten unterentwickelt.

So war es nötig, Vorurteile auszuräumen, und die Teilnehmer willigten vor der Abreise in folgende Übereinkunft ein:

1. Zeichnen ist erlernbar, und jeder wird es während des Arbeitsaufenthaltes lernen.

2. Bis zum Ende des Arbeitsaufenthaltes wird jede Teilnehmerin und jeder Teilnehmer wenigstens eine Freihandzeichnung herstellen, die den Anforderungen an eine gute Zeichnung gerecht wird.

3. Wo Schwierigkeiten auftauchen, werden diese im Einzelunterricht überwunden. Diese Nachhilfe findet außerhalb der Gruppenarbeit in der Freizeit statt.

Die Freihandzeichnungen, die bei dem Aufenthalt in Portugal entstanden, waren gut. Jeder Teilnehmer brachte als Ergebnis wenigstens eine Freihandzeichnung mit nach Hause. Die Zeichnungen entstanden teilweise unter Schweiß und Mühe, manchmal waren die Zeichner der Verzweiflung nahe, doch am Ende waren fast alle überrascht vom Ergebnis ihrer Bemühungen. Viele Schwierigkeiten waren überwunden, Vorurteile und falsch interpretierte Begriffe wie Begabung, Kunst, Kreativität waren richtiggestellt.

Pomarao, Portugal.
Südseite des Dorfes, vom gegenüberliegenden Ufer aus gesehen. Topographie und Gebäudeformen werden durch die horizontal geschichtete Struktur zur Einheit

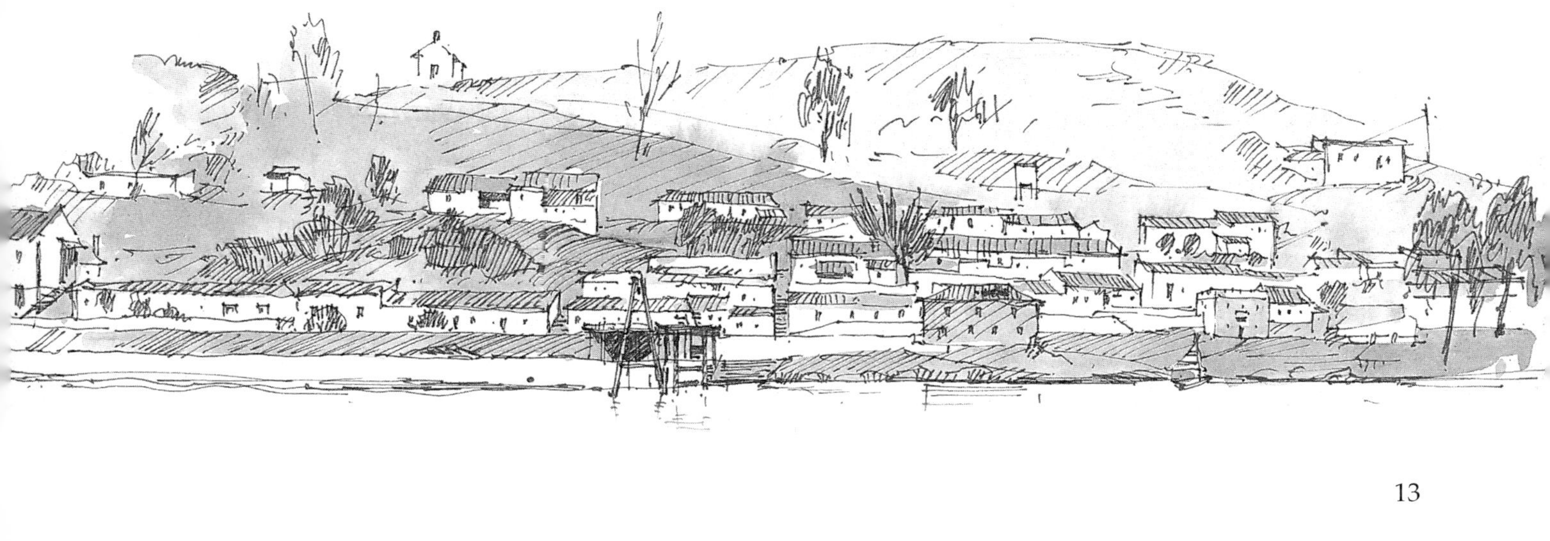

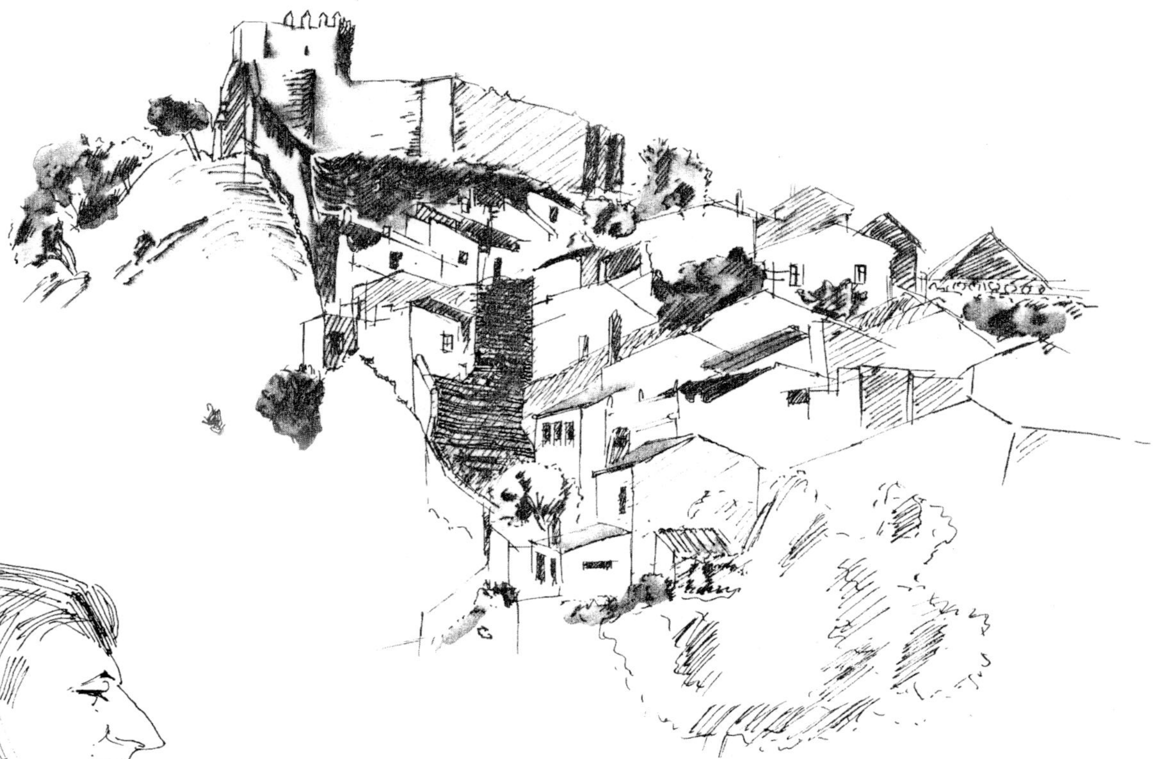

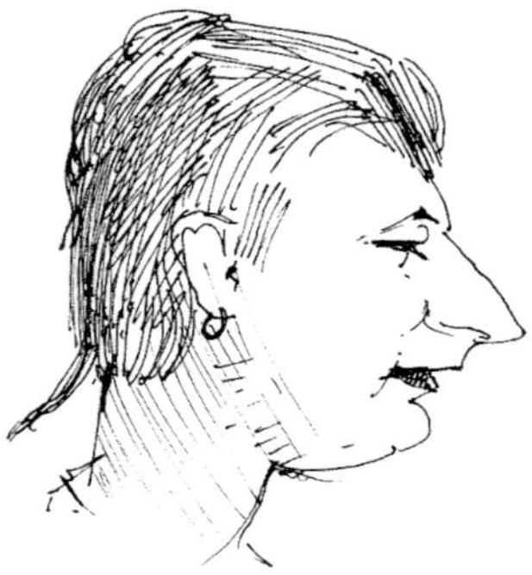

Portugal: Studentenzeichnungen I. Gegenübergestellt sind jeweils zwei Zeichnungen desselben Motivs. Oben die Stadt Mertula, bei der die Staffelung, das Hintereinander der Gebäude in den richtigen Proportionen wiedergegeben ist. Die Horizontalen von Dächern und Bauteilen als steigende und fallende Linien sind richtig gesehen und gezeichnet. Die Zeichnungen sind zwar nicht kunstvoll, aber richtig. Sie sind der persönliche Ausdruck unterschiedlicher Sehweisen und Auffassungen. Die Besonderheiten und charakteristischen Merkmale der Bauformen sind richtig erkannt.

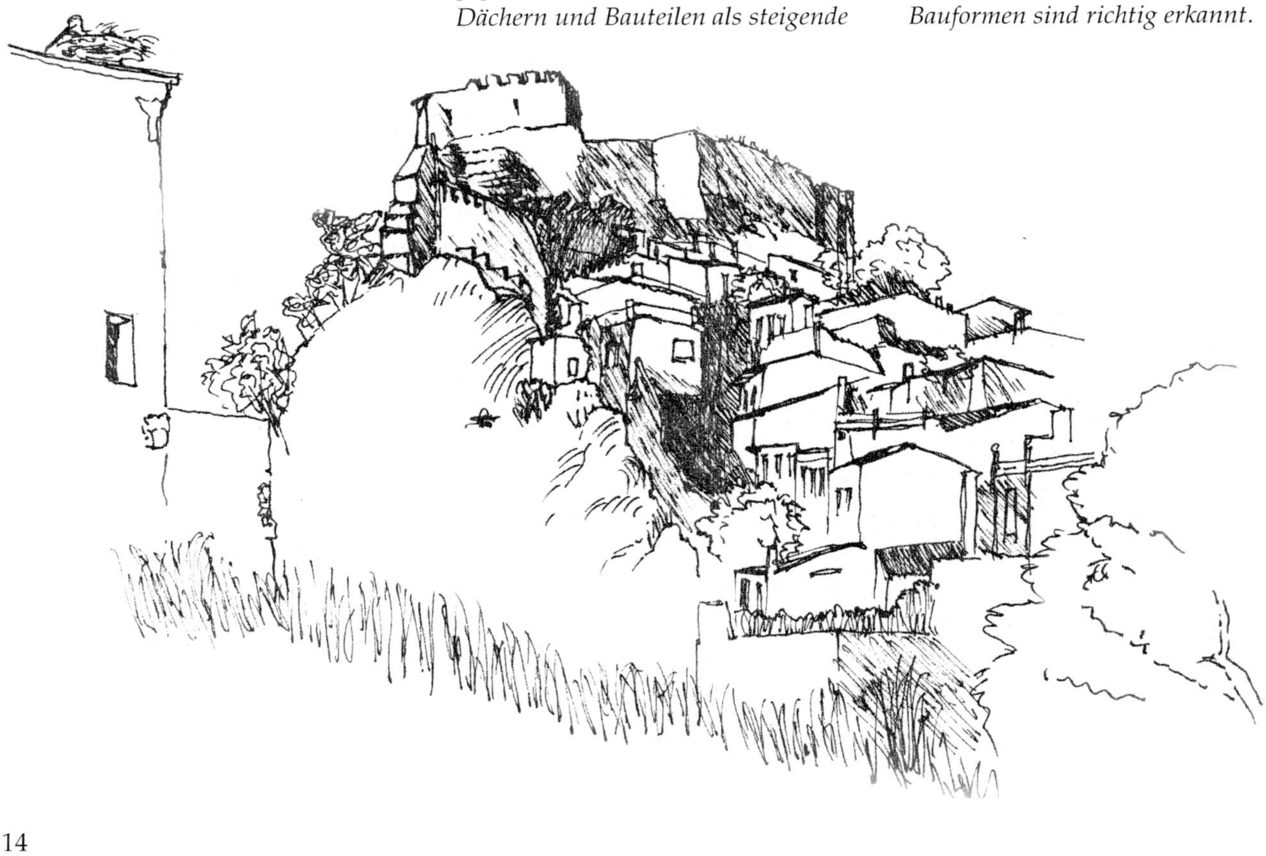

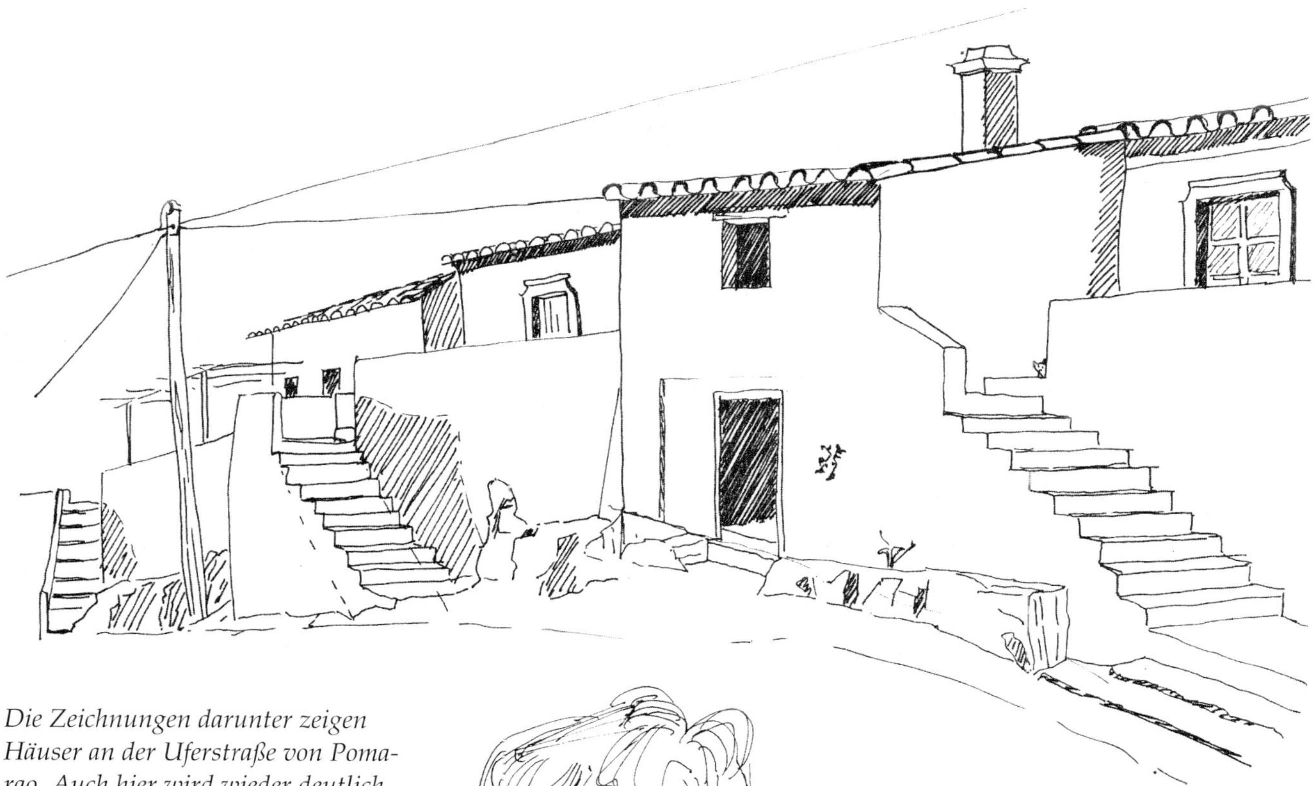

Die Zeichnungen darunter zeigen Häuser an der Uferstraße von Pomarao. Auch hier wird wieder deutlich, daß das Motiv unterschiedlich aufgefaßt wurde. Die Bauformen sind durch Linien und Schraffuren oder durch Lavieren mit Chinatusche wiedergegeben. Bei der Darstellung der Vegetation ist die Strichführung noch unsicher und steif, die Schraffuren wirken willkürlich.

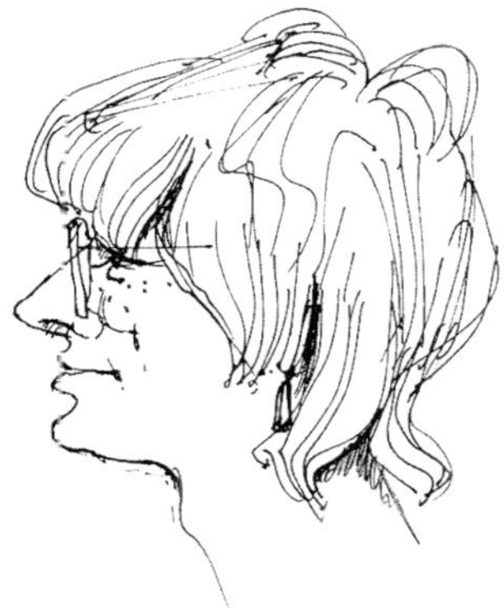

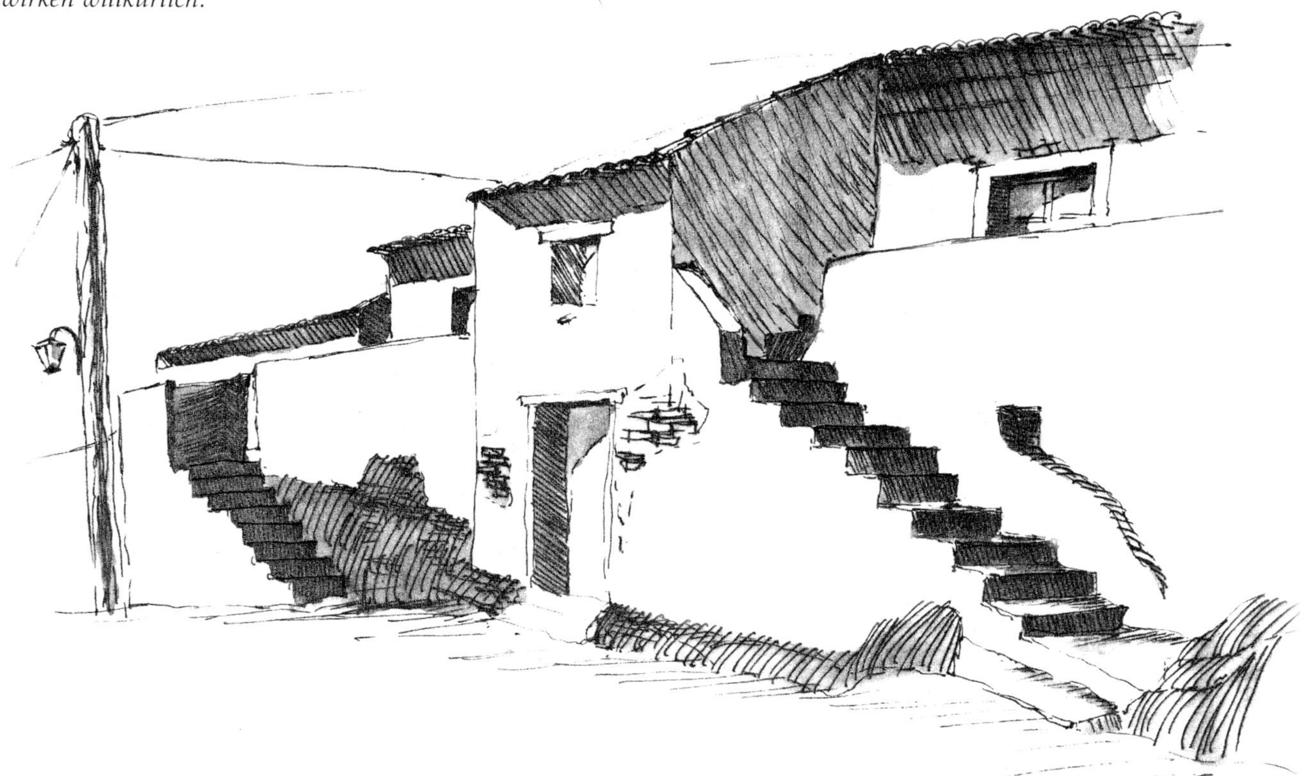

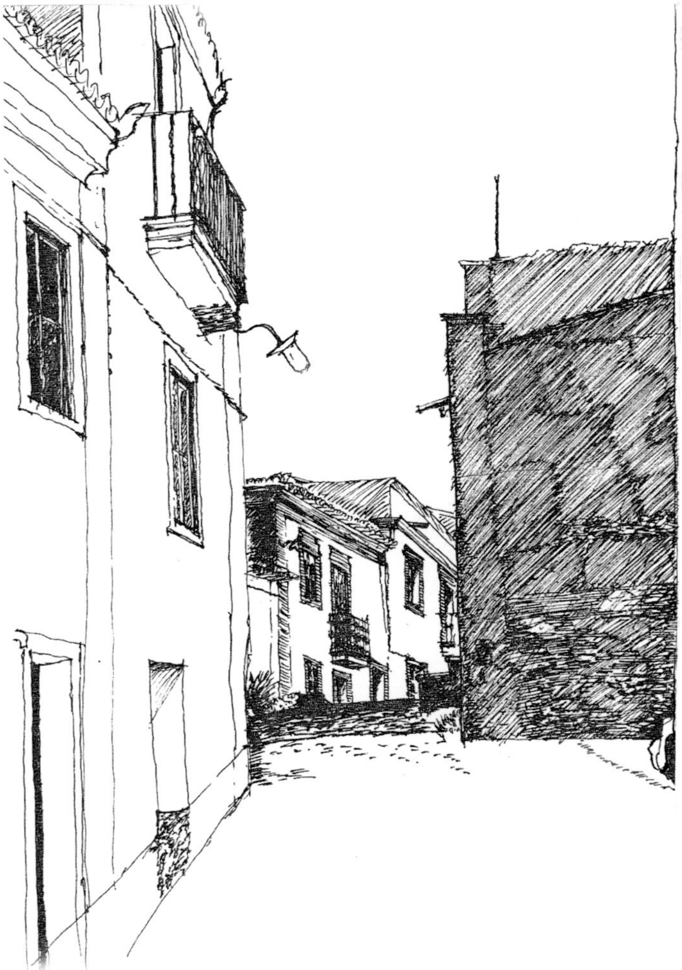

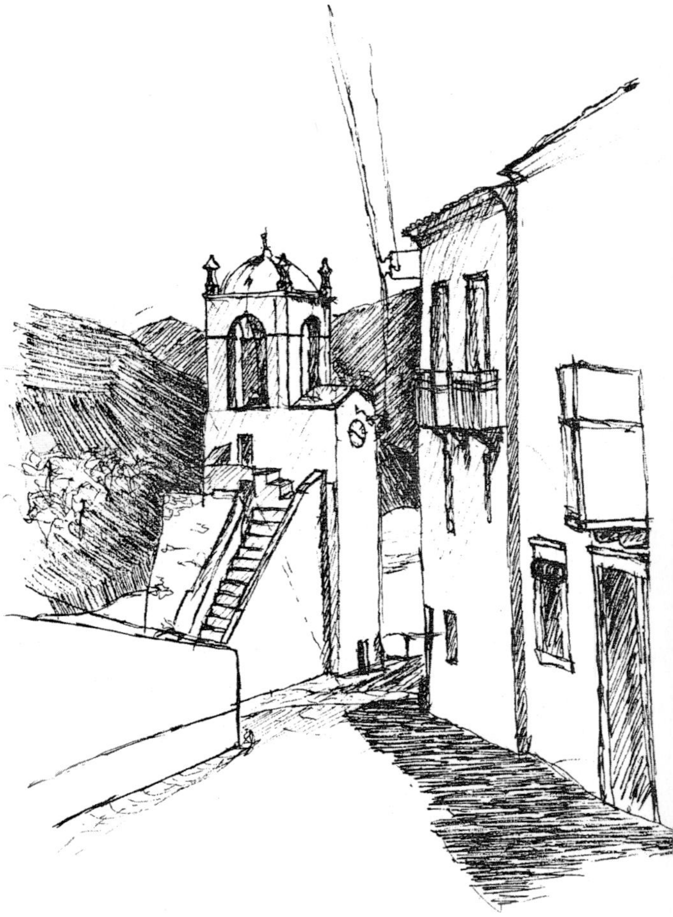

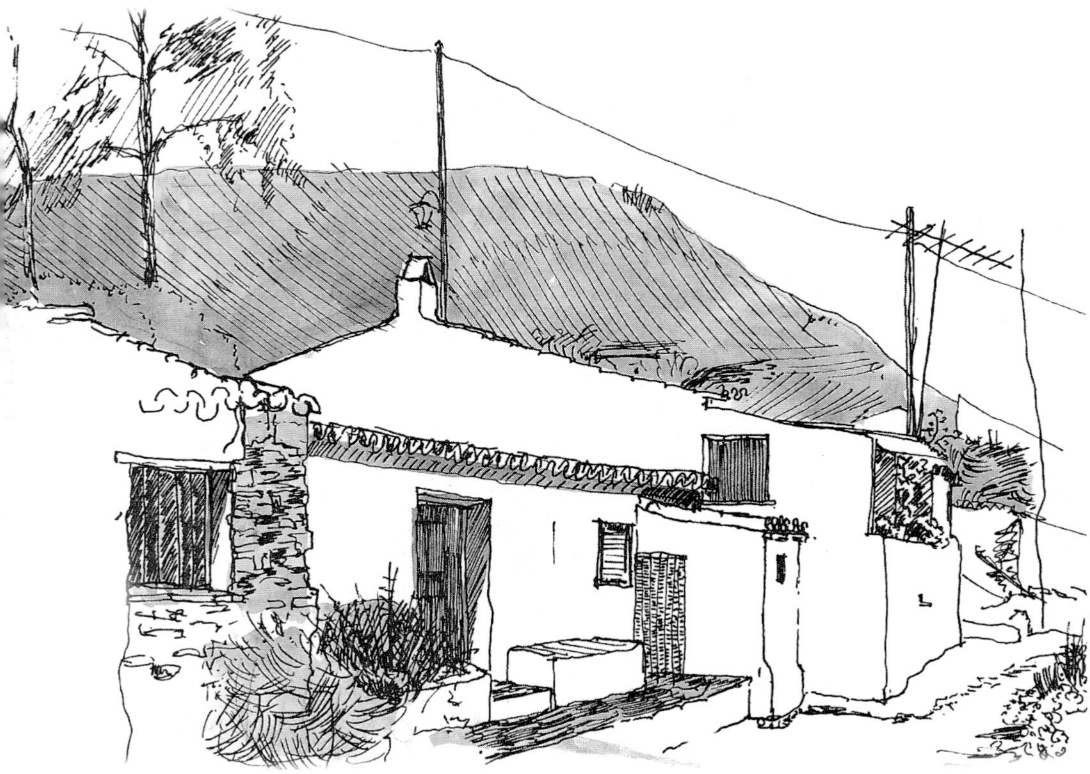

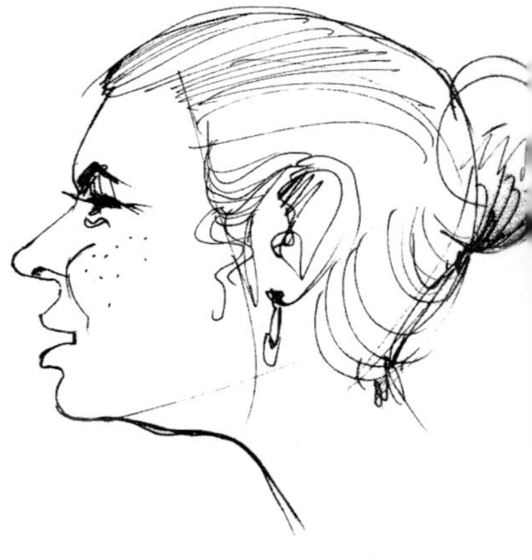

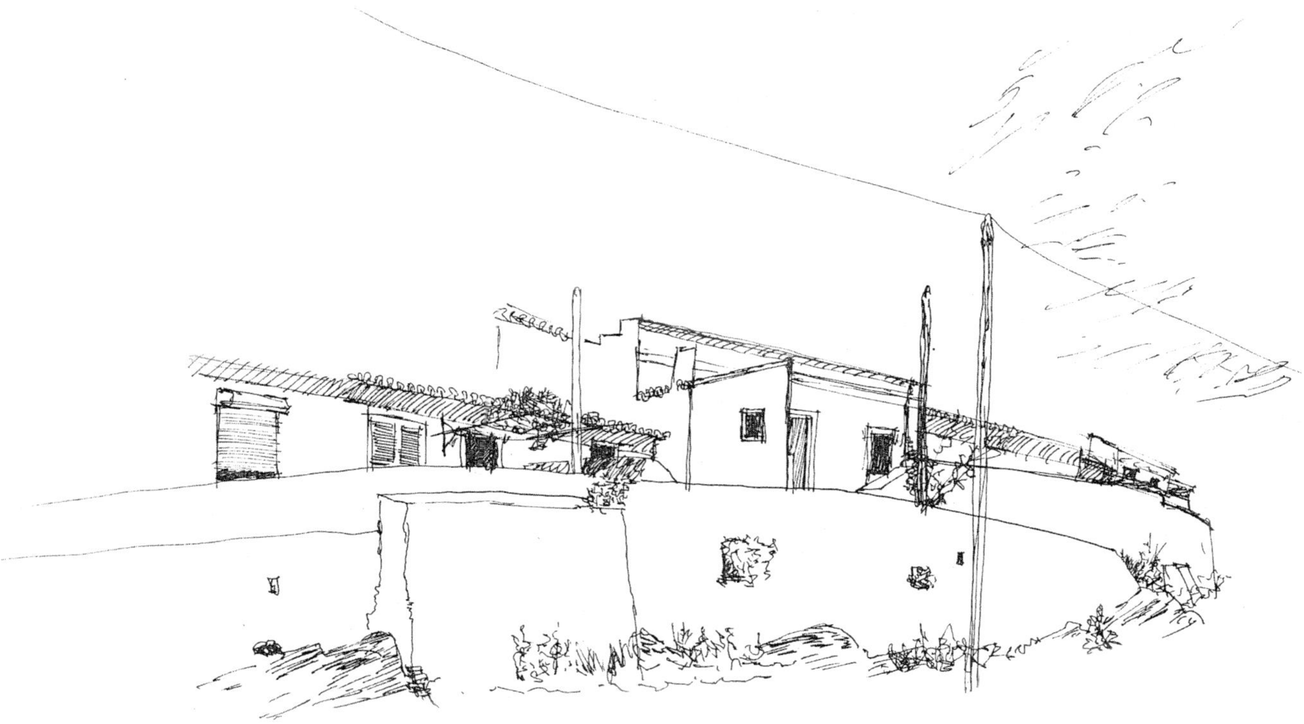

Portugal: Studentenzeichnungen II. Silves. Zum Teil gute Zeichnungen mit sicherer Strichführung. Die Technik ist zwar noch nicht ausgereift, aber als persönliche Äußerung durchaus weiterzuentwickeln und qualitativ zu steigern. Die Erscheinungsformen der Motive sind in ihren wesentlichen Elementen gesehen und dargestellt. Die Zeichnungen zeigen eine unterschiedliche Ausdrucksstärke durch die Wahl des Motivs und des jeweiligen Standpunkts. Die gelernte und geübte freie Verwendung der Linie und des Strichs läßt sich zum gekonnten individuellen Stil weiterentwickeln. Wichtig ist, zu zeichnen, was man mit seinen Mitteln zeichnen kann. Flächen können durch Schraffieren oder Lavieren betont werden. Beides sollte man beherrschen. Je nachdem, wofür man sich entscheidet, wird die Darstellung nüchtern und grafisch oder malerisch mit mehr Dramatik.

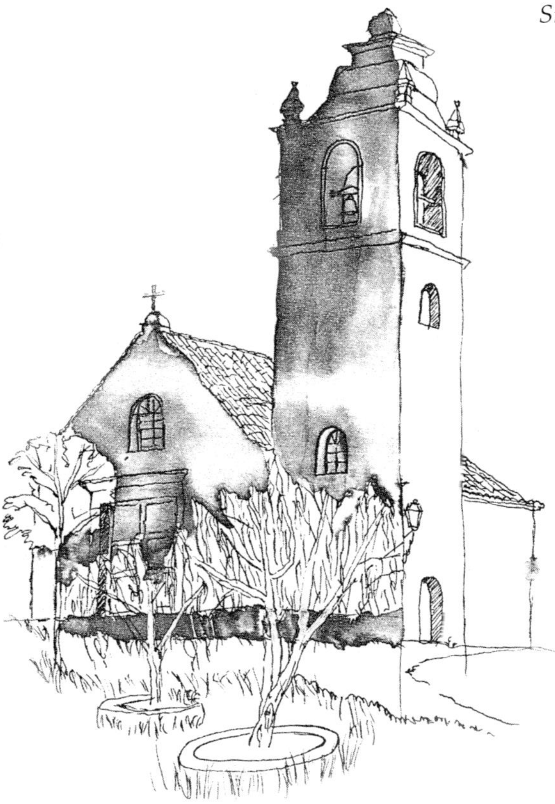

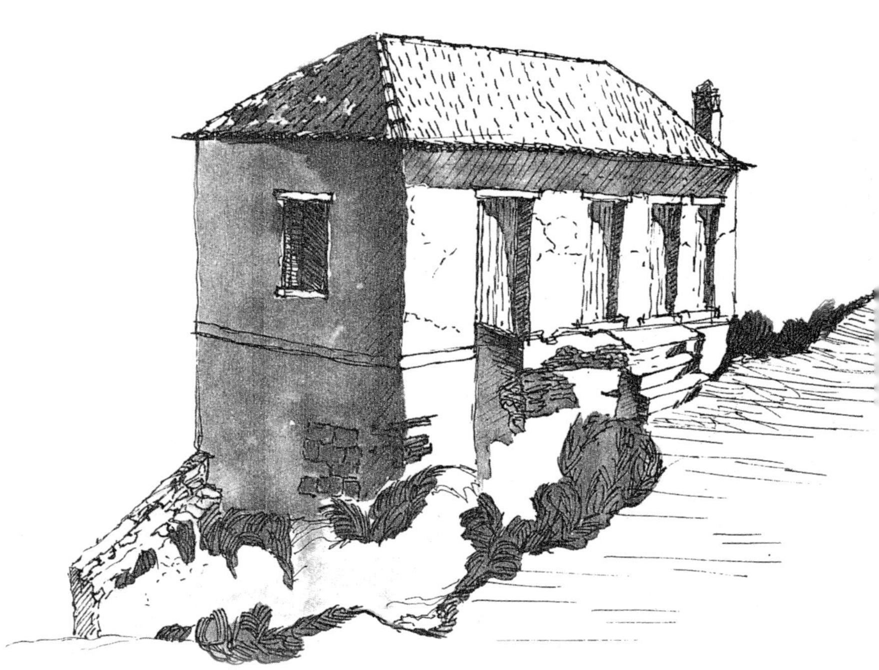

Was Zeichnen ist, was Zeichnen sein kann

Es mag banal klingen, aber Zeichnen lernt man am besten, indem man zeichnet. Dazu gehört, daß man lernt, bewußt zu sehen, die Dinge im richtigen Zusammenhang zu betrachten, das Ganze zu erfassen, aber auch zu begrenzen. Wem dies gelingt, der wird es in seiner Zeichnung verständlich machen. Ein guter Zeichner entwickelt dabei seine eigene Form, seinen eigenen Code zum Beschreiben dessen, was er sieht.

Freihandzeichnen ist immer ein Festhalten des Augenblicks, die Gegenwart von Jetzt und Hier. Das gilt sowohl für Architektur- als auch für Landschaftszeichnungen. Dabei wird die komplexe Erscheinung eine Raumes nicht nur von einem örtlichen, sondern auch von einem persönlichen Standpunkt aus wiedergegeben.

Das ausgewählte Motiv mag zunächst beliebig sein. Vor Ort, beim Zeichnen erhält es als Teil der Wirklichkeit für den Zeichner eine besondere, spezifische Bedeutung, und es hinterläßt einen unauslöschlichen Eindruck. Dies kann man erleben, wenn man nach längerer Zeit denselben Ort wieder aufsucht: Das gleiche Motiv hat sich verändert, es ist ein anderer Ort mit neu zu definierenden Einzelheiten und neuem Umfeld, und man selbst ist auch nicht mehr derselbe wie beim ersten Mal. Der Zeichner nimmt einen neuen Standpunkt ein, der auch seinen Blick verändert.

Gerade durch das Zeichnen, die Auseinandersetzung mit dem Motiv, dem räumlichen Gefüge, verändert sich der Blick. Die Aufnahmefähigkeit für visuelle Erscheinungen entfaltet sich, Sehen wird zum Erlebnis. Der Zeichner wird sensibilisiert für das räumliche Gefüge eines Motivs.

Das bloße Betrachten führt jedoch nicht zum Ziel. Um das Wesen eines Motivs zu erfassen, kann man sich ihm meditativ nähern, es in Ruhe verinnerlichen. Wenn man ein Motiv auf diese Weise verstanden hat, ist man auch in der Lage, das Wesentliche wiederzugeben.

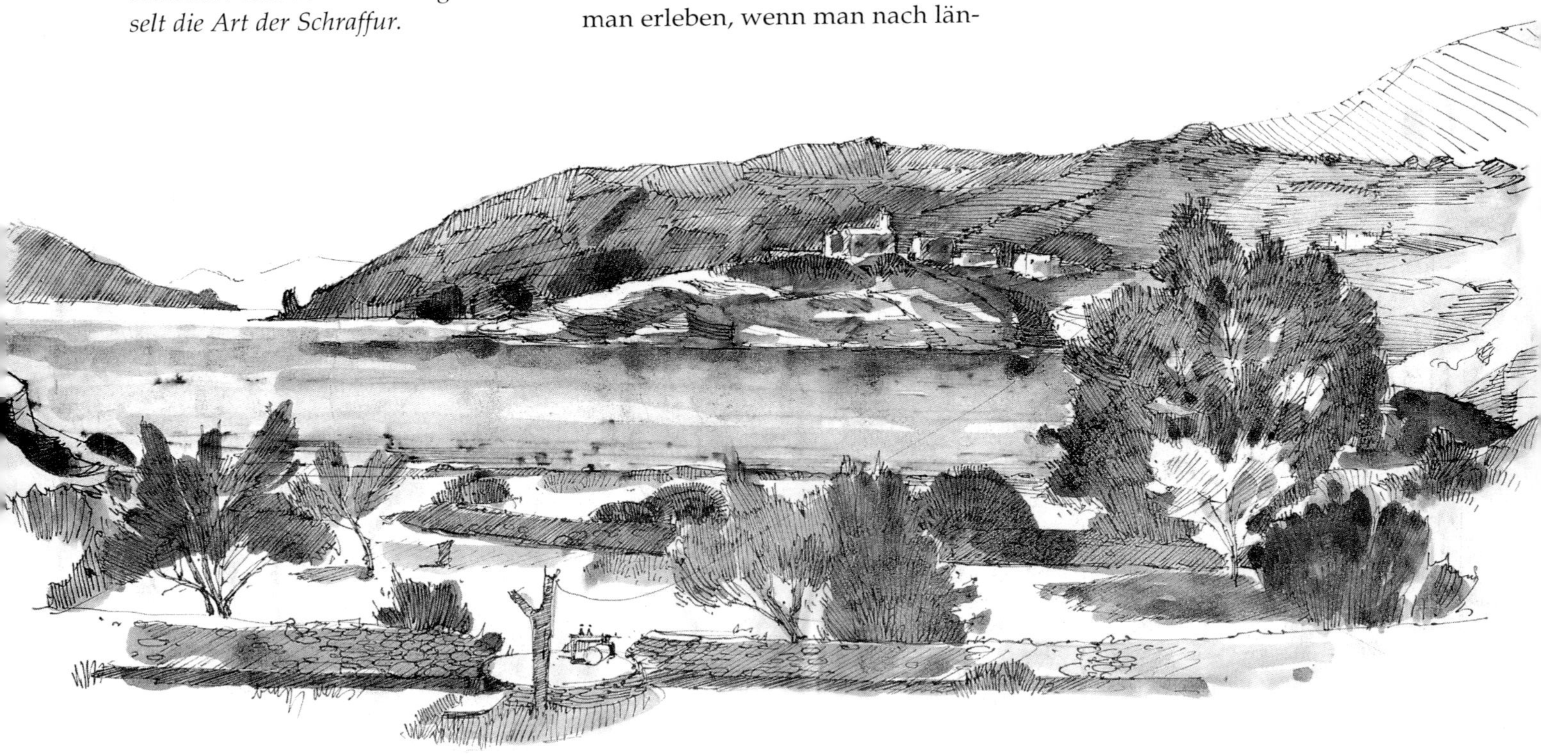

Sifnos, Kykladen (1979).
Linien, Schraffuren und Tönung werden verwendet zur Darstellung des einheitlichen Charakters von Landschaft, Vegetation und angepaßter Architektur. Zur Unterscheidung der einzelnen Teile der Zeichnung wechselt die Art der Schraffur.

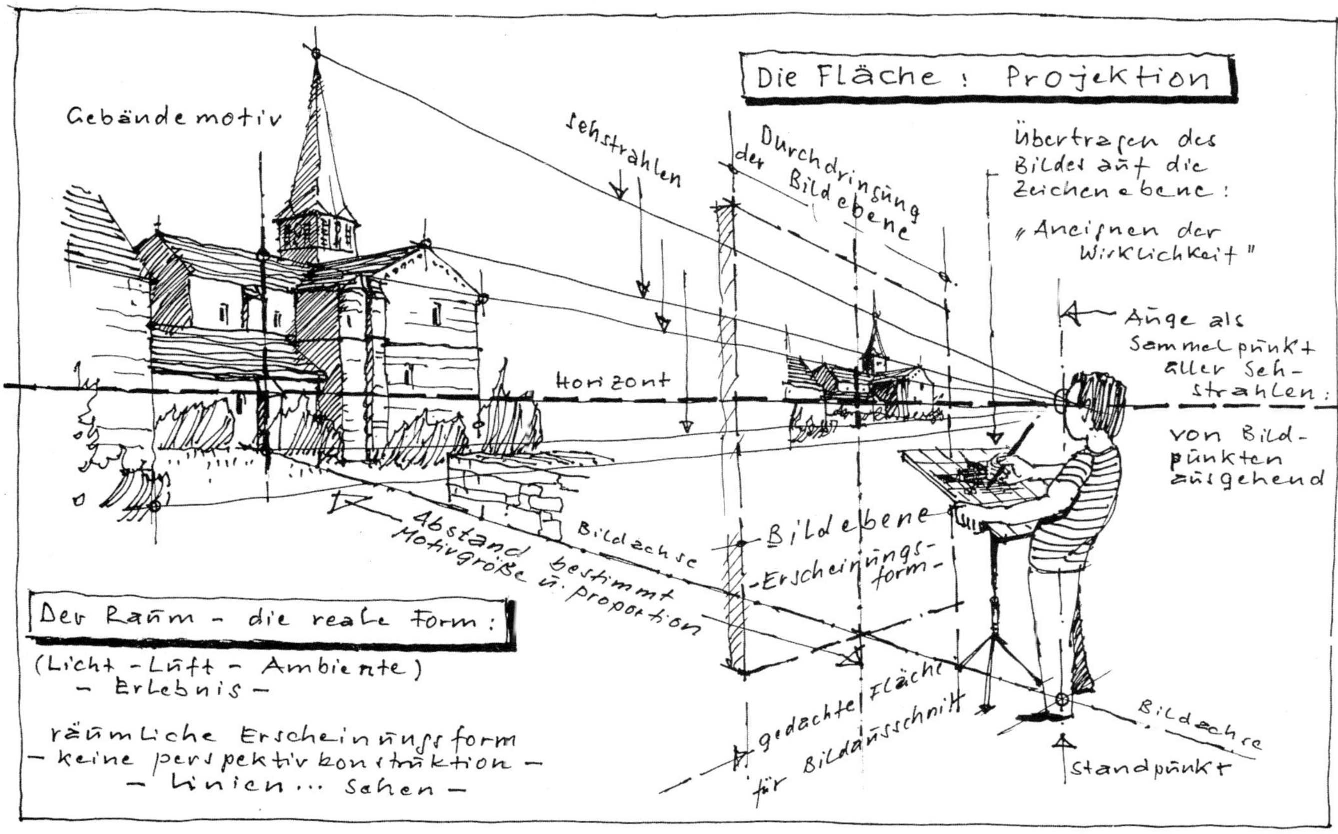

Wirklichkeit und Abbild.
Die Erscheinungsform des Motivs wird auf die Bildebene projiziert und auf das Zeichenblatt übertragen.

Jeder, der zeichnen lernt oder sich mit Zeichnen befaßt, kommt irgendwann zu dem Punkt, an dem sich die zu zeichnende Wirklichkeit geradezu ereignishaft als individuelle Entdeckung zeigt. So entsteht eine persönliche Kommunikation mit einem Bild. Man erkennt Zusammenhänge und stellt fest, was Zeichnen ist oder sein

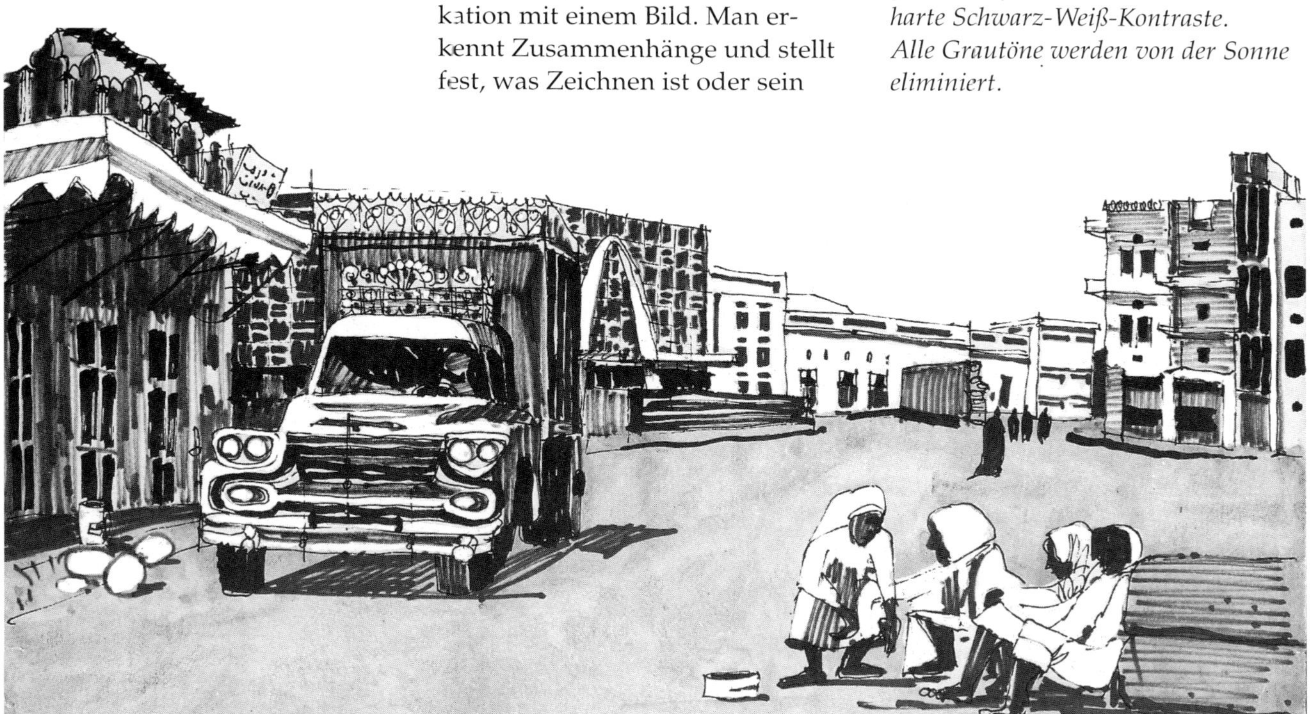

Kuwait-Stadt (1962).
In dieser synthetischen Stadt in der Wüste unter endlos blauem Himmel gibt es bei flimmernder Hitze nur harte Schwarz-Weiß-Kontraste.
Alle Grautöne werden von der Sonne eliminiert.

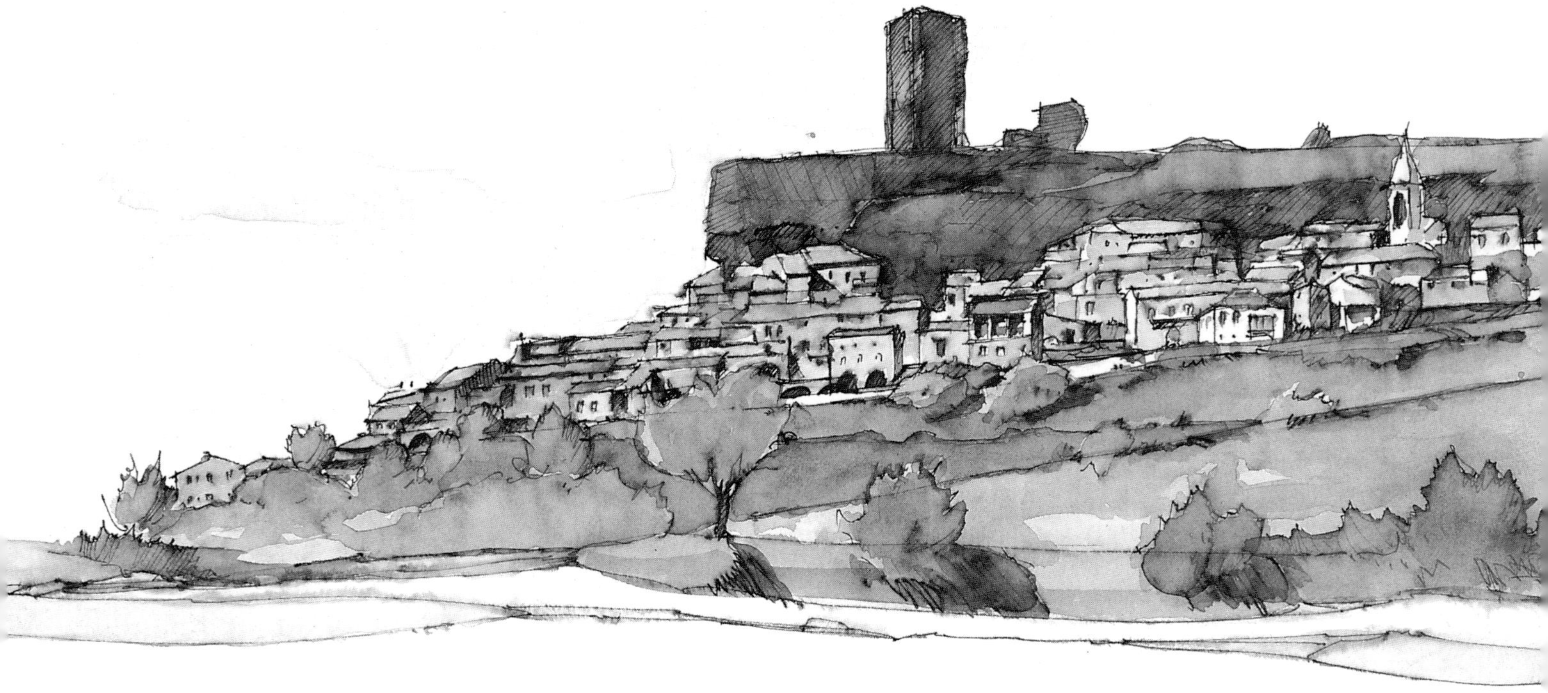

Mirabelle. Zentralmassiv (1991).
Im Schutz des Felsens der ehemaligen Hugenottenburg liegt das Dorf, horizontal gelagert wie die Felsstrukturen.

Erbalunga, Korsika (1980).
Die Felsenküste bildet den gewachsenen Sockel der Häuser, deren Formen als Fortsetzung der Felsen erscheinen.

kann. Der Vorgang des Sehens wird als neues Erlebnis begriffen. Einzelheiten fügen sich zu einem Ganzen zusammen – Formen und Flächen in ihren Proportionen und Verkürzungen ebenso wie Linien als Begrenzung oder Gliederung der Formen.

Je sicherer man zeichnet, um so klarer und eindeutiger wird der zeichnerische Ausdruck und um so leichter fällt es, das Gesehene auf ganz persönliche Art, mit eigenen Mitteln zu beschreiben. So kann es gelingen, das Ganze, so wie es ist, als vertieften „Augenblick" wiederzugeben.

Die visuellen Erfahrungen mit den Dingen der Wirklichkeit sind ganzheitlich. Durch die geistige Auseinandersetzung erhält man Einsicht in ihre strukturellen Zusammenhänge, in ihre Gefüge. Aus der unmittelbaren Anschauung der sichtbaren Welt und ihrer Teile entsteht die räumliche Vorstellung. Das ordnende Erkennen, das Vereinfachen der Vielfältigkeit der Eindrücke ist ein Denkprozeß, der gelernt werden kann. Er führt zur

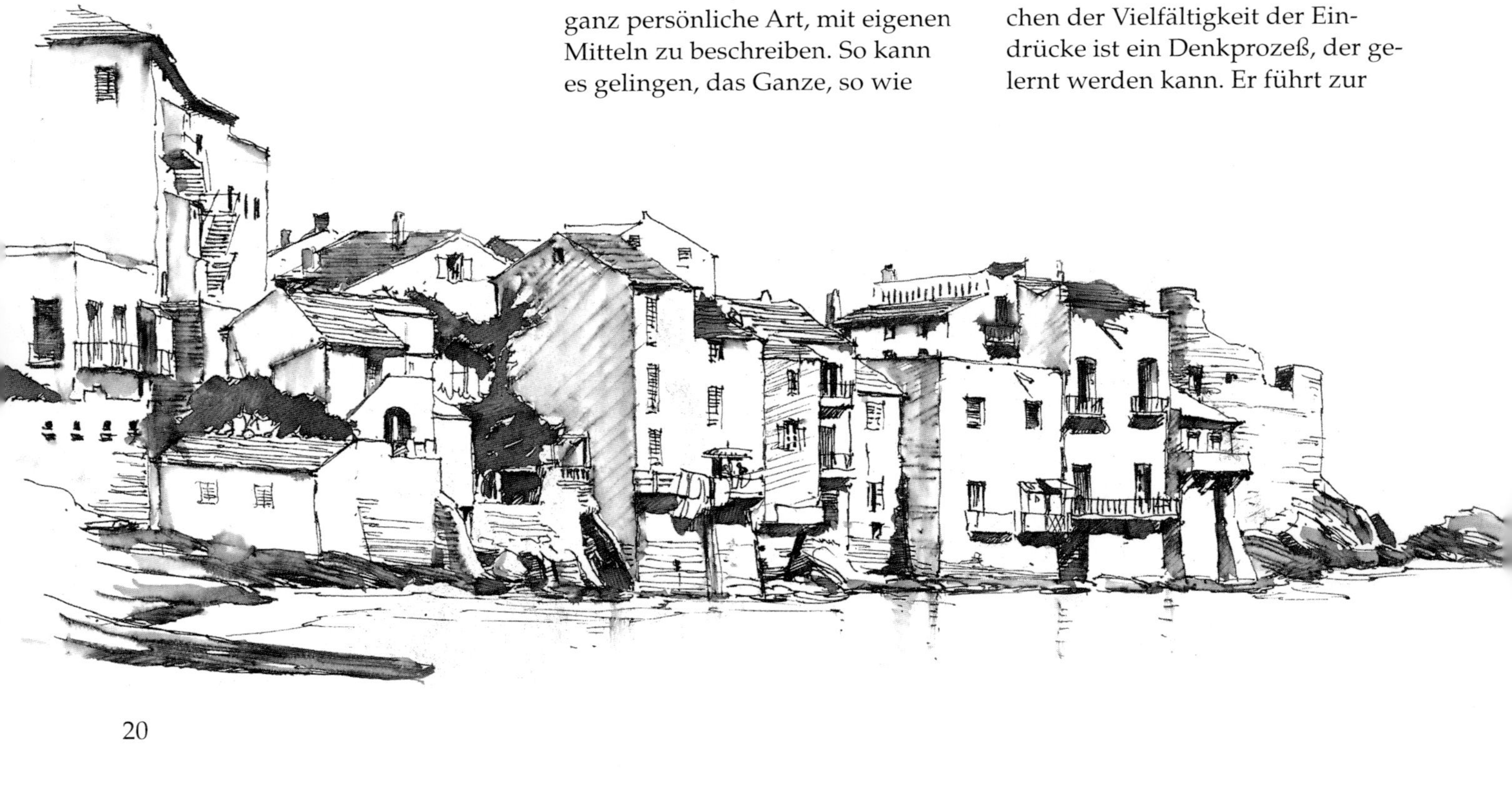

Aneignung der Wirklichkeit und schafft die Voraussetzung, sie so wiederzugeben, daß sie auch von anderen verstanden wird. Auf diese Weise, indem sie Zeichen liefert, wird die Zeichnung zum Mittel der Kommunikation.

Auch wenn man zeichnen kann, bleibt es ein Phänomen, daß es möglich ist, ein vielfältiges, aus Licht, Schatten, Farben bestehendes vergängliches Bild mit einfachen Mitteln festzuhalten. Dabei geht es natürlich nicht um die Wiedergabe sämtlicher Details. Die Möglichkeiten der Abstraktion sind grenzenlos. Abstraktion ist ein Ausdruck menschlicher Kreativität und besteht nicht einfach im Weglassen, sondern im Zurückführen auf das Wesentliche. Jeder Zeichner sollte diese Fähigkeit entwickeln und pflegen. Die Zeichnungen in den einzelnen Kapiteln dieses Buches sind als Beispiele und Anregungen zu verstehen. Zu verschiedenen Zeiten und an verschiedenen Orten entstanden, zeigen sie Unterschiede im Hinblick auf Thematik, Ambiente und Stimmung.

Sifnos, Kykladen (1979). Kubische Architekturformen sind in Terrassen eingebunden. Bäume und Häuser sind Einzelformen, von der Landschaft fast spielerisch aufgenommen. Sie verengen das Blickfeld und lenken den Blick gleichzeitig in die Weite.

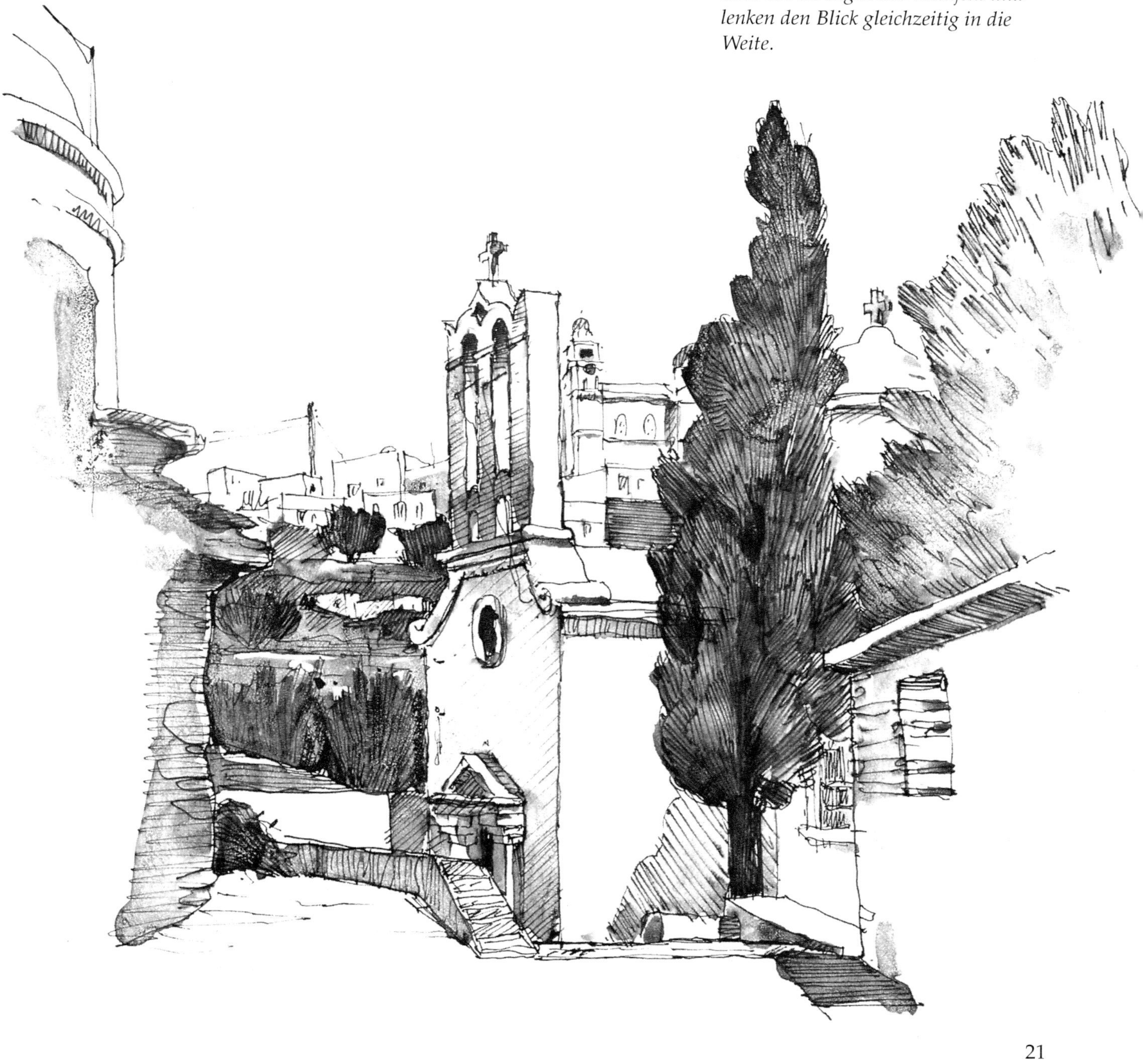

Kastro auf Sifnos, Kykladen (1979). Die serpentinenartigen Straßen von Kastro enden in Sackgassen. Übergänge und Verbindungen vom unteren auf das nächste Niveau der Gassen werden durch die Häuser ermöglicht. Freie Treppen, balkonartige Brücken über die Gassen sind typisch. Die Bebauung der Bergkuppe ist zum Schutz gegen den starken Wind terrassiert.

Wer zeichnet, wenn er unterwegs, auf Reisen ist, wird die Erfahrung machen, daß man wählerisch nach seinen Motiven sucht und bewußt auswählt. Das mag zwar auch für das Fotografieren gelten, aber in der Regel liefert der Fotoapparat schnelle Bilder, ohne daß der Augenblick vertieft wird. Wenn man an einem Ort sitzt und zeichnet, wird man zugleich mit dem Festhalten des Motivs für alle Zeit die Stimmung, die Umgebung, sogar Geräusche und Gerüche festhalten. Dies macht eine wesentliche Erfahrung des Zeichnens aus. Es ist ein Erlebnis.

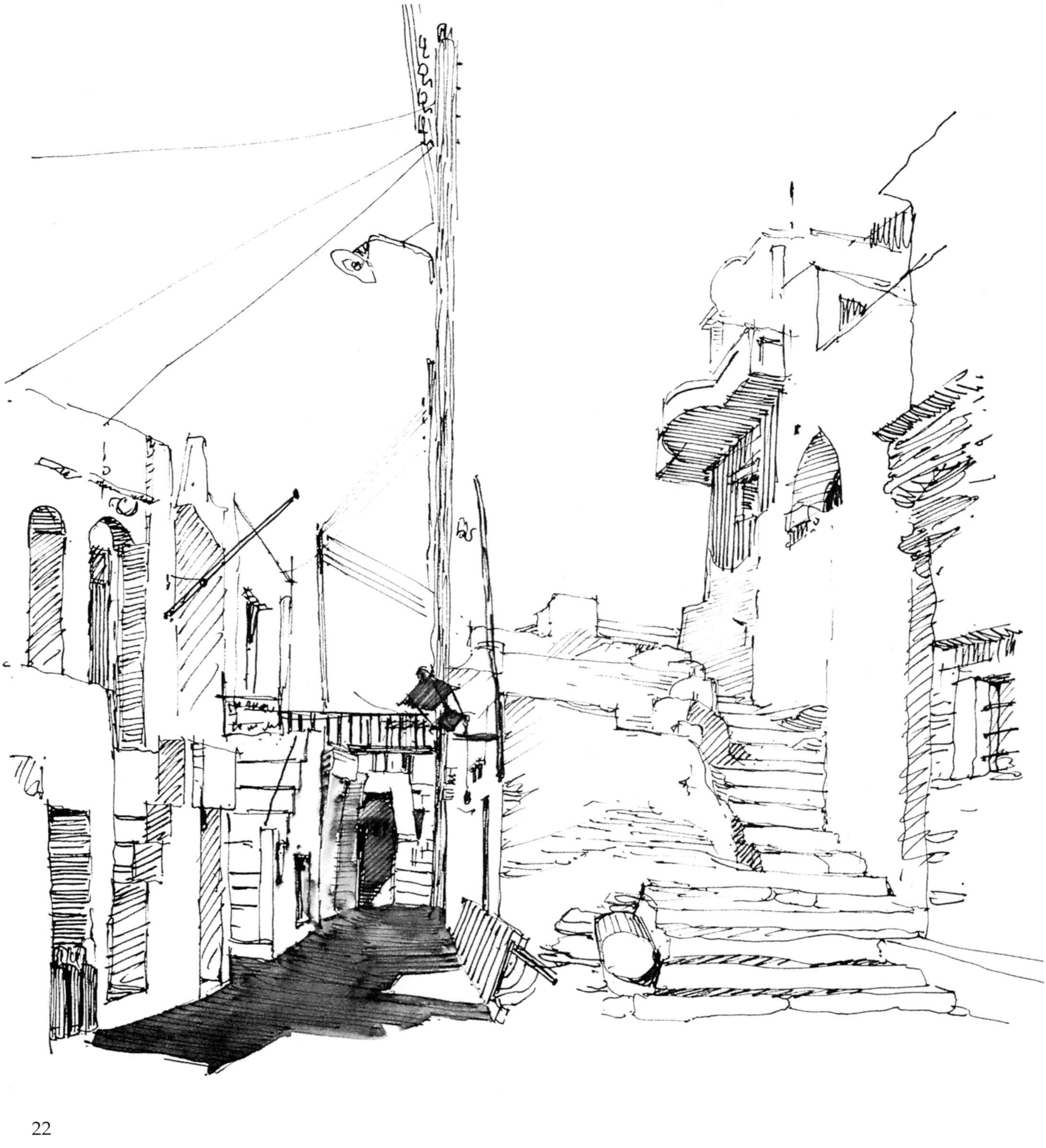

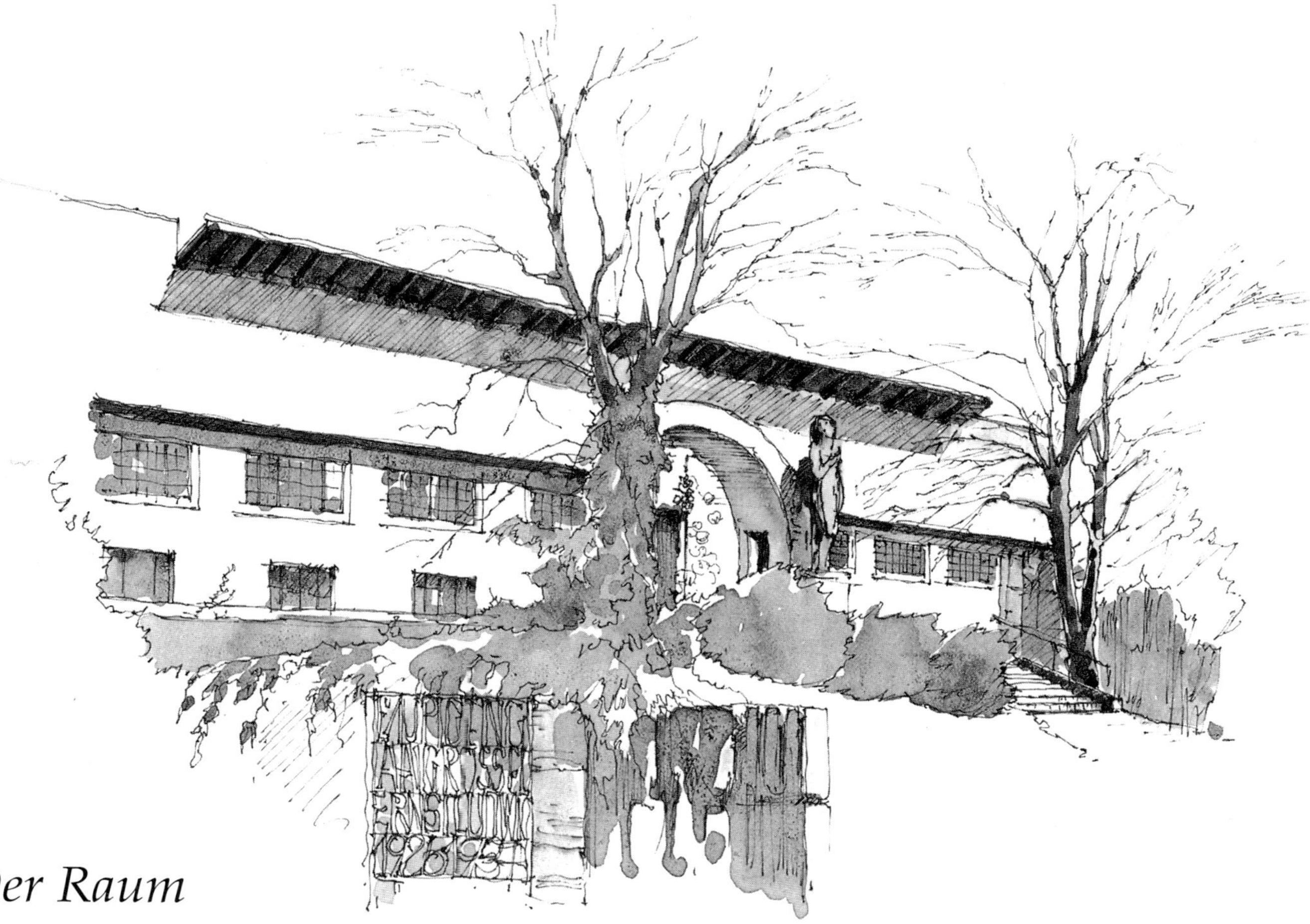

Darmstadt, Ernst-Ludwig-Haus (1987).
Das Gebäude als kunstvolle Architektur des Jugendstils zeichnet sich durch eine großzügige Flächenverteilung und die symbolhafte Wirkung des Eingangsportals aus.

Der Raum

Entscheidend beim Zeichnen, und das gilt besonders beim Zeichnen von Architekturmotiven, ist, daß die Vorbilder aus der dreidimensionalen Wirklichkeit mit zeichnerischen Mitteln auf die zweidimensionale Ebene reduziert werden und dennoch der Eindruck der Dreidimensionalität erhalten bleibt. Eine Zeichnung liefert also eine Illusion der Wirklichkeit.

Der Raum wird im allgemeinen perspektivisch dargestellt. Aber das Wissen um die Perspektive ist nicht unbedingt eine Hilfe. Es ist trügerisch, zu denken, man müsse nur die Konstruktion der Perspektive beherrschen, um eine gute Zeichnung zustande zu bringen. In Wahrheit stellt sich dieses konstruktive Herangehen als fremdbestimmtes Element zwischen Betrachter und Objekt, zwischen Erlebnis und Motiv.

Linien und Flächen eines Objekts stehen in einem besonderen Zusammenhang. Dieses Netz von Beziehungen gilt es zu erfassen. So kann die Fortsetzung einer Linie, die ein Detail begrenzt, der Grenzlinie einer anderen Fläche entsprechen, oder sie trifft auf einen Punkt, von wo aus ein anderes Detail erfaßt wird. In welchem Winkel eine Linie steigt oder fällt, soll nicht auf Grund von geometrischen Kenntnissen oder geometrischen Konstruktionen wiedergegeben werden, sondern aus den Beziehungen zu Konturen der Flächen, zur Horizontalen oder zur Vertikalen.

Dem Zeichner muß immer bewußt sein, daß sein Blickfeld, die Bildebene, als Projektionsfläche immer senkrecht zur Blickrichtung steht. Auf dieser Projektionsfläche werden die Richtungen und Proportionen von Linien und Flächen deutlich. Jede Linie, jede Fläche steht zu den anschließenden in Beziehungen. Die in die Tiefe führenden rechteckigen Flächen werden zu Trapezformen. Sie sind für den Zeichner nicht mehr Bestandteil des realen räumlichen Gefüges, sondern erhalten als Teil des Bildes eine eigene Bedeutung. Wenn alle notwendigen Linien in der richtigen Beziehung zueinander verlaufen, entsteht der Eindruck eines räumlichen Bildes.

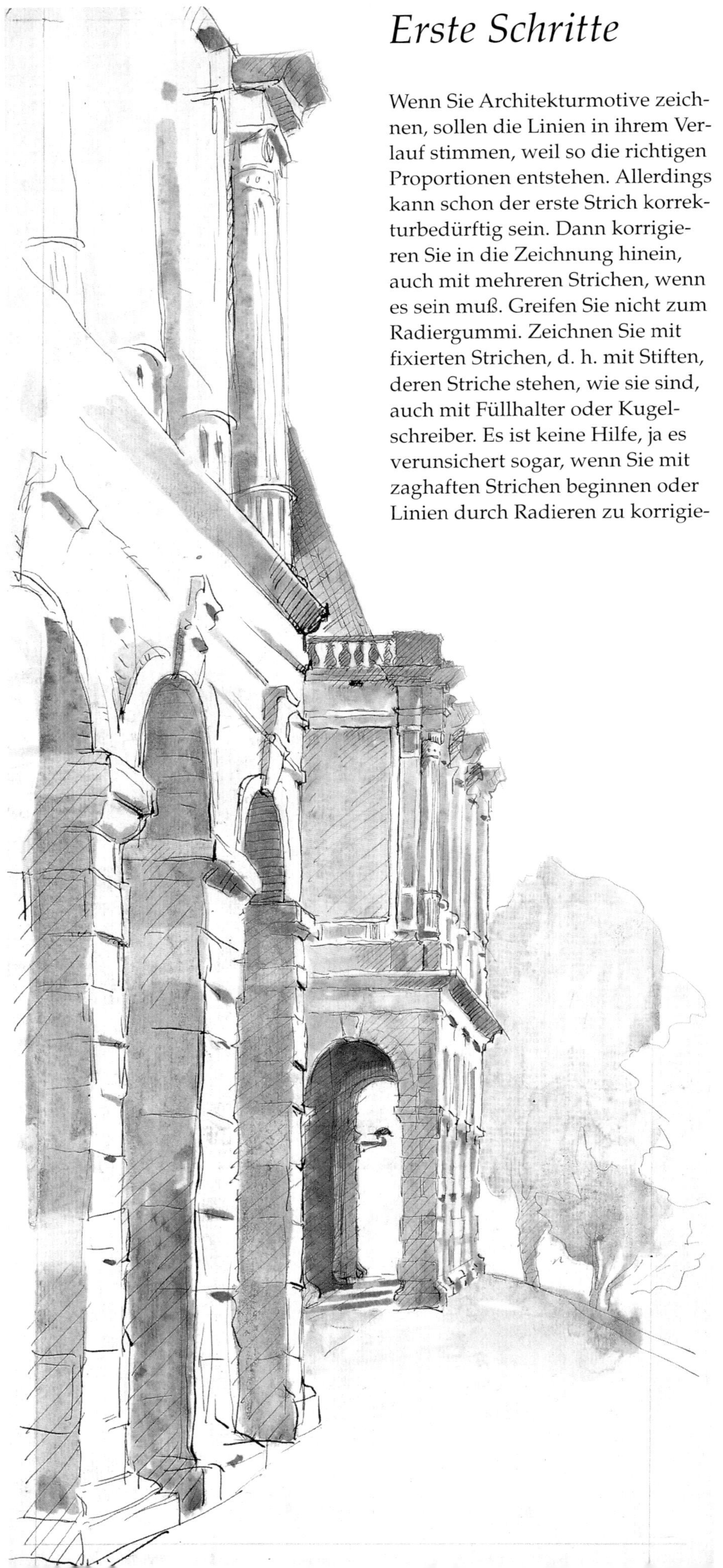

Erste Schritte

Wenn Sie Architekturmotive zeichnen, sollen die Linien in ihrem Verlauf stimmen, weil so die richtigen Proportionen entstehen. Allerdings kann schon der erste Strich korrekturbedürftig sein. Dann korrigieren Sie in die Zeichnung hinein, auch mit mehreren Strichen, wenn es sein muß. Greifen Sie nicht zum Radiergummi. Zeichnen Sie mit fixierten Strichen, d. h. mit Stiften, deren Striche stehen, wie sie sind, auch mit Füllhalter oder Kugelschreiber. Es ist keine Hilfe, ja es verunsichert sogar, wenn Sie mit zaghaften Strichen beginnen oder Linien durch Radieren zu korrigieren versuchen. Am Anfang sind alle Ungenauigkeiten zulässig, ja nötig, weil Fehler gemacht werden sollen. Nur so werden Sie lernen, was Zeichnen ist.

Ihre ersten Zeichnungen oder Zeichenversuche sagen nichts darüber aus, wie und was Sie später einmal zeichnen können. Lassen Sie sich nicht von sehr guten Zeichnern beeindrucken oder gar abschrecken, sondern betrachten Sie deren Zeichnungen als Ansporn, sich den Ausschnitt aus der Wirklichkeit, den Sie als Motiv gewählt haben, visuell anzueignen. Die Genauigkeit der gezeichneten Linien ist zunächst ohne Bedeutung.
Es kommt auch nicht darauf an, etwas Kunstvolles oder Vollkommenes zu schaffen. Lassen Sie sich von Ihrem Motiv berühren. Entdecken Sie es in seiner Eigenart. Finden Sie heraus, was dahintersteckt. Dann bringen Sie es mit Ihren (noch) nicht perfekten Mitteln zum Ausdruck.

Mit Zeichnen ist auch ein Stück Identitätssuche verbunden, und ein Stück Wirklichkeit mit persönlichen Mitteln wiederzugeben ist allemal besser, als einem Klischee nachzulaufen. Trauen Sie sich einfach: der Blick aus dem Fenster, eine Skizze in einer Pause, eine Ecke des Raumes – wagen Sie die ersten Zeichenversuche ohne Vorbehalte, nur für sich selbst.

Weimar, Schloßfassade (1948). Eine Anfängerzeichnung aus dem Architekturstudium. Das leichte Abkippen der Säulen stört das Bild kaum. Entscheidend ist der Gesamteindruck. Fehler werden vor allem dort sichtbar, wo Unsicherheiten zu bemerken sind. Korrigieren Sie daher beim Zeichnen ohne Hemmungen in den Strich hinein und verbessern Sie Ihre Zeichnungen. Das wird Ihnen helfen, die nötige Lockerheit und Sicherheit beim Zeichnen zu finden.

Konkrete Objekte, abstrakte Formen

Methodische Übungen zur Technik des Zeichnens sind Gegenstand dieses Kapitels. Dazu gehören einerseits Dinge der materiellen Wirklichkeit, andererseits sind für das visuelle Training und das Erkennen des räumlichen Netzes abstrakte Formen und Flächen zu zeichnen.

Bei diesen Übungen wird keine anfängerhafte Zeichentechnik verwendet. Die Übungen stellen eine Möglichkeit des Lernens dar, sie sind ein Training des Zeichnens. Dieses Objekt-, Material- oder Assoziationszeichnen ist kein Grundlagenfach, das man zunächst beherrschen muß, um zeichnen zu können, also nicht vergleichbar in seiner Bedeutung wie Grammatik für die Sprache oder Statik für die Baukonstruktion. Es geht bei diesen Übungen, beim Entstehen von Zeichnungen immer wieder darum, selbst sehen und entdecken zu lernen und die Übungsangebote auf eigene persönliche Art zu interpretieren.

Beim Freihandzeichnen gibt es keine eindeutigen Präferenzen. Sie müssen diese Übungen nicht in einer bestimmten Reihenfolge absolvieren, um später das Architekturzeichnen zu beherrschen.

Gegenstände der materiellen Wirklichkeit sind als Objekte unmittelbar zugänglich und greifbar. Architektur dagegen bleibt auf Abstand und ist nur mittelbar zu erfahren. Für das Zeichnen von Gebäuden oder Gebäudegruppen ist denn auch ein spezielles Sehen, eine besondere Abstraktion notwendig.

Beim Zeichnen soll man berührt und angesprochen sein. Dem Zeichnen Sinn zu geben ist Voraussetzung dafür, daß es Spaß macht. Das gilt für Anfänger genauso wie für diejenigen, die schon zeichnen können. Sie müssen neugierig sein auf die möglichen Erfahrungen und Einsichten beim Erkennen und Zeichnen des Motivs.

Zum Erlernen des Architekturzeichnens müssen eigene, für diese Art des Zeichnens spezifische Aufgaben gefunden werden. Nicht alles, was in der bildenden Kunst beim Zeichnen verlangt wird, läßt sich auf Architekturzeichnungen übertragen. Sehr gut geeignet ist die als „Vorlehre“ bezeichnete Methode des Bauhauses. In dieser elementaren Gestaltungslehre werden, ausgehend von der Untersuchung der Linie und ihrer vielfältigen Variation, die verschiedenen Aspekte der Fläche, der Struktur, des Raums und der Bewegung entdeckt und untersucht, um dafür zeichnerische Lösungen zu finden. Experimente mit verschiedenartigen Materialien als Collagen und Zeichnungen führen zur spezifisch darzustellenden Eigenschaft eines Stoffes und seiner damit verbundenen Form. Die assoziative Gedankenkette geht vom Material als unmittelbar Erfahrbares über die dadurch festgelegte Struktur und Form zum Raum und schließlich zum Inhalt. Das Ziel ist die Erkenntnis des Wesentlichen eines Objektes.

Zeichnen Sie bei gutem Wetter draußen Naturmotive, eventuell auch Architektur, bei schlechtem Wetter drinnen Objekte und Übungen für das visuelle Training. Diese Übungen sollten nicht nacheinander, sondern durchaus parallel durchgeführt werden.

Alle Zeichnungen dieses Kapitels sind bis auf wenige Ausnahmen mit dem Tuschezeichner hergestellt worden. Jede Ungenauigkeit oder Korrektur bleibt dadurch sichtbar, alle Hilfslinien sind erfaßt, um so den Verlauf des Zeichnens und der Linienführung erkennbar zu machen. Zur Wiedergabe besonderer Merkmale dienen Konturen und begrenzende Linien,

Strichscharen, die sich überschneiden, Linienscharen, die kurz und rhythmisch gezeichnet oder langgezogen sind, Richtungsänderung oder Unterbrechung von Linien.

Schraffuren und Linienscharen

Schraffuren sind ein Teil der Binnenzeichnung, um Hell-Dunkel-Kontraste zu verdeutlichen oder zu unterscheiden. Frei gezeichnete Schraffuren sind kürzere oder längere Linien- oder Strichscharen, die parallel verlaufen oder sich kreuzen. Struktur und Grauwert werden vom Motiv, von den Lichtverhältnissen und der Absicht des Zeichners bestimmt.

Beim Zeichnen von Gegenständen und Gebäudeformen oder bei der Darstellung der besonderen Struktur eines Materials erreicht man durch die Schraffuren Tiefe, Räumlichkeit und die Wiedergabe von Schattenzonen. Mit parallel geführten Linien werden Flächigkeit, Wölbung oder Richtung dargestellt. Welche innere Beschaffenheit oder Struktur einer Fläche sichtbar wird, ist auch von der Wahl und der Qualität einer Schraffur abhängig.

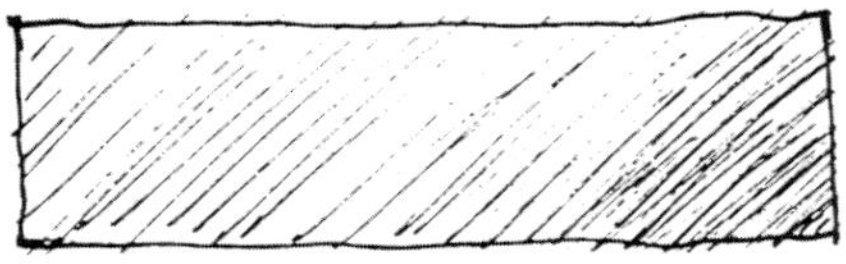
1. leichte diagonale Strichführung

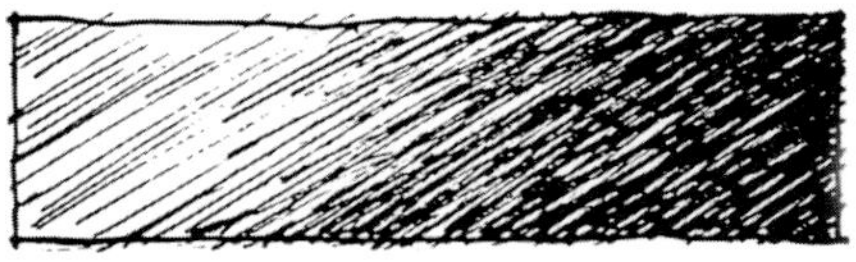
2. Verdichtung der vorgegebenen Schraffur

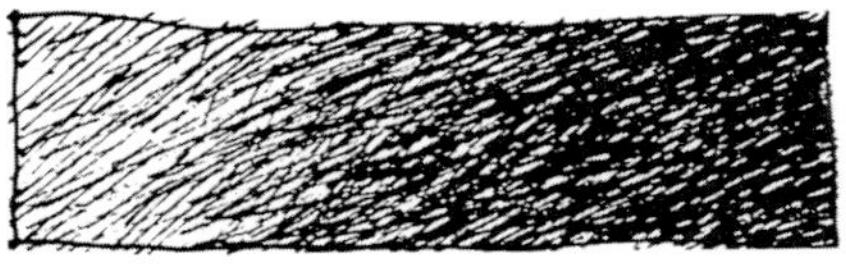
3. überlagerte Strichscharen

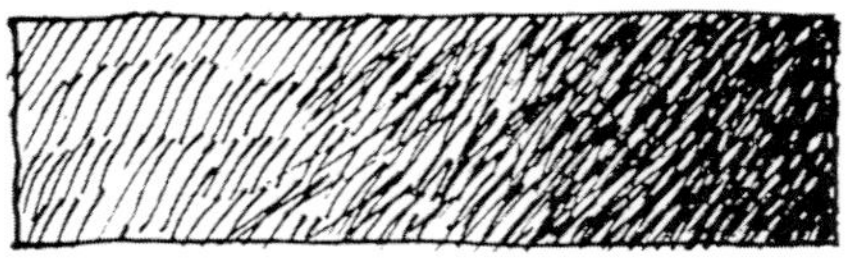
4. kurze gestrichelte Schraffur

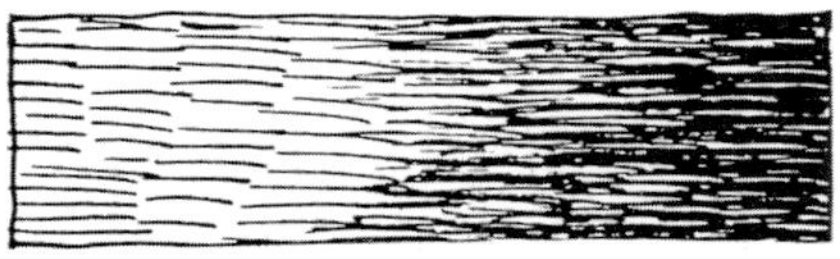
5. horizontale kurze Schraffur

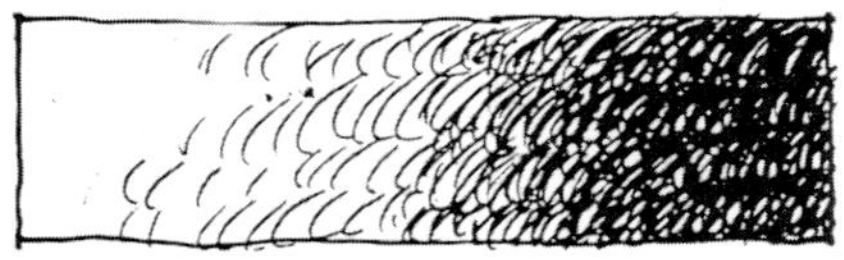
6. kurze runde Striche und Strichfetzen

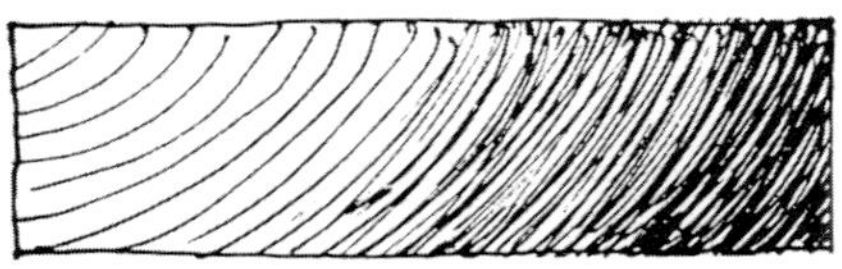
7. geschwungene Strichscharen

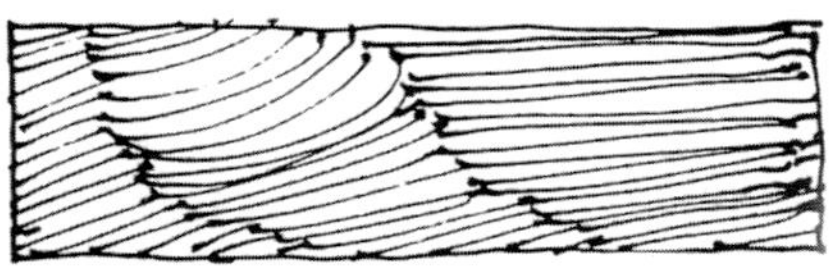
8. Motivstruktur durch Richtungswechsel

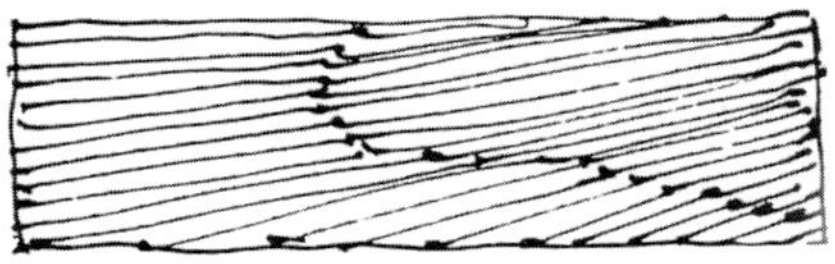
9. Motivstruktur durch langgezogene Schraffuren mit Unterbrechungen

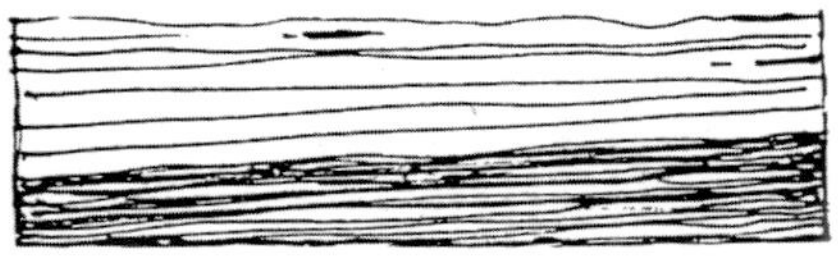
10. Motivstruktur durch längs verlaufende Linien

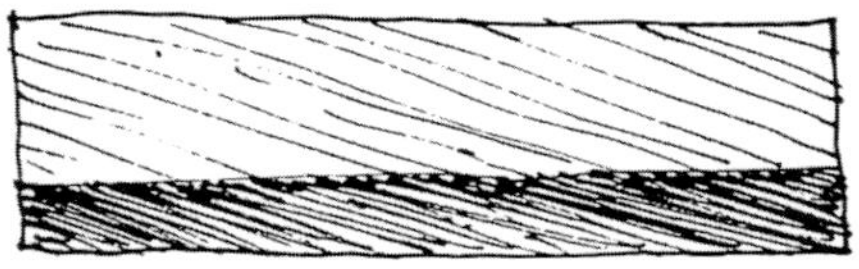
11. Motivstruktur durch Diagonalschraffur

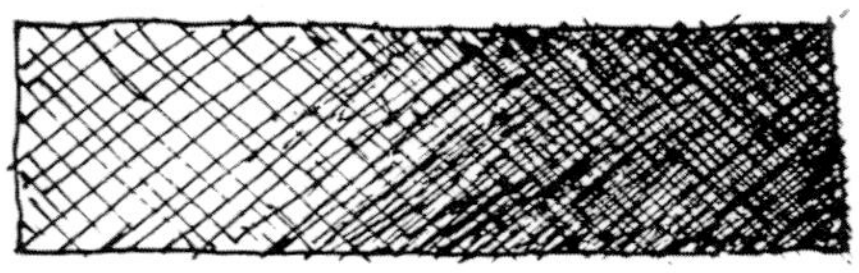
12. gekreuzte Schraffur; ungeeignet für die räumliche Darstellung, da sie sperrig, drahtig wirkt

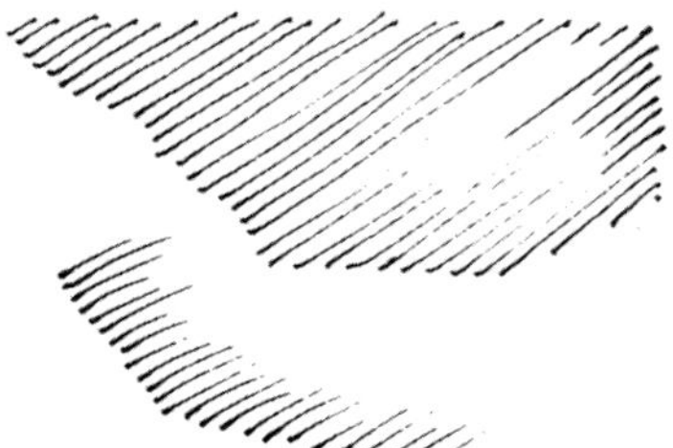
13. an Kanten ansetzende Schraffur

Gegenständliches Zeichnen

Alle Gegenstände, die greifbar, dinglich wahrnehmbar sind – auch andere als die angebotenen Übungsbeispiele – sind denkbare Motive zum Zeichnen.

Die Hand

Die Hand als Zeichenobjekt hat den Vorteil, daß sie immer zur Verfügung steht. Wenn Sie es zu zeichnen versuchen, werden Sie feststellen, daß Sie es kaum kennen.

Im Unterschied zu unbeweglichen Motiven ist die Hand als vielgliedriges Werkzeug und Instrument mit Tastsinn und Gefühl ständig in Bewegung, und sie ist mit außerordentlicher Präzision ausgestattet. Die Bewegung wird entweder von uns bewußt ausgelöst oder findet als Reflex statt.

Beim Zeichnen dieser komplizierten organischen Form stellt sich die Frage: Wie drückt eine Zeichnung Leben aus? Geben Sie der Hand eine Stellung, eine Geste, und halten Sie sie in der Bewegung fest. Das klingt paradox, aber das Geheimnis liegt darin, daß das Körperliche nicht versteinern darf, daß die Spannung zu sehen ist, die jedem Körperteil innewohnt, auch in Ruhestellung.

Die Hand ist weniger von ihrer Struktur als von der Form her faßbar. Die aufeinander folgenden Formteile der Hand in der räumlichen Tiefe müssen in den Proportionen und der räumlichen Verkürzung stimmen. Dargestellt wird das räumliche Hintereinander durch minimales Überschneiden der Linien, die Haut- oder Muskelpartien gegeneinander abgrenzen, wobei die hintere Linie auf die vordere stößt.

Die verwendeten Schraffuren dienen nicht dazu, eine Struktur darzustellen, sondern sie geben Dunkelzonen, Schatten oder Tiefe wieder. Wer seine Hand zeichnen kann, der kann auch Akt zeichnen. Wenn Ihnen jedoch das Zeichnen Ihrer Hand zu große Schwierigkeiten bereitet, sollten Sie für Ihre ersten Übungen gleich zum nächsten Abschnitt übergehen.

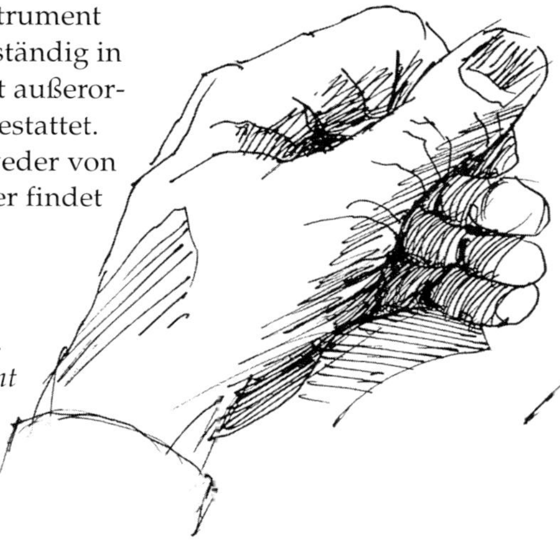

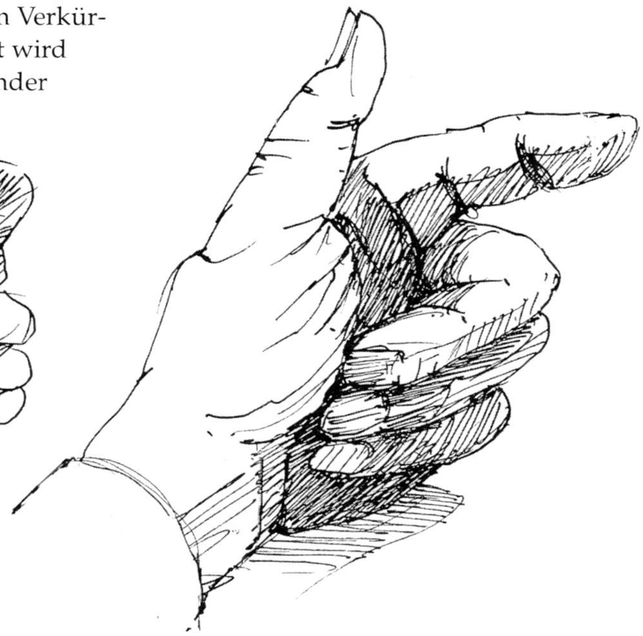

Die Hand als Zeichenobjekt. Sie ist Werkzeug, Instrument mit Gefühl , Tastsinn und Reflexen. Alle Linien der Hand (Hautfalten, Schwielen) sagen etwas aus über die Tätigkeit, den Charakter, das Alter usw.

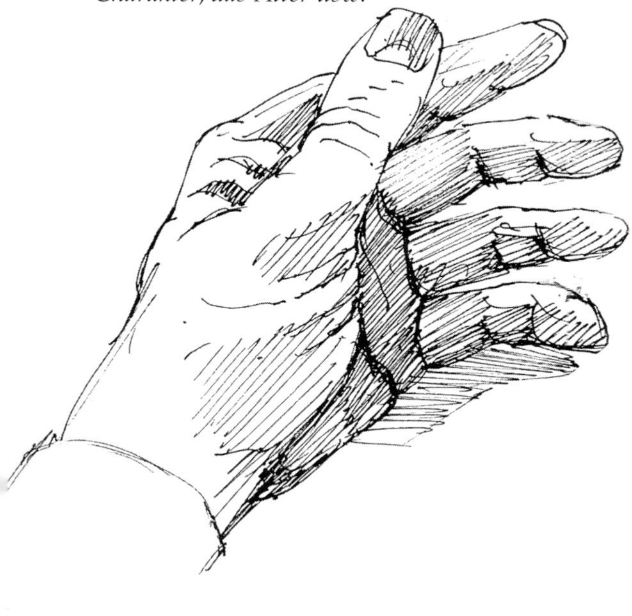

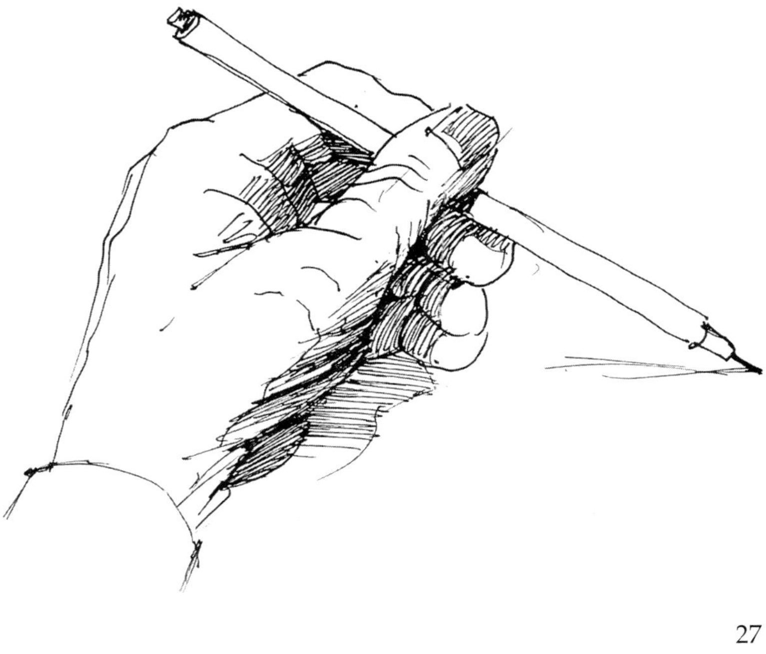

Holz – Material und Form

Dieses Naturmaterial bietet eine immense Vielfalt von Formen und Arten. Sie werden entdecken, daß es bereichernd ist, wenn man lernt, die Natur mit anderen Augen zu sehen. Kaum ein anderes Motiv liefert soviel Verschiedenartiges wie Holz: gebrochen, gesägt, gespalten, als Klotz, als Zweig, als Stamm, als Baum, als Wald.

Ein beliebiges, unbeachtetes Teilstück erhält erst durch die Wahrnehmung über die Zeichnung seine Bedeutung und wird einzigartig. Mit der Zeichnung kann man der Natur des Holzes nachgehen, und wenn man sich einmal in seine Struktur vertieft hat, läuft der Stift fast von selbst. Bei der Reduktion auf die Struktur in den Flächen läßt sich jede Form von Belebungsmustern bis hin zum Ornamenthaften anwenden. Die räumliche, gegenständliche und strukturhafte Darstellung kann bis zur extremen Genauigkeit führen, um dem Material so nahe wie möglich zu kommen.

Jedes Holz hat seine Eigenart, und beim Zeichnen lassen sich die Unterschiede entdecken. Dann finden sich für jedes Stück die entsprechende Zeichenstruktur, die passenden Linienscharen und Schraffuren. Um Linien zu üben, sollte man Holz zeichnen. Dort werden sie in allen Variationen benötigt. Die Oberflächenstrukturen des Materials Holz regen an zu spielerischer Veränderung, zu Assoziationen, zum Entdecken verborgener Bilder.

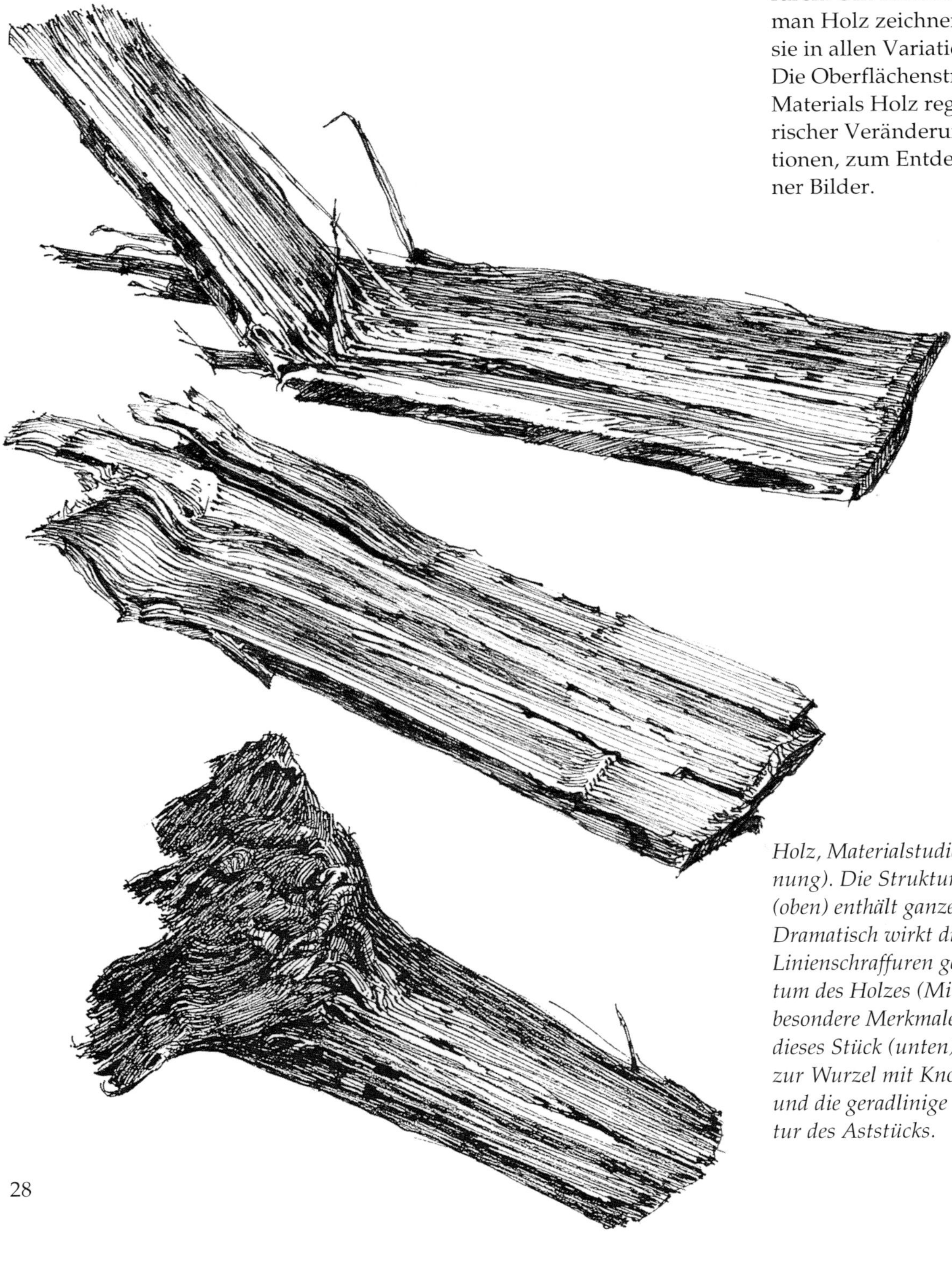

Holz, Materialstudien (Tuschzeichnung). Die Struktur des Spanholzes (oben) enthält ganze Landschaften. Dramatisch wirkt die Bruchstelle. Die Linienschraffuren gehen dem Wachstum des Holzes (Mitte) nach. Zwei besondere Merkmale kennzeichnen dieses Stück (unten): der Übergang zur Wurzel mit Knoten und Knollen und die geradlinige Wachstumsstruktur des Aststücks.

Holzstrukturen (Tuschzeichnung). Die Verschiedenartigkeit von Holzoberflächen und Strukturen kommt in diesen Studien zum Ausdruck. - Solche Motive sind gut geeignet zum Üben und Erproben von Linienscharen und Schraffuren. Die Holzstruktur ist ohne malerische Effekte nur mit Linien wiedergegeben. Diese Übungen lassen sich auch auf alle möglichen anders gearteten Flächen und Materialien anwenden.

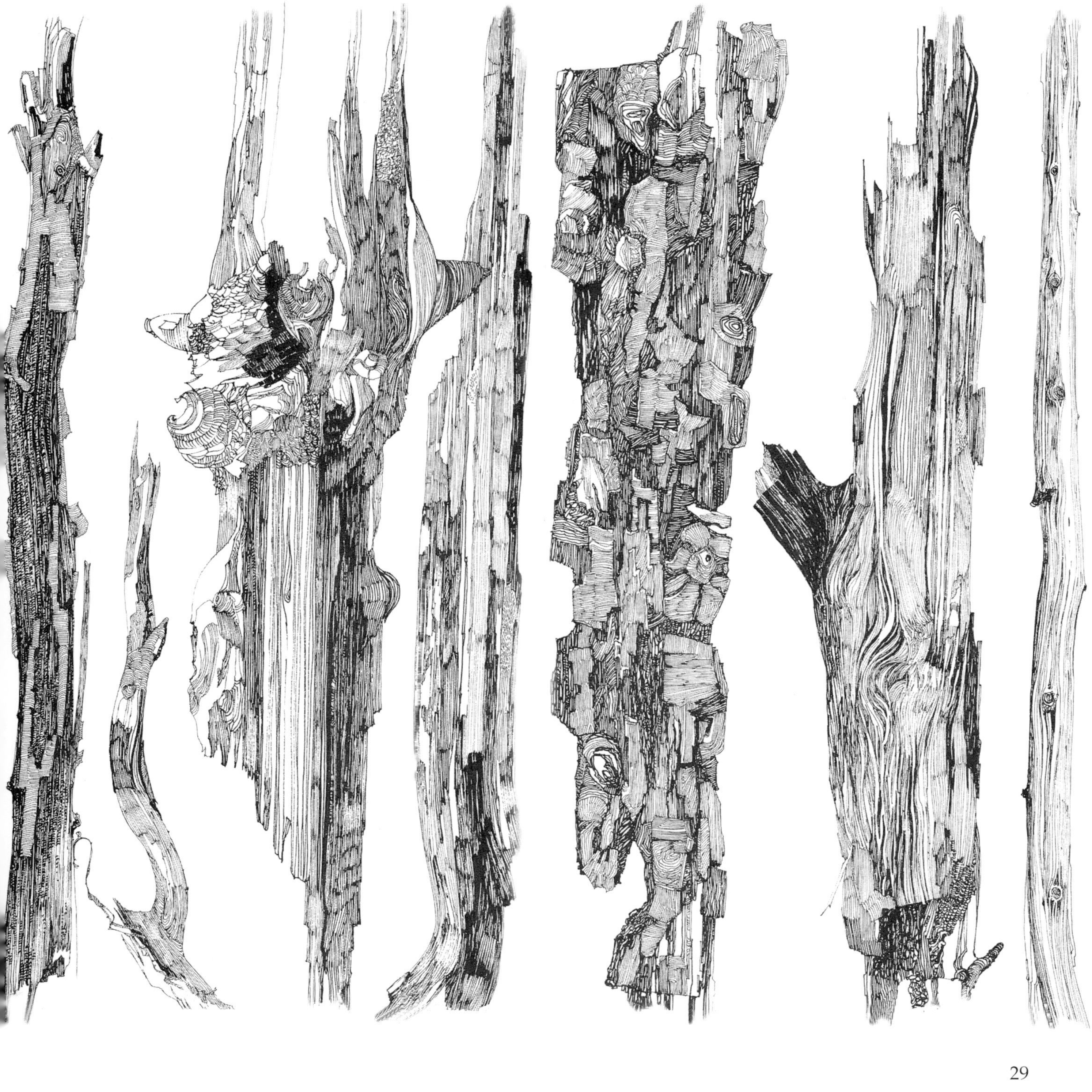

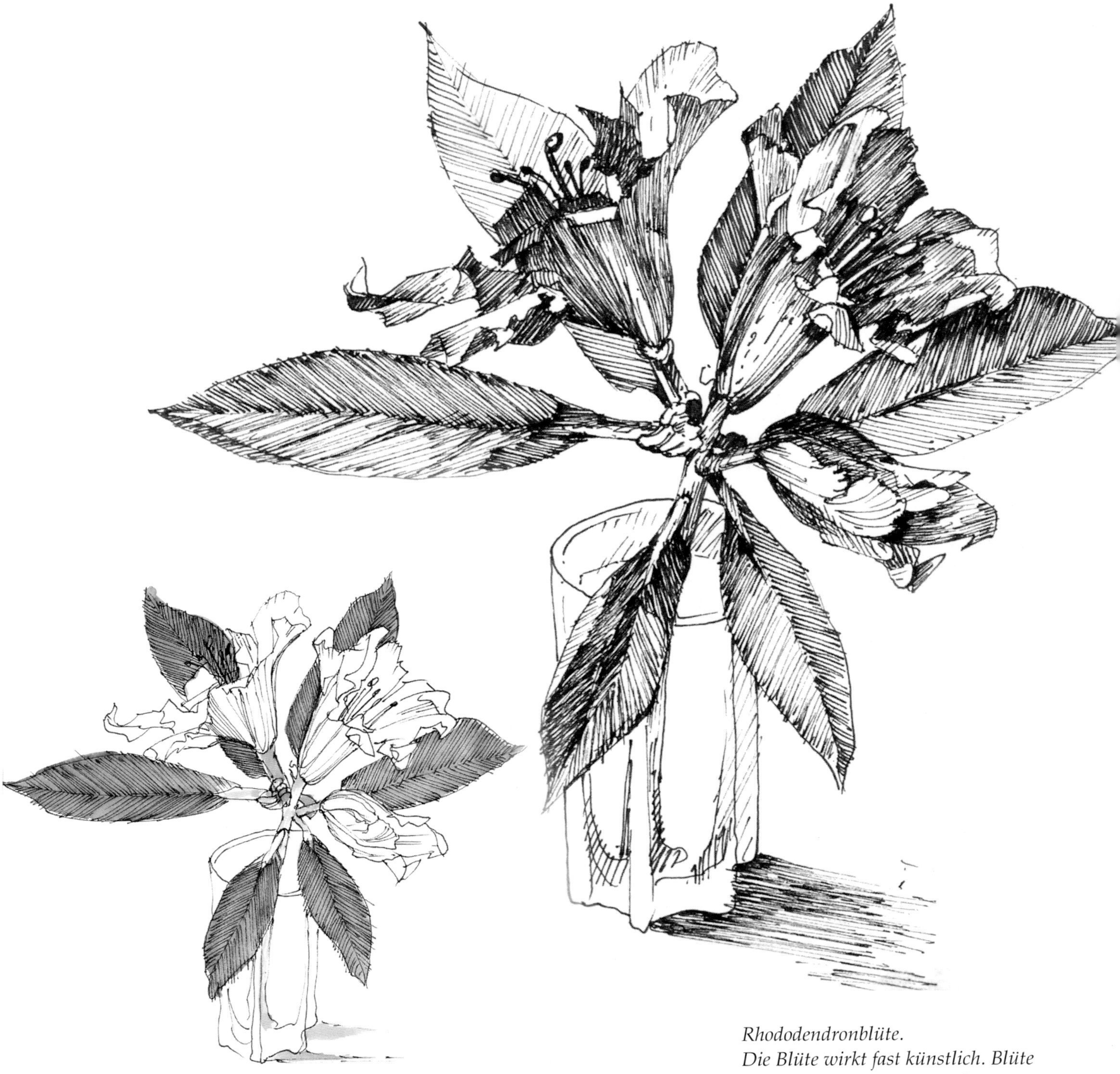

Rhododendronblüte.
Die Blüte wirkt fast künstlich. Blüte und Blätter der oberen Zeichnung sind gleichwertig mit Schraffuren wiedergegeben. Die Zeichnung beginnt mit der mittleren der drei Blüten. Darunter: Die Blüten sind gegen die Blätter abgesetzt, indem sie nur mit der Linie gezeichnet sind und keine Schraffuren enthalten. Die geradlinige Schraffur unterstreicht die harte Form der Blätter.

Pflanze mit Blüte

Bei Motiven dieser Art muß man sich hüten, daß die Darstellung nicht kitschig wird. Die hier abgebildete Rhododendronblüte in ihrer gezüchteten, fast künstlich wirkenden Form wurde sachlich dargestellt, um sie nicht zu stimmungsvoll erscheinen zu lassen.

Sowohl die Darstellung mit differenzierten Grauwerten als auch die mit rein grafischen Mitteln gezeichnete Blüte wird so zur Naturstudie. Die Zeichnung erhält eigenständige Bedeutung und ist informativ. Der Charakter des Objekts wird durch unterschiedliche Darstellungsarten derselben Blüte kaum verändert.

Bäume

Das Zeichnen eines Baumes kann ähnlich schwierig sein wie das Zeichnen einer Hand. Man kann sich beim Zeichnen verirren, wenn man das verschlungene Gewirr der vom Stamm aus in alle Richtungen laufenden Äste und Zweige, das Hintereinander, die in die Tiefe gehenden Formen erfassen will. Da hilft nur, sich Zeit zu nehmen, zu schauen, zu erfassen, bis das Ganze gedanklich entwirrt ist und man sich an die ersten vorbereitenden Skizzen wagen kann.

Ähnlich wie beim Zeichnen der Hand läßt sich feststellen, daß die Übergänge vom Stamm zu den Ästen und von den Ästen zu den Zweigen fast körperlich räumlich sind. Als Mittel der räumlichen Darstellung ist hier wieder die Überschneidung wichtig.

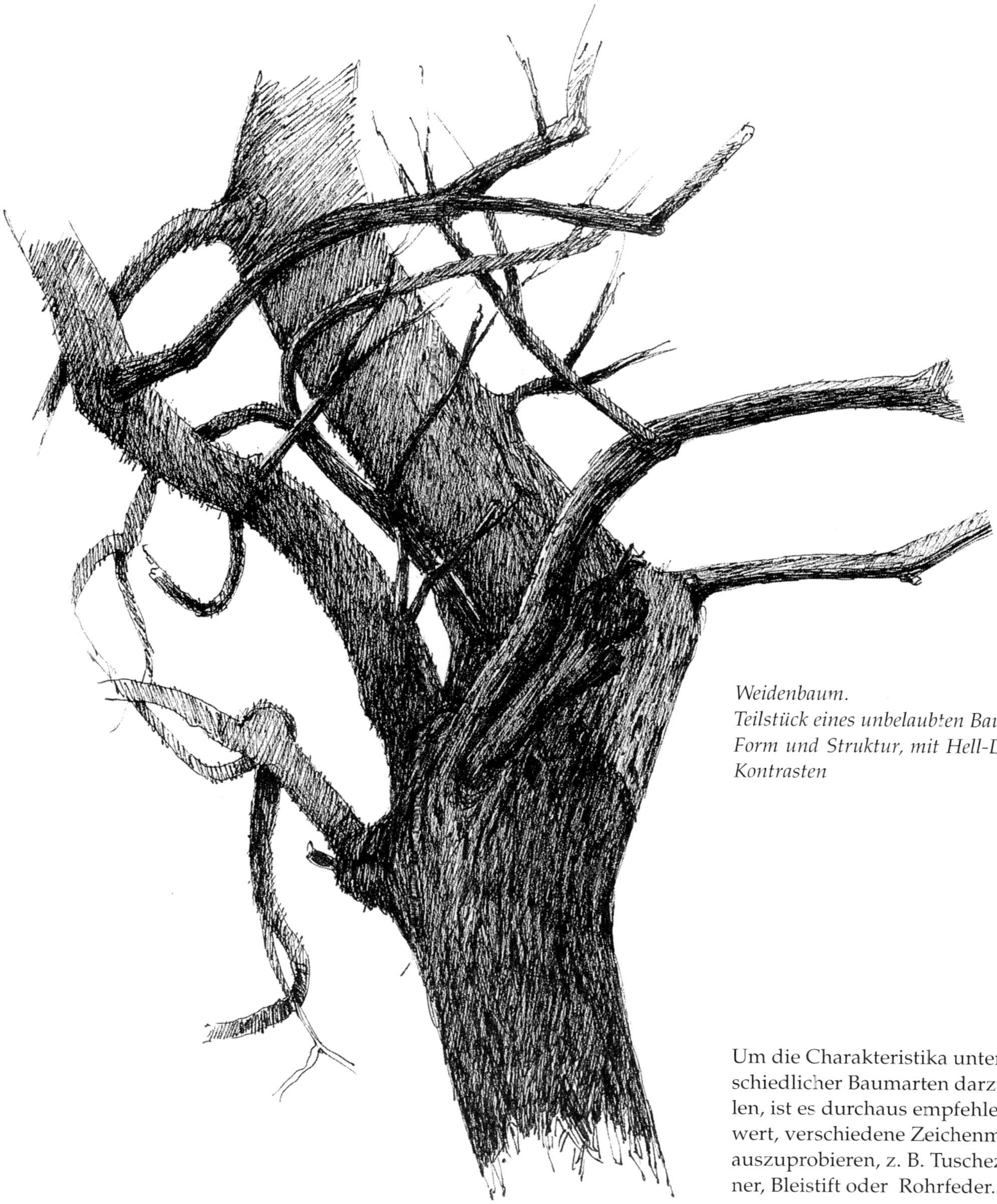

Weidenbaum.
Teilstück eines unbelaubten Baumes in Form und Struktur, mit Hell-Dunkel-Kontrasten

Um die Charakteristika unterschiedlicher Baumarten darzustellen, ist es durchaus empfehlenswert, verschiedene Zeichenmittel auszuprobieren, z. B. Tuschezeichner, Bleistift oder Rohrfeder.

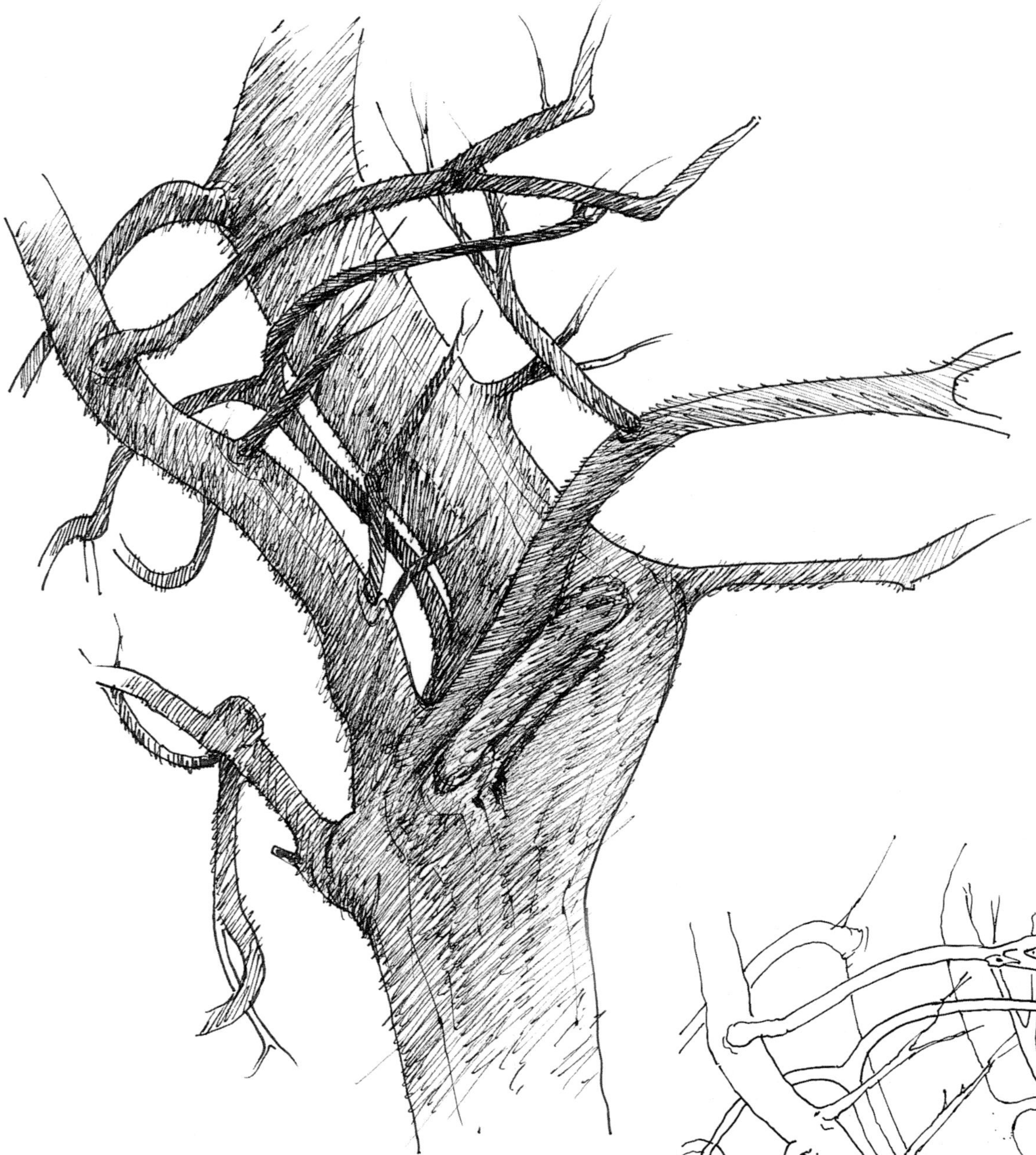

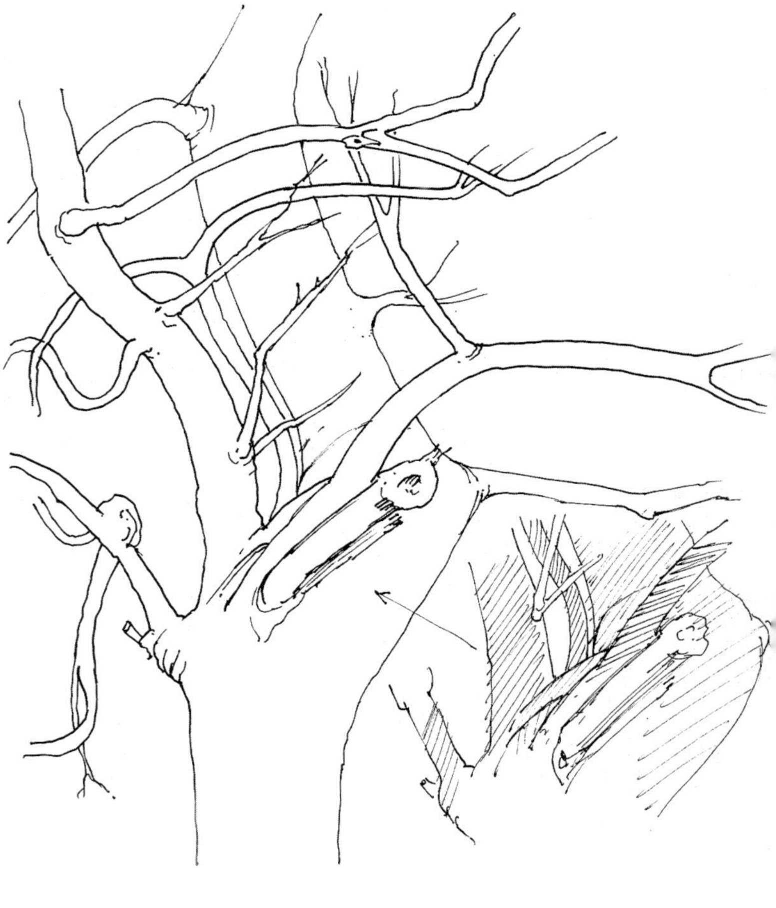

*Weidenbaum; Studien.
Schraffuren dienen zur Flächenbetonung, zum Abheben des räumlichen Hintereinander. Die Zeichnung beginnt an der Stelle der meisten Verzweigungen, der dichtesten Überlagerung. Einleitende Skizzen erfassen den Baum zunächst nur mit Linien unterschiedlicher Strichstärke.*

Gebilde von ganz eigenem Reiz sind Baumalleen, die in Deutschland allerdings nur noch selten anzutreffen sind. In der französischen Provinz findet man diese Straßen, die sich als geschlossene Form mit fast sakraler Architektur präsentieren.

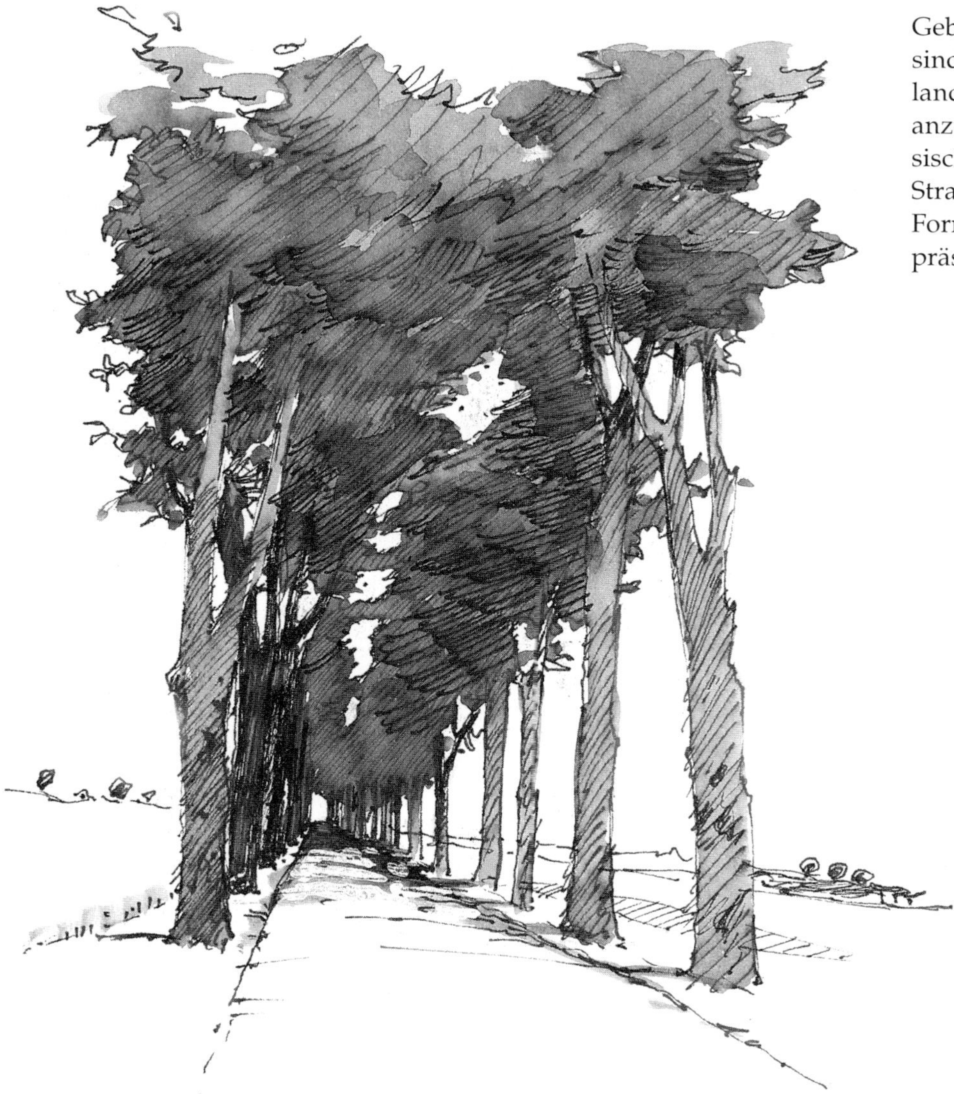

Alleebäume in Frankreich. Oben: Landstraße bei Orchamps (Chinatusche). Unten: Platanen als Straßenbäume (Rohrfederzeichnung). Diese Einzelstücke sind von originellem, wildem Wuchs.

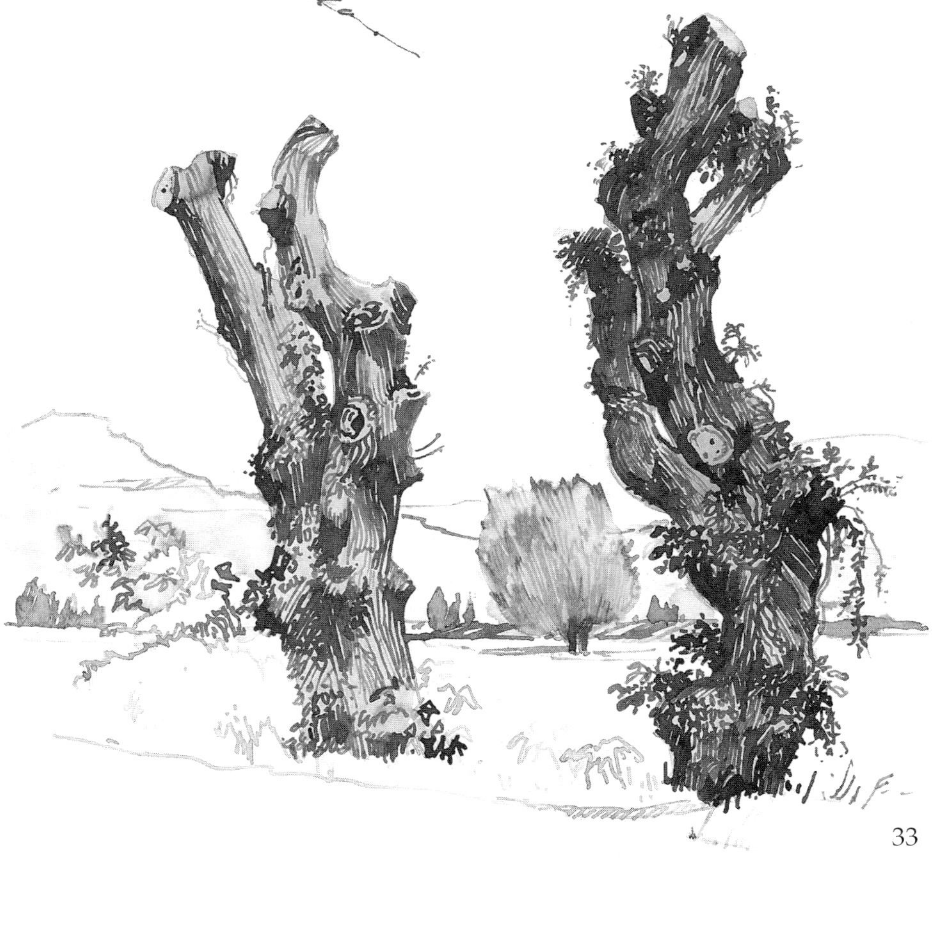

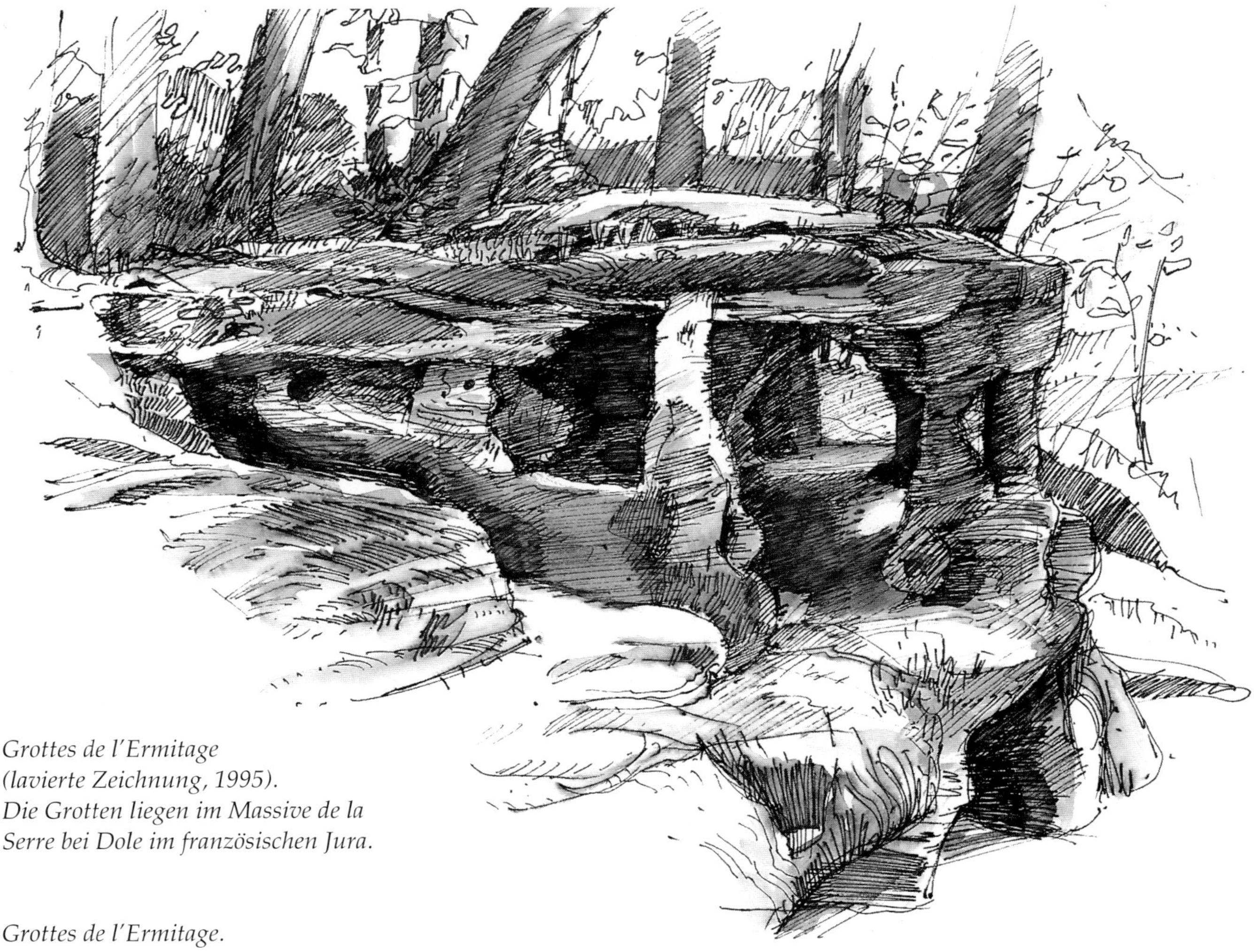

Grottes de l'Ermitage (lavierte Zeichnung, 1995). Die Grotten liegen im Massive de la Serre bei Dole im französischen Jura.

Grottes de l'Ermitage. Skizze zum Erfassen der Einzelelemente und Zonen. Die Teile der Form, ihre Proportionen und Beziehungen lassen sich wie beim Architekturzeichnen erkennen und erfassen.

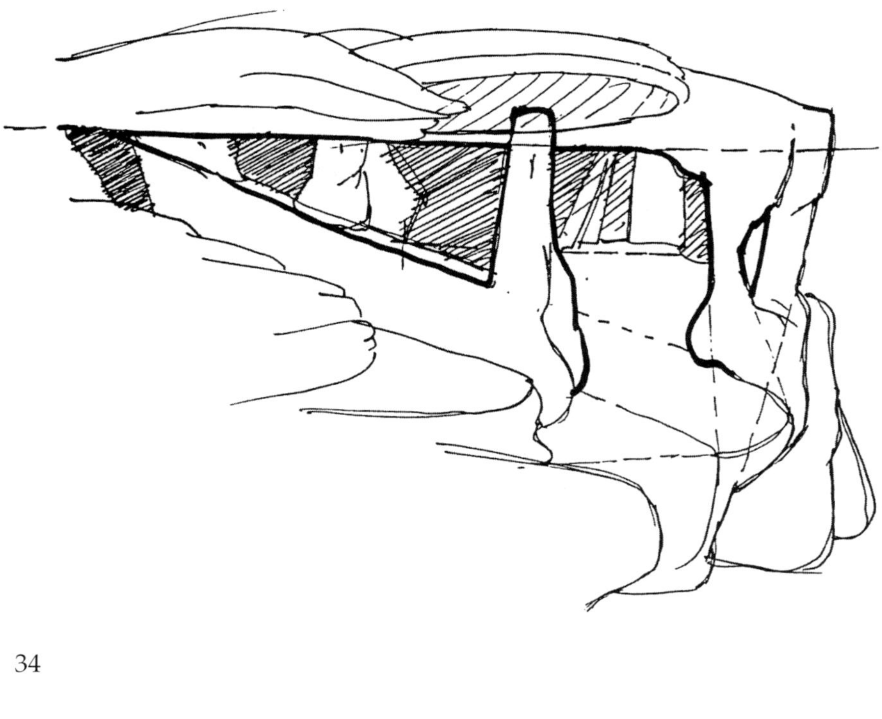

Felsen und Grotten

Man muß sich schon auf die Suche begeben nach solchen fast verwunschen wirkenden Motiven. Meist sind es abgeschiedene Stellen, an denen man diese natürlichen Szenarien findet. Auch ein alter Steinbruch kann eine ähnliche Wirkung haben.

Die Formen dieser Grotten bei der Stadt Dôle im französischen Jura muß man nicht beschreiben, die Zeichnungen sprechen für sich. Meine spontane Reaktion, als ich die Grotten entdeckte, war: besser nicht zeichnen, das wird Kitsch! Nach mehreren Besuchen war das Vorurteil überwunden. Die fast

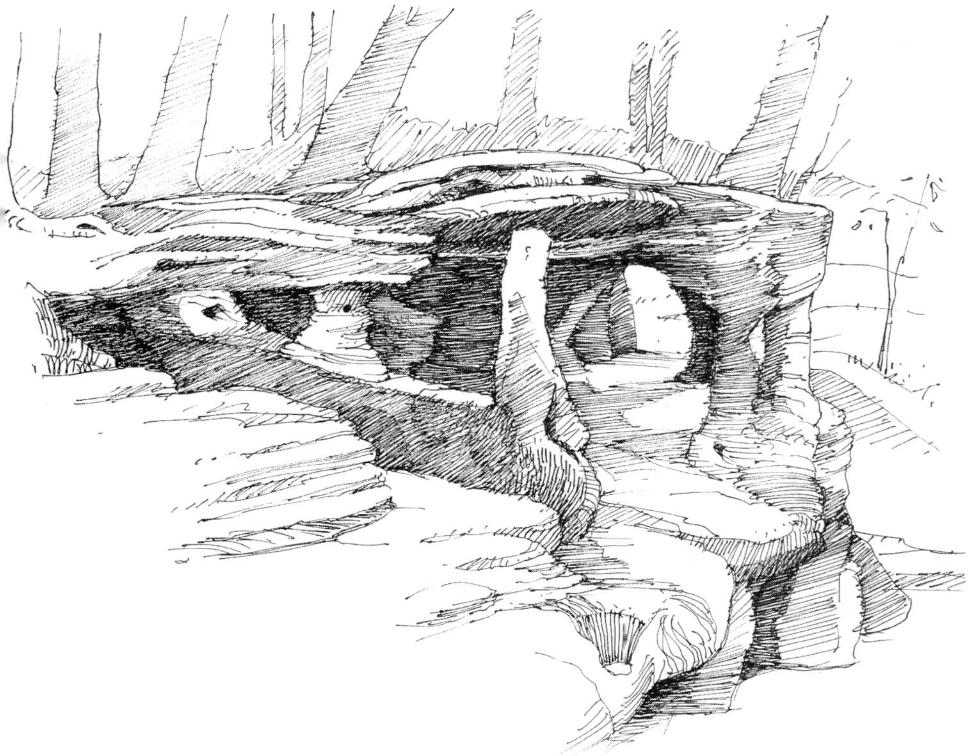

organischen Formen der Felsen waren so reizvoll, daß sie mich beim Zeichnen immer mehr gefangennahmen. So entstanden mehrere Zeichnungen in unterschiedlicher Technik. Die reine Strichzeichnung, die nur die Konturen wiedergibt, war hilfreich beim Entzaubern des Motivs.

Grottes de l'Ermitage. Die Zeichnung ist reduziert auf Linien und Schraffuren.

Grottes de l'Ermitage, von vorn gesehen. Die Konturen, mit Sepia und Chinatusche vorgezeichnet, ergeben eine malerische Zeichnung der Breitseite der Grotte.

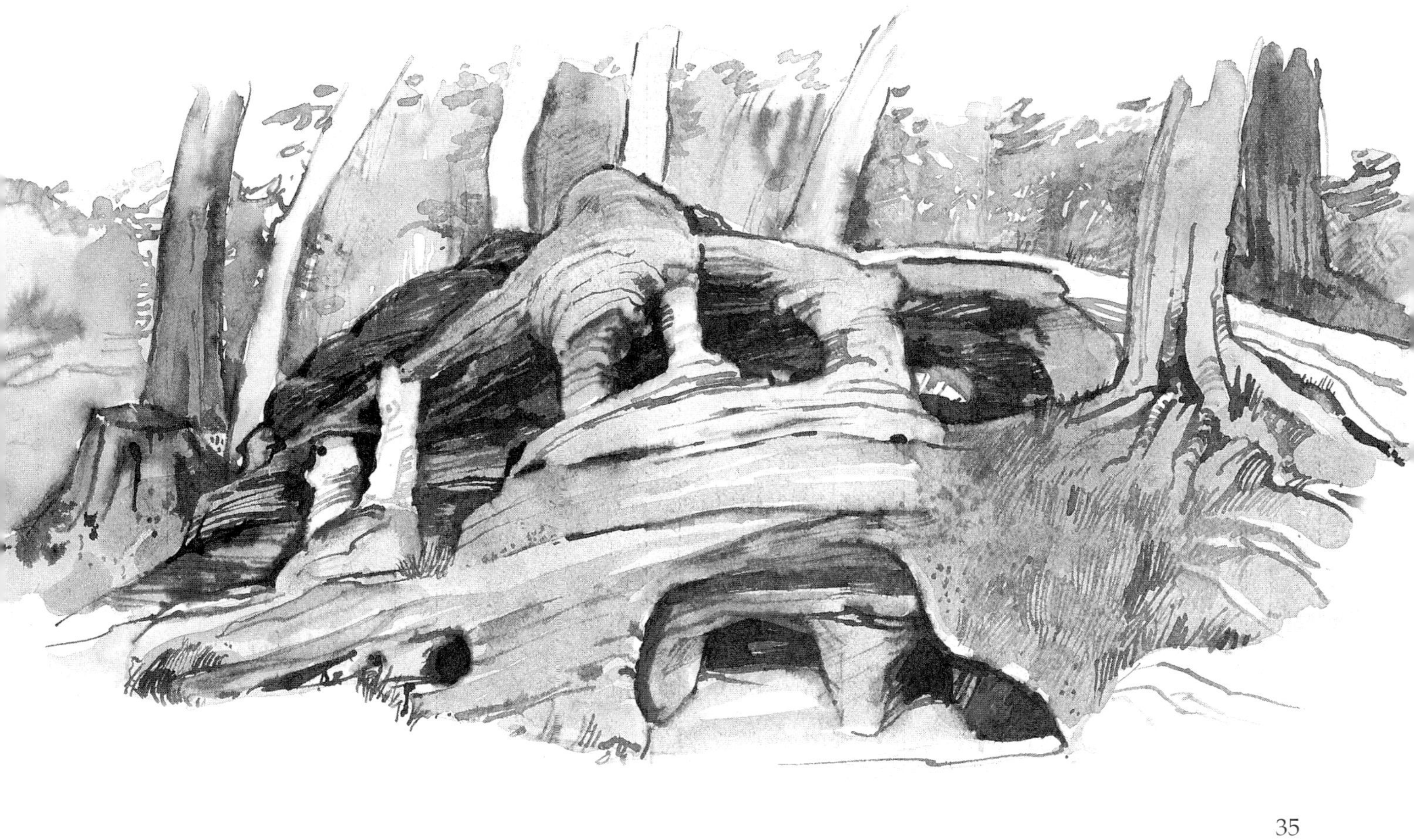

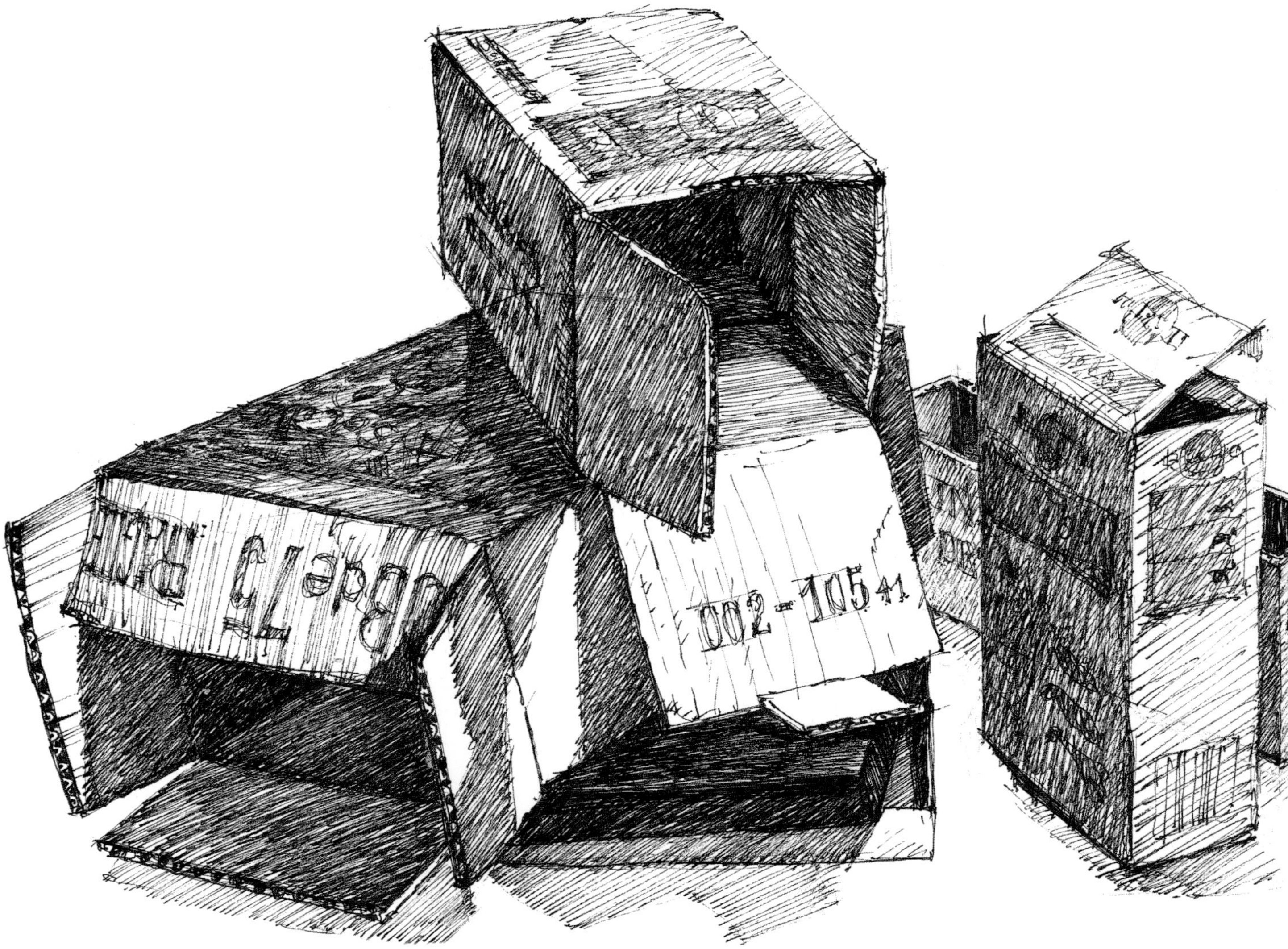

Stilleben aus Kartons.
Zu einem Stilleben kann man sowohl wertloses Material als auch Kostbarkeiten zusammenstellen. Diese leicht deformierten Kartons sind perspektivisch, schwer zu fassen, da Sie beim Zeichnen nur die gesehenen Linien wiedergeben dürfen. Zur Belebung der Oberflächen, zur Darstellung räumlicher Tiefe und zur Unterscheidung der einzelnen Flächen sind Graustufen bis zum Schwarz nötig.

Stilleben

Wenn sie auch in der bildenden Kunst unserer Zeit keine Rolle spielen, bieten Stilleben doch viele Möglichkeiten, gleichartige oder auch gegensätzliche Dinge miteinander zu kombinieren und kontrastreich darzustellen. Als Materialstudie oder je nach der thematischen Bestimmung lassen sich weiche und harte, runde und kantige, breite und hohe, transparente und dichte Gegenstände als Motive auswählen.

Einfach erscheint ein Stilleben mit unterschiedlich großen Kartons, die auf- und nebeneinander gestellt werden. Diese leicht deformierten kubischen Gebilde lassen sich jedoch nicht ganz so einfach erfassen, wie es zunächst scheint. Am besten beginnen Sie mit einer entscheidenden Linie, z. B. der oberen Kante des großen Kartons in der Mitte. Davon ausgehend, stellen Sie die Umrisse der Fläche dar und gehen dann weiter zu dem auf dieser Fläche liegenden oberen Karton, der in seiner Längsachse gedreht ist. Wenn Sie dessen Form erfaßt haben, zeichnen Sie die Form des unteren Kartons fertig und anschließend die anderen Elemente des Stillebens. Entscheidend ist die richtige räumliche Linienführung, um das Aufeinanderliegen der Kartons wiederzugeben.

Die unterschiedlichen Grauwerte der verschiedenen Kartonflächen und die Öffnungen und Schatten der Kartons ergeben eine sehr differenzierte plastische Form.

Eine besondere Herausforderung bilden die für das nächste Stilleben gewählten Gegenstände. Als Bleistiftzeichnung zeigt das Stilleben Glas im Glas. Die Reagenzgläser in einem Zylinderglas verlangen Konzentration. Glas ist zwar transparent, aber seine Darstellung erfordert Schraffuren bis ins tiefe Schwarz.

Wichtig ist, daß der Charakter der Zeichnung gewahrt wird. Alle Eigenschaften sind durch Striche und Linien wiederzugeben und nicht durch Wischen oder Schummern. Zum Stilleben gehört als Kontrast eine dunkle Flasche hinter den hellen Gläsern, ein weiteres helles Glas mit einer Rose im Reagenzglas und als stofflicher Gegensatz ein Stück Holz, kompliziert, voller Unebenheiten, vom Holzwurm zur Form zerfressen.

Glas hat keine Struktur. Es ist als amorphes Material nur über seine Eigenschaften der Reflexe und der Durchsichtigkeit zu erfassen.

Aufbauskizze.
Gehen Sie schrittweise vor, indem Sie die Formen zeichnerisch aufbauen. Eine denkbare Folge von Zeichenschritten für den Werdegang der Zeichnung: Erfassen
① der ersten Linie einer bestimmenden Fläche
② der Umrisse dieser Fläche
③ des auf dieser Fläche liegenden Kartons
Anschließend Fortsetzung und Fertigstellung der ersten Form und beliebige weitere Entwicklung.
Wichtig ist die richtige räumliche Linienführung, um das Aufeinanderliegen der Kartons darzustellen.

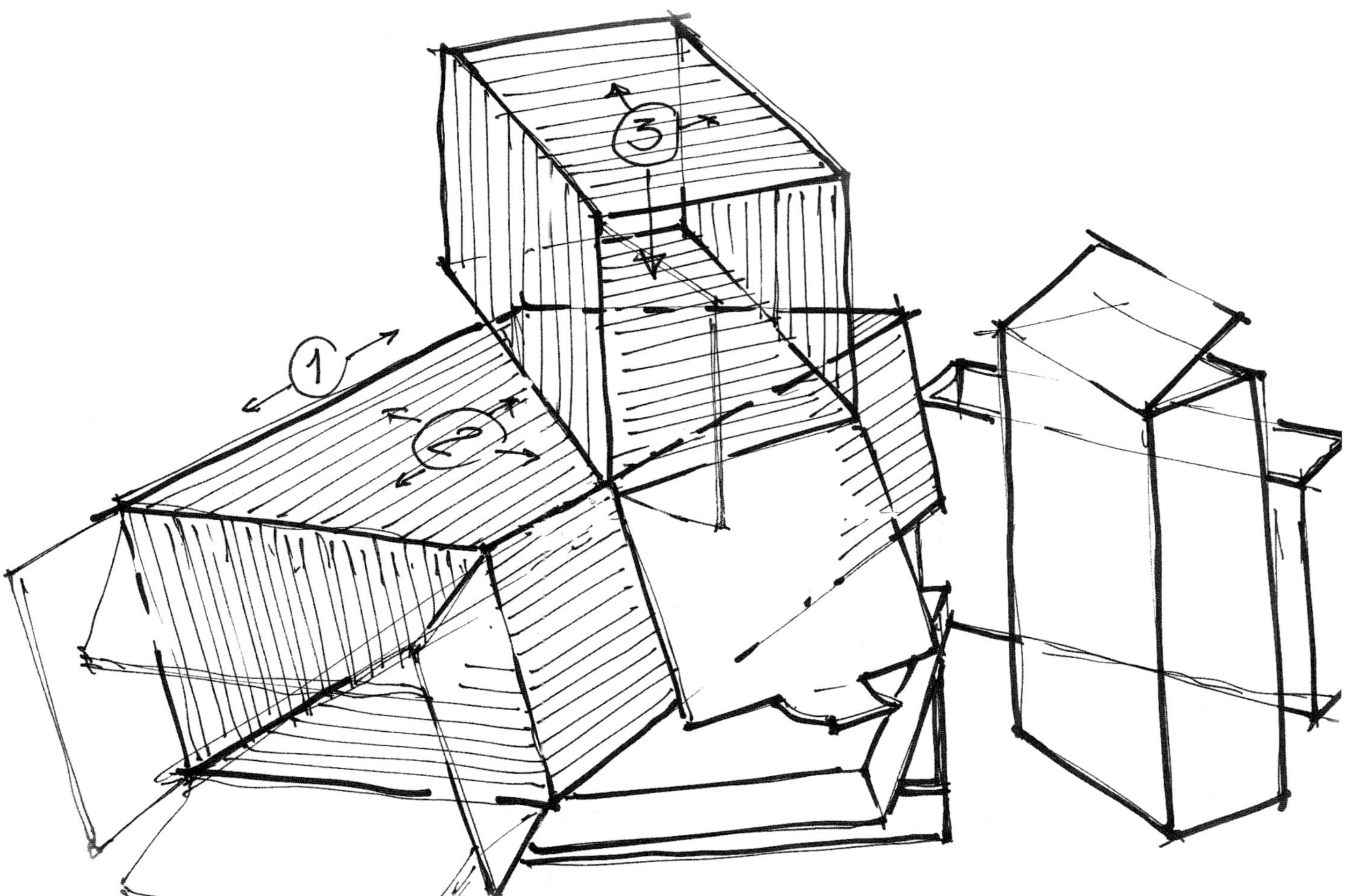

Stilleben: Glas im Glas mit Holz (Bleistiftzeichnung, aquarelliert, Originalgröße 39 x 62 cm). Besonderheiten dieses Stillebens sind Form- und Materialgegensätze mit den Eigenschaften transparent und dicht, offen und geschlossen, natürlich und synthetisch, glatt und rauh.

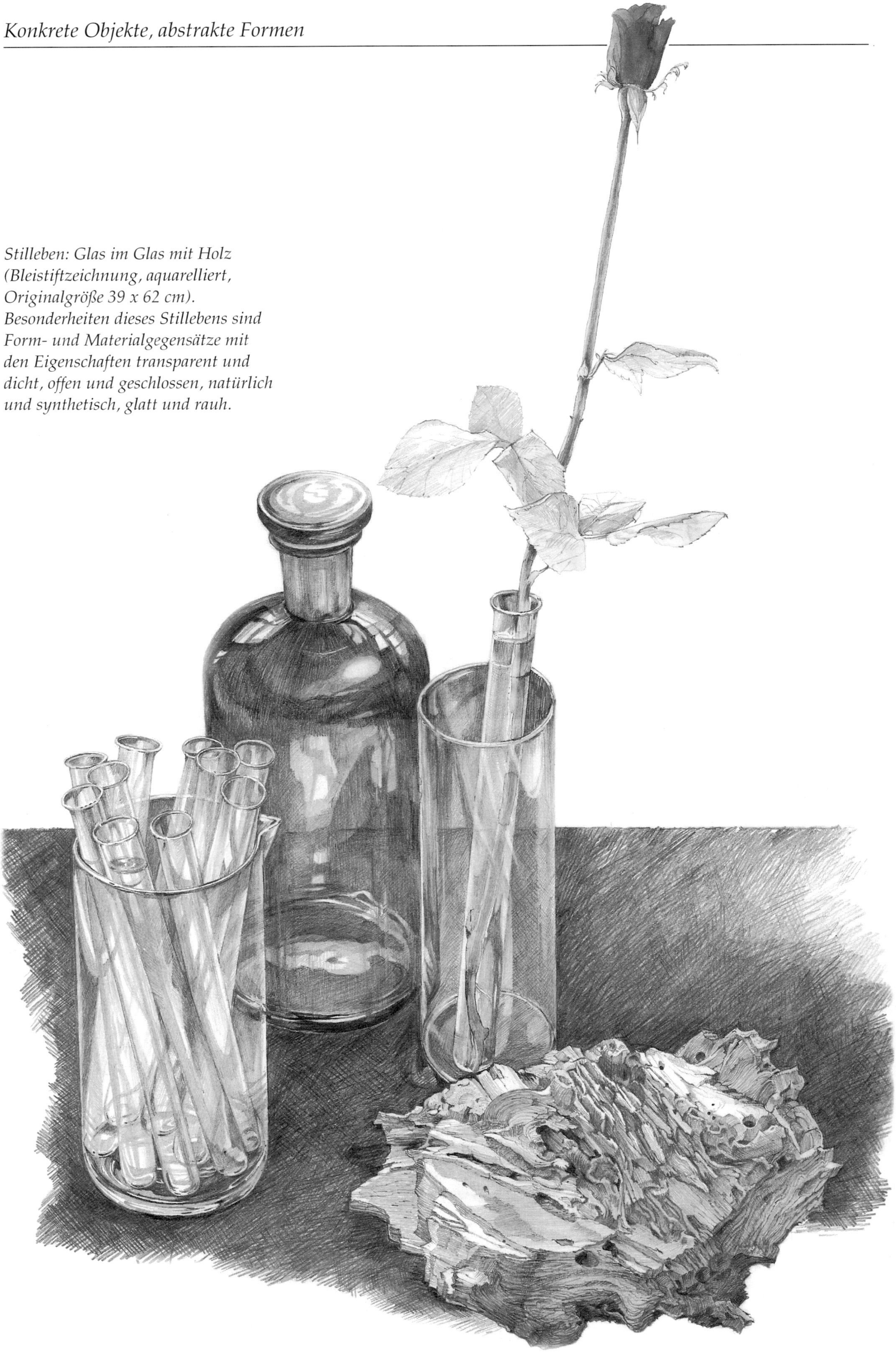

Stilleben: Glas im Glas und Holz (Ausschnitt).
Der zur Darstellung von Glas im Glas nötige Zeichenduktus: Strich für Strich. Auch transparentes Glas weist Schwärze auf.

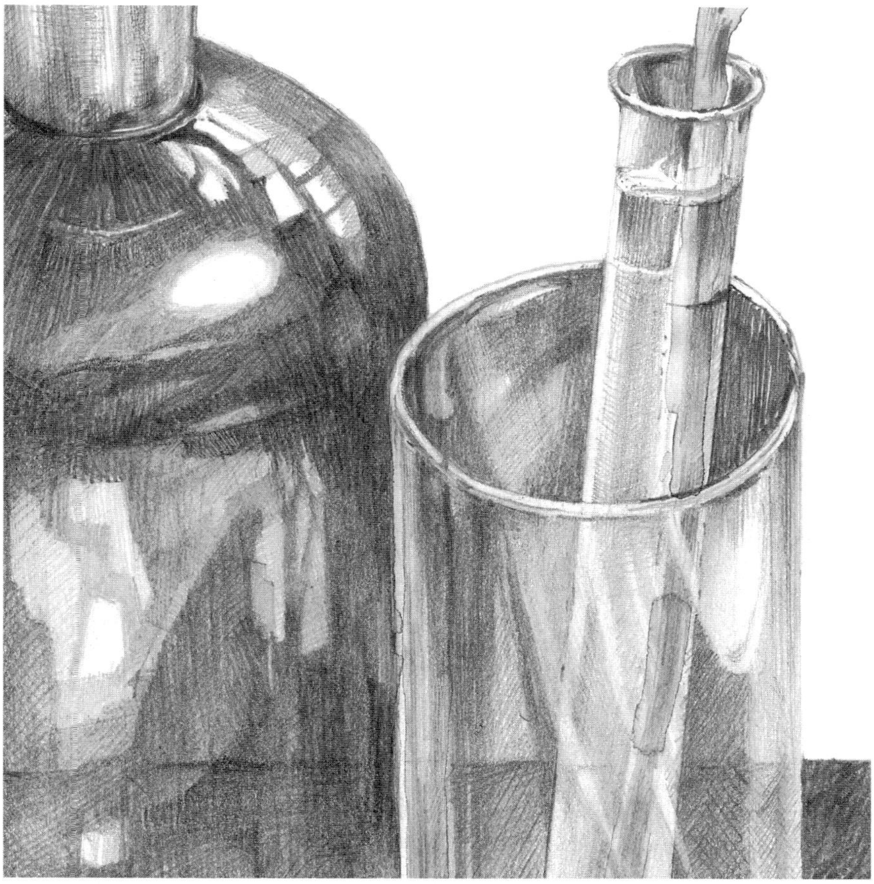

Stilleben: Glas im Glas und Holz (Ausschnitt).
Die Zeichnung des Holzes läßt die harten und weichen Wachstumsstrukturen erkennen. Sie sind vom Holzwurm ganz unterschiedlich zerstört und neu geformt worden.

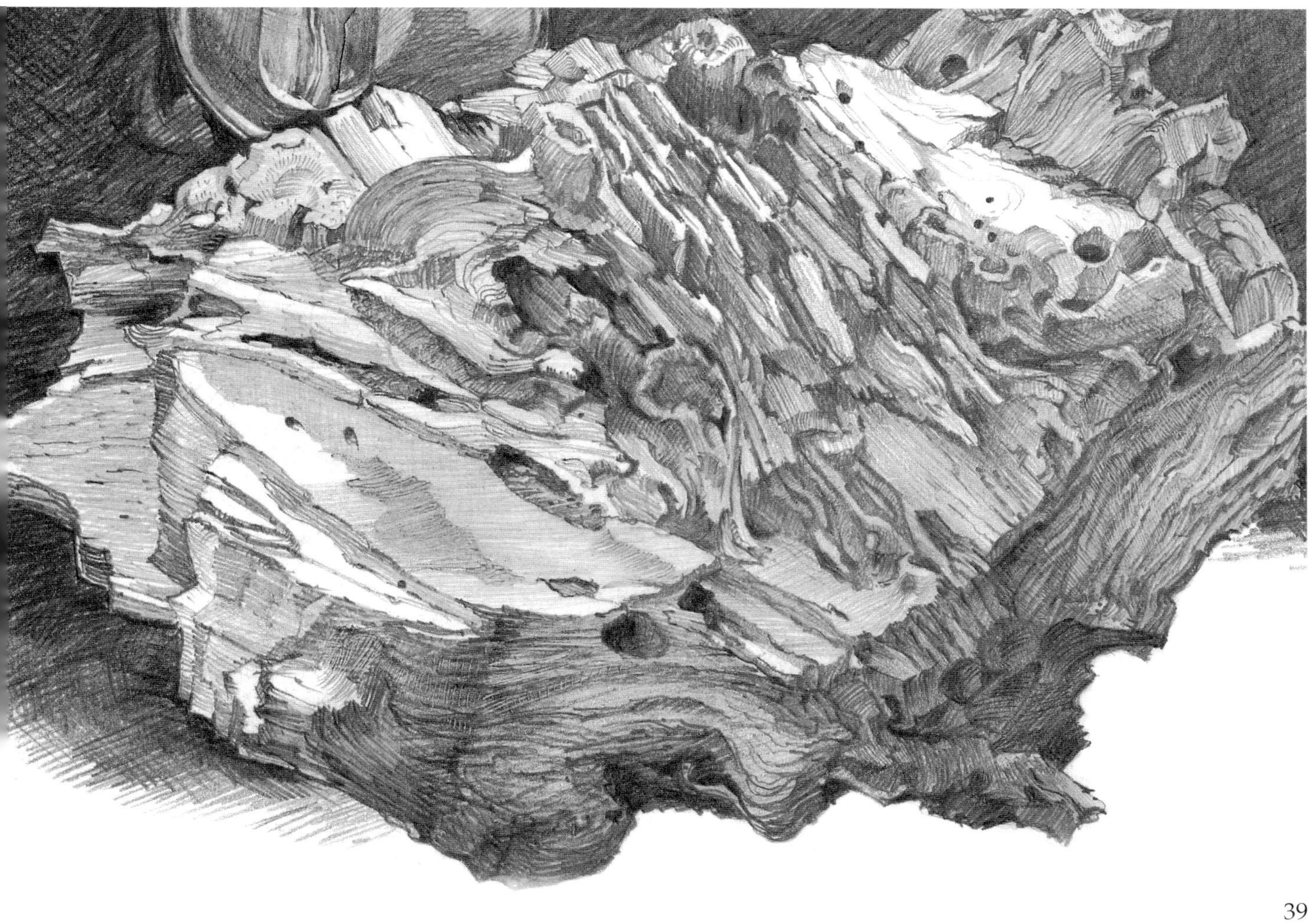

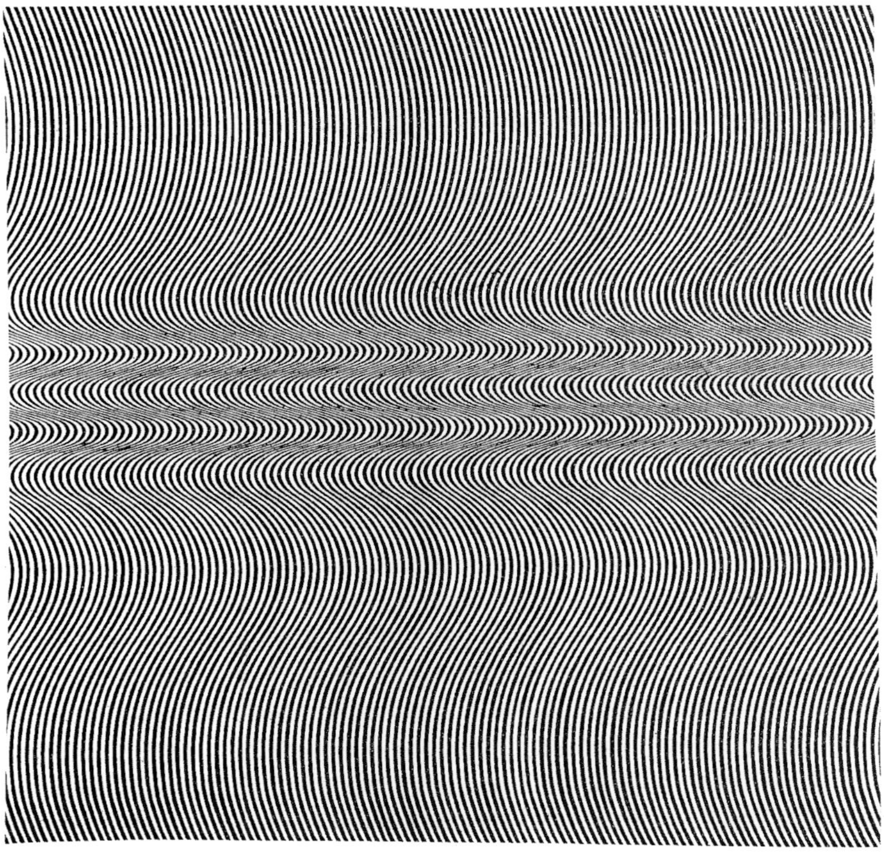

möglichkeiten beim Erlernen des Zeichnens. Dazu lassen sich viele Themen entwickeln, die als Liniensysteme gezeichnet werden sollen, z. B. als Serie oder mit Unterbrechungen, als Muster, durch Konzentration oder einen bestimmten Rhythmus der Linien.

Abstraktes, ungegenständliches Zeichnen als visuelles Training.
Die Op-art verwendet sich bewegende, laufende Linien (oben links). Radial verlaufende Linien in Kreisen mit abgesetztem Mittelfeld, die auf zwei Folien aufgebracht sind, erzeugen beim Verschieben veränderbare, immer neue Muster (unten). Zeichnungen Seite 41: Beliebige geometrische Formen sind auf ihr Schattenbild in der Ebene reduziert. Diese Übung läßt sich mit jeder gedachten Form durchführen und reizt zum Ausprobieren.

Abstraktes Zeichnen als visuelles Training

Abstrakt oder ungegenständlich ist hier so zu verstehen, daß alle Motive gedacht sind, daß Sie also bei den folgenden Übungen keinen Gegenstand der Wirklichkeit als Vorlage benötigen. Alle Themen werden als Zeichnung gedanklich entwickelt, Begriffe werden assoziativ in eine Zeichnung umgesetzt. Grafische Mittel der Darstellung sind Linien und Flächen ohne die Effekte der Freihandzeichnung.

Die Verwendung von Linien in topographischen Karten, wo Verlauf und Dichte Auskunft über die Oberflächenformen eines Geländes geben, wurde vor allem in der Opart aufgegriffen. Dieses Prinzip wurde in der Gestaltungslehre als sehr brauchbar gefunden und liefert in den verschiedensten Variationen eine Fülle von Übungs-

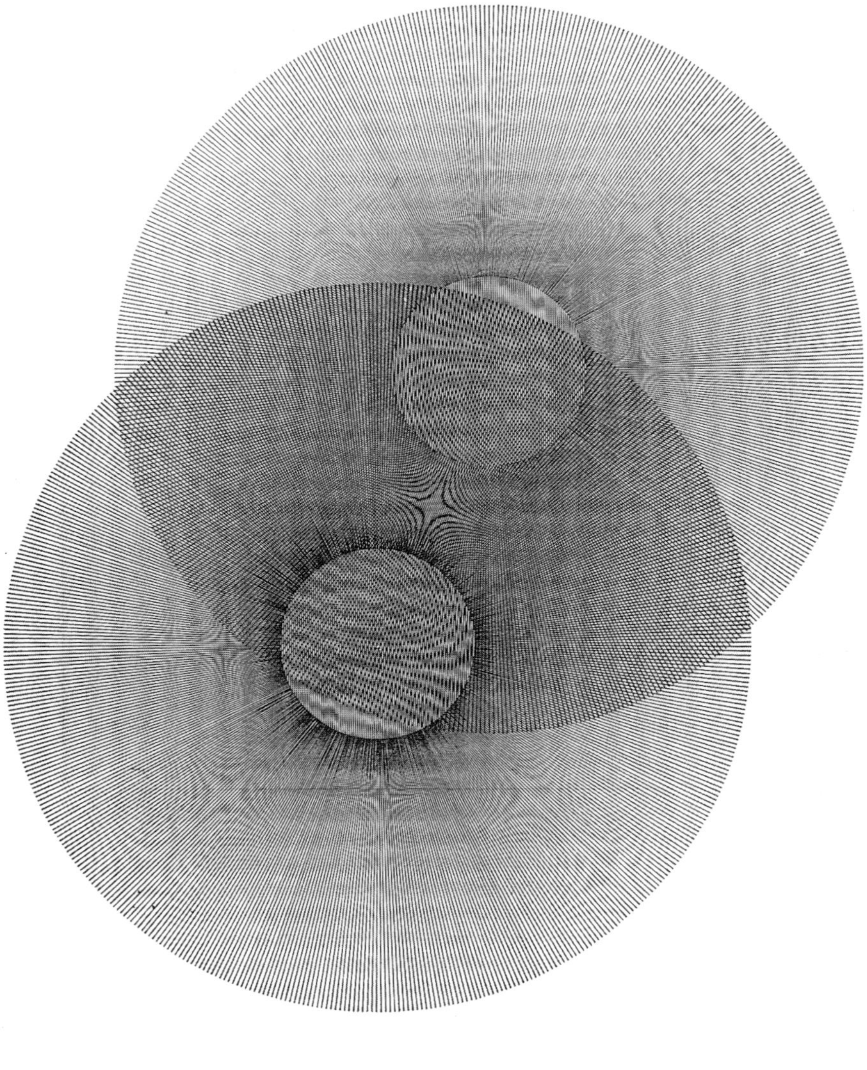

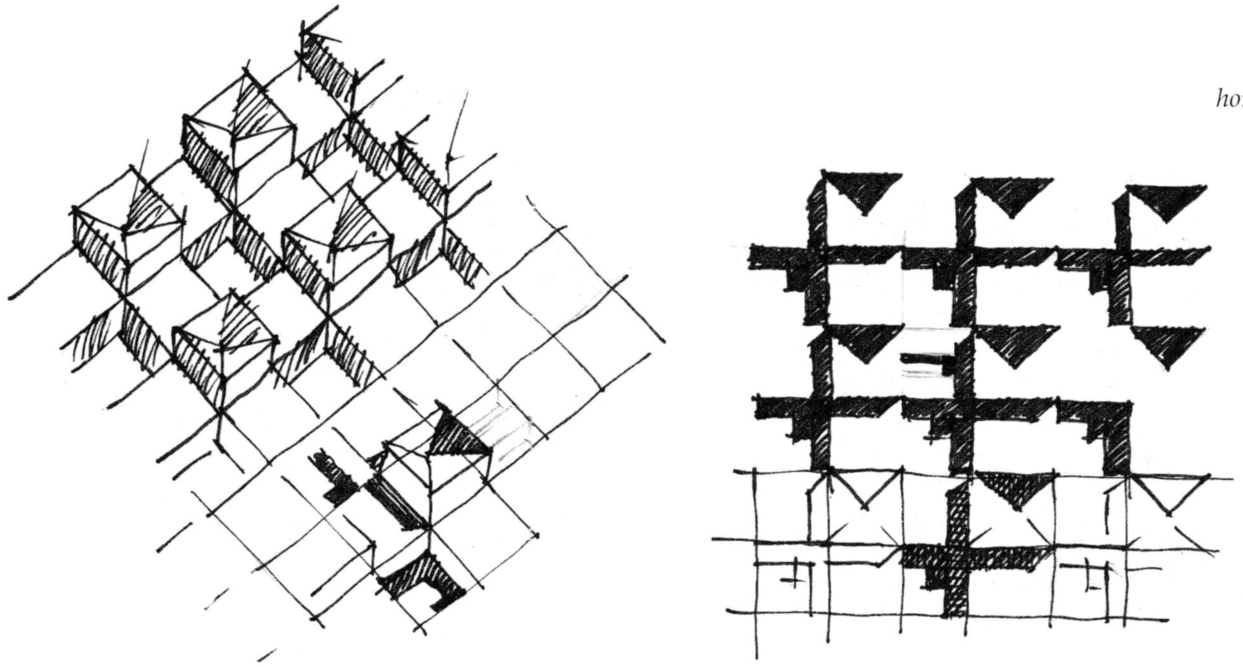

horizontal

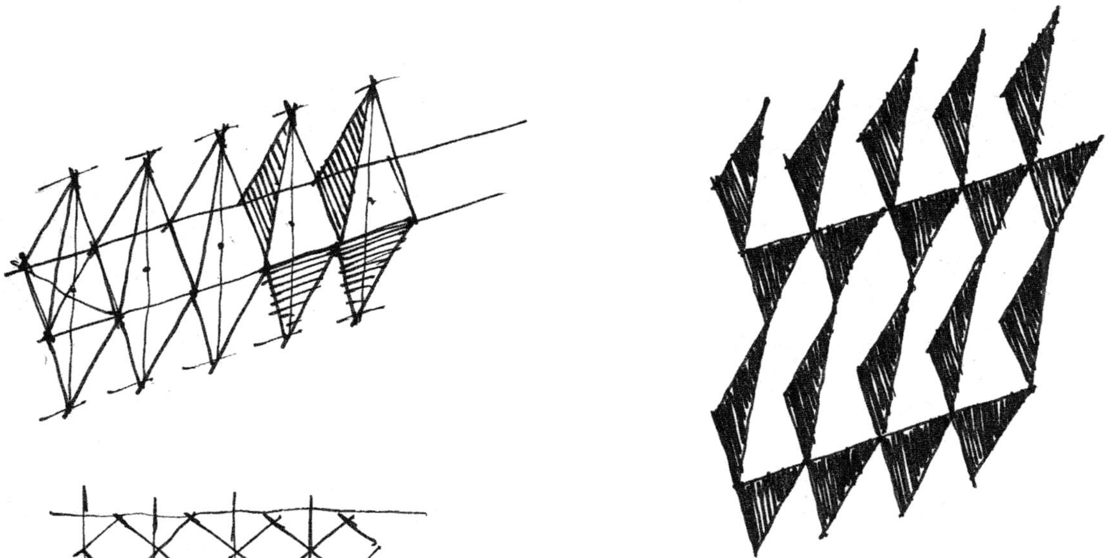

diagonal

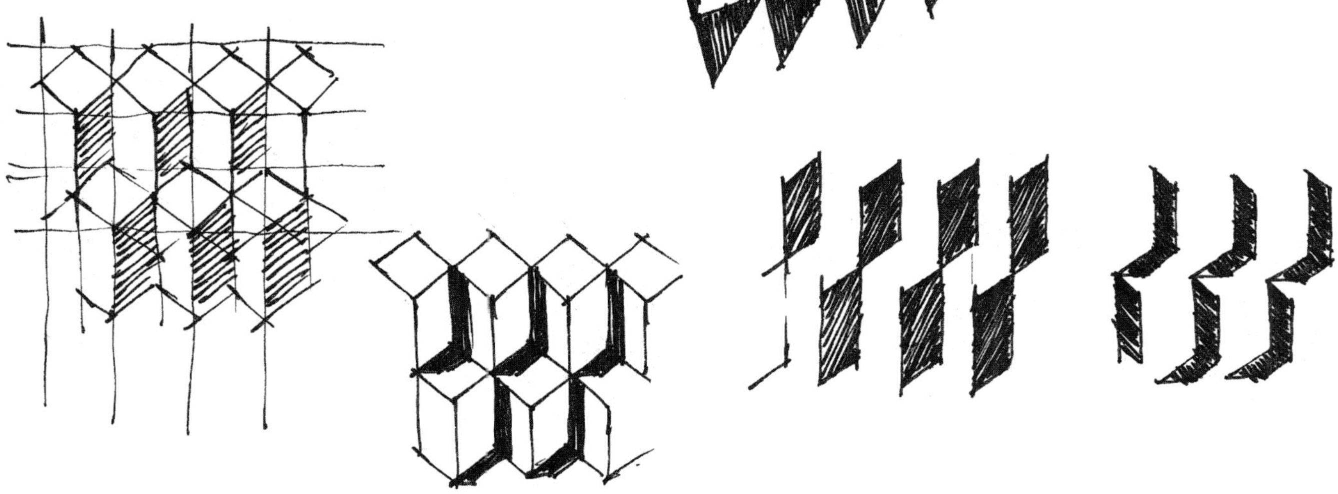

vertikal

Formen aus Linien

Es ist überraschend, wie einfach sich Raum aus Linien herstellen läßt. Aus parallel verlaufenden Linien entstehen runde oder eckige, gewölbte oder versenkte Formen. Die aus gewölbten, abgesenkten oder gekanteten Zonen aneinandergereihten Formelemente und alle Übungen dieser Art sollten Sie als Pflichtübungen ansehen. Als Hilfsmittel zeichnen Sie sich zuvor die Konturen der plastischen Elemente auf.

Linien und Formen.
Aus parallelen Linienscharen entstehen räumliche Elemente, die in der Fläche erhaben oder versenkt, positiv oder negativ, rund oder scharfkantig sind. Bevor Sie mit dem Zeichnen beginnen, müssen Sie gedankliche Vorarbeit leisten.

Bewegte Linien.
Zeichnen Sie die Linien bei dieser Übung vom Anfang bis zum Ende durch. (Das ist mit dem Bleistift möglich, den Tuschezeichner muß man jedoch zwischendurch neu ansetzen.) Auch hierbei sind Negativ- oder Positivformen durch Wölben oder Absenken der Linien darstellbar, eine bewegte Topographie mit gewölbten oder abgesenkten Flächen, scharfer Reliefierung oder Terrassierung.

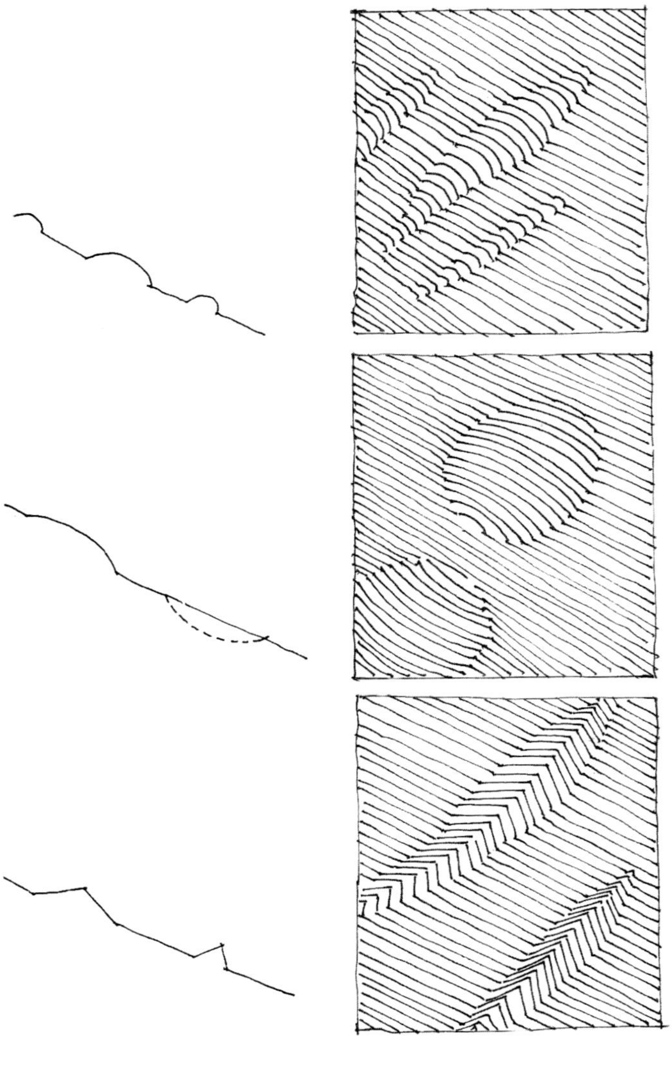

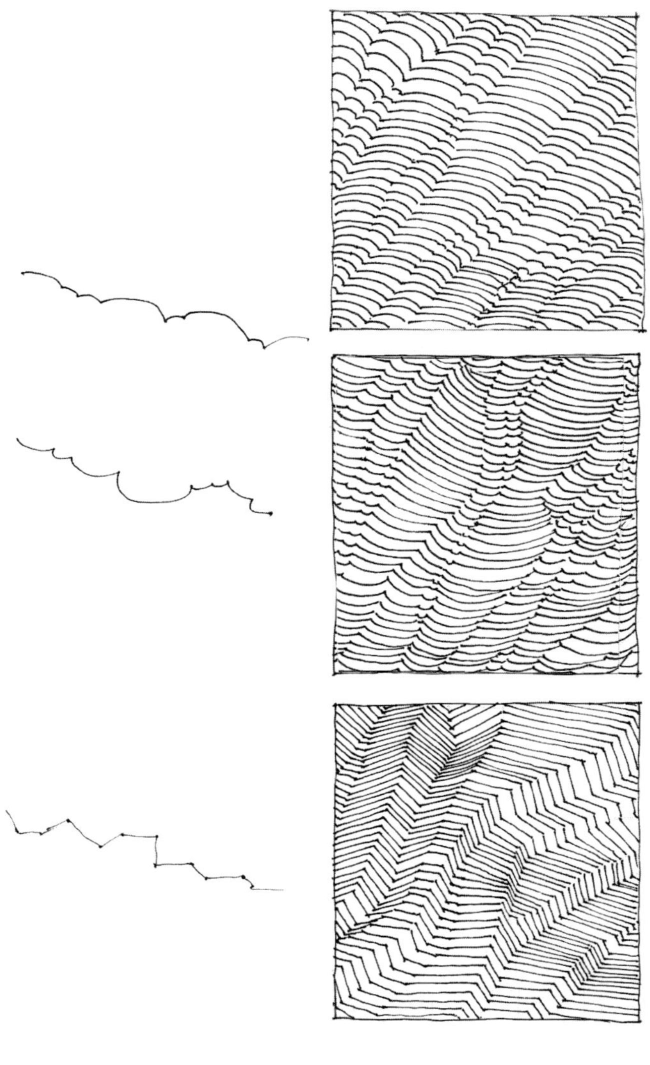

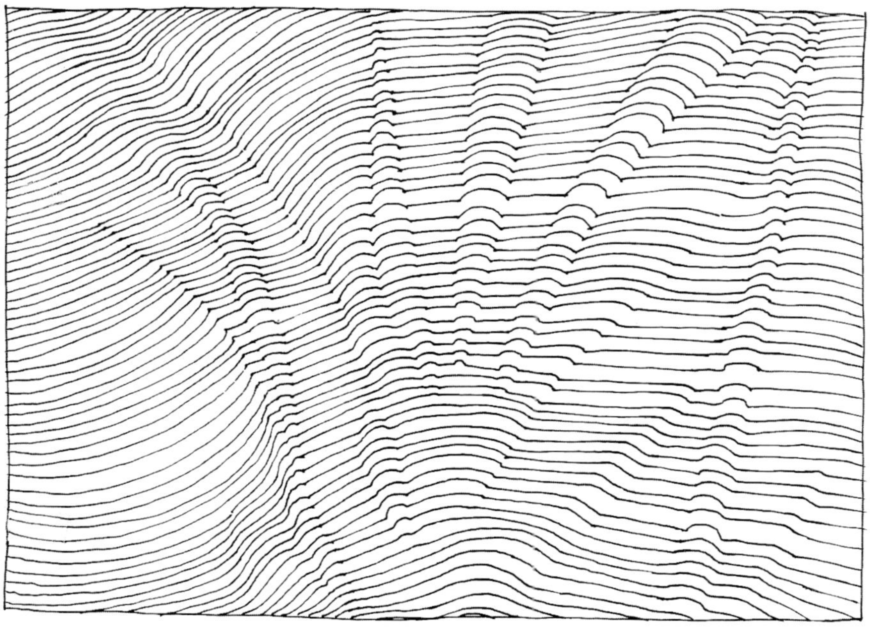

Topographie: Landschaft.
Diese Darstellung parallel geschwungener Linien, die möglichst von einer Seite zur anderen durchgezogen werden sollten, ist „Jogging für die Hand". Wählen Sie die darzustellende Fläche nicht zu groß, denn diese Art zu zeichnen ist sehr anstrengend und birgt die Gefahr, durch übertriebene Genauigkeit zu ermüden.

Bei der nächsten Übung soll auf einer größeren Fläche durch parallel geführte Linien eine reliefartige Topographie entstehen, das Bild einer abstrakten Landschaft mit Höhen und Tiefen. Es ist sinnvoll, diese Landschaft als Skizze vorher zu klären, damit ein interessantes Bild entsteht. Die plastischen Formen ergeben sich durch Verdichtung der Linien oder Verbreiterung der Abstände. Die Zeichnung erhält zusätzliche Spannung durch unterschiedlichen Richtungsverlauf der Linien und der Bewegung. Versuchen Sie, alle Linien von einer Seite bis zur anderen ohne Unterbrechung durchzuzeichnen.

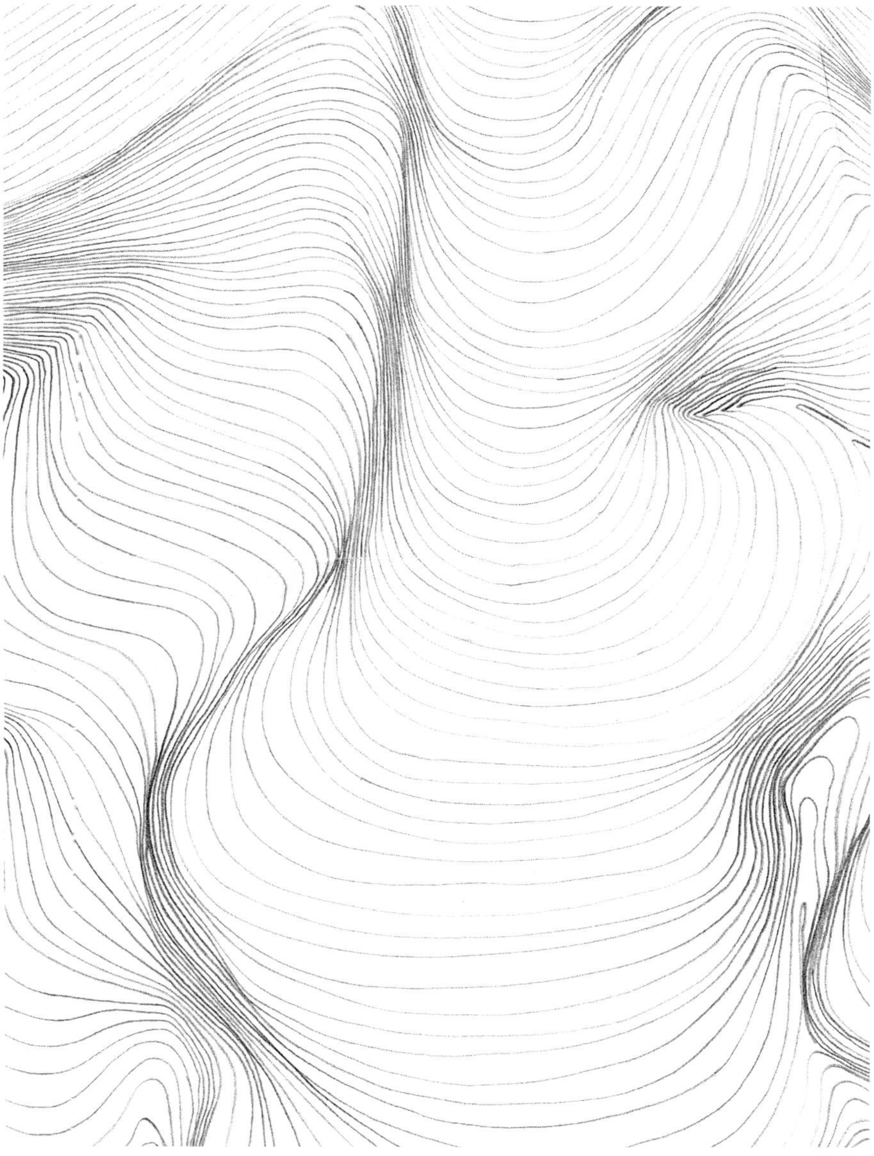

Topographie aus geschwungenen Linien (Bleistiftzeichnung).
Die Darstellung mit diesen weit geschwungenen Linien erscheint zu teigig, und die Zeichnung wirkt zu frontal im Verhältnis zur räumlichen Tiefe.

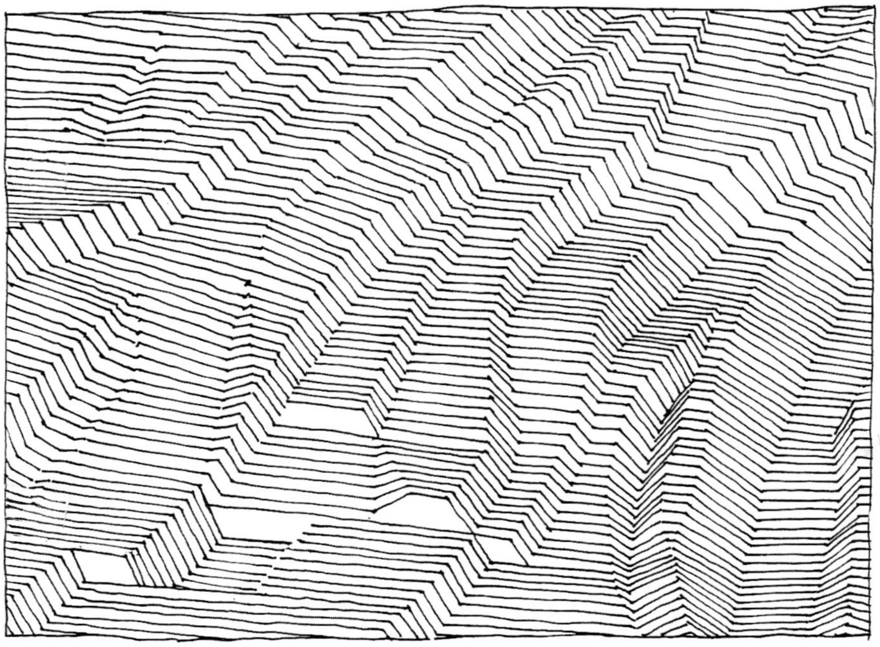

Topographie aus gekanteten und geknickten Linien (Bleistiftzeichnung). Die Zeichnung vermittelt das Bild einer Terrassenlandschaft, einer Kulturlandschaft im Hang für Landwirtschaft oder Weinbau. Auch Gesteinsformationen lassen sich so wiedergeben.

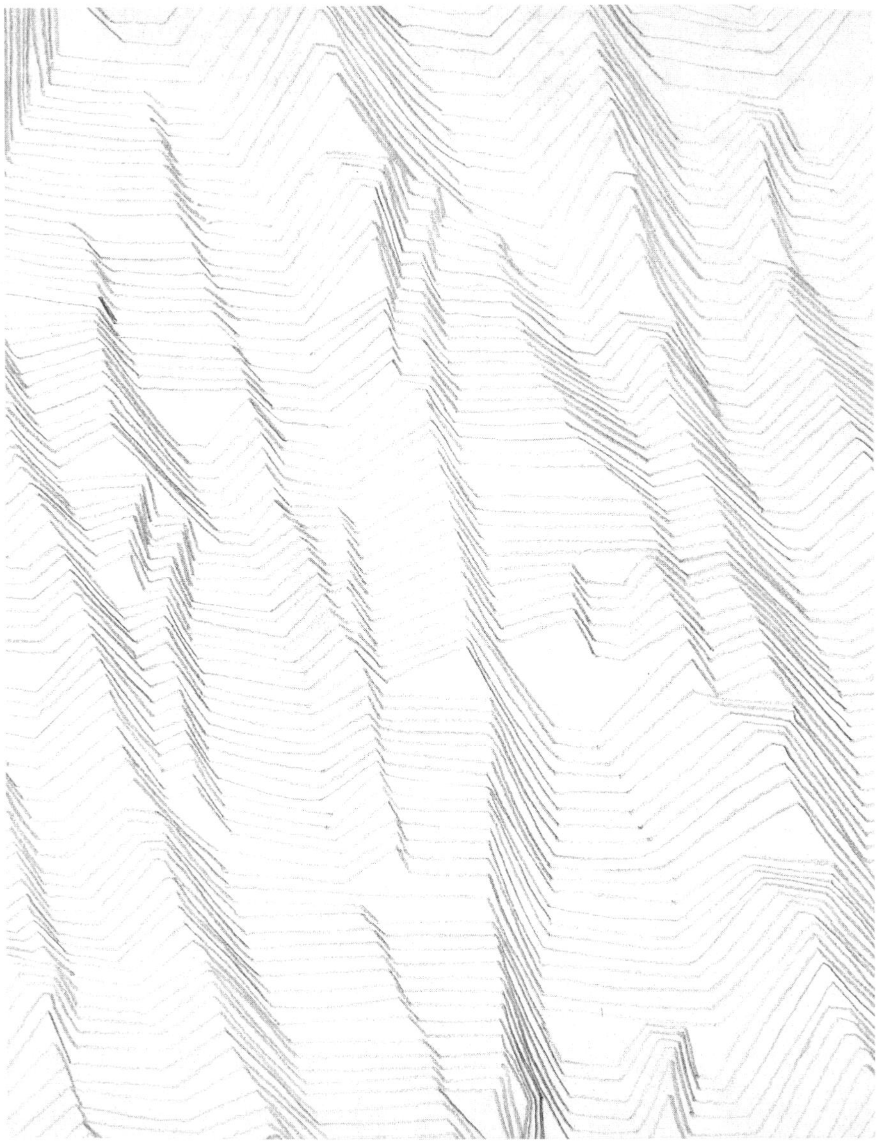

Topographie aus gekanteten Linien (Bleistiftzeichnung). Ähnliche Strukturformen wie bei den Terrassen, jedoch durch Höhen- und Tiefenlinien eher als Gebirgsformation ausgewiesen. Die Verwerfungen dieser Gebirgslandschaft sind ein reizvolles Motiv zum Zeichnen.

Ähnlich wie bei Computersimulationen, die mit einem ungeheuren Aufwand an Rechenoperationen Rastersysteme erzeugen, z. B. bei der Konstruktion technischer Produkte, kann man Liniennetze über Landschaften legen oder Raster erzeugen, die über Gegenstände gelegt werden. Sie werden viele Möglichkeiten finden, diese Technik mit den unterschiedlichsten Formen und Oberflächen auszuprobieren.

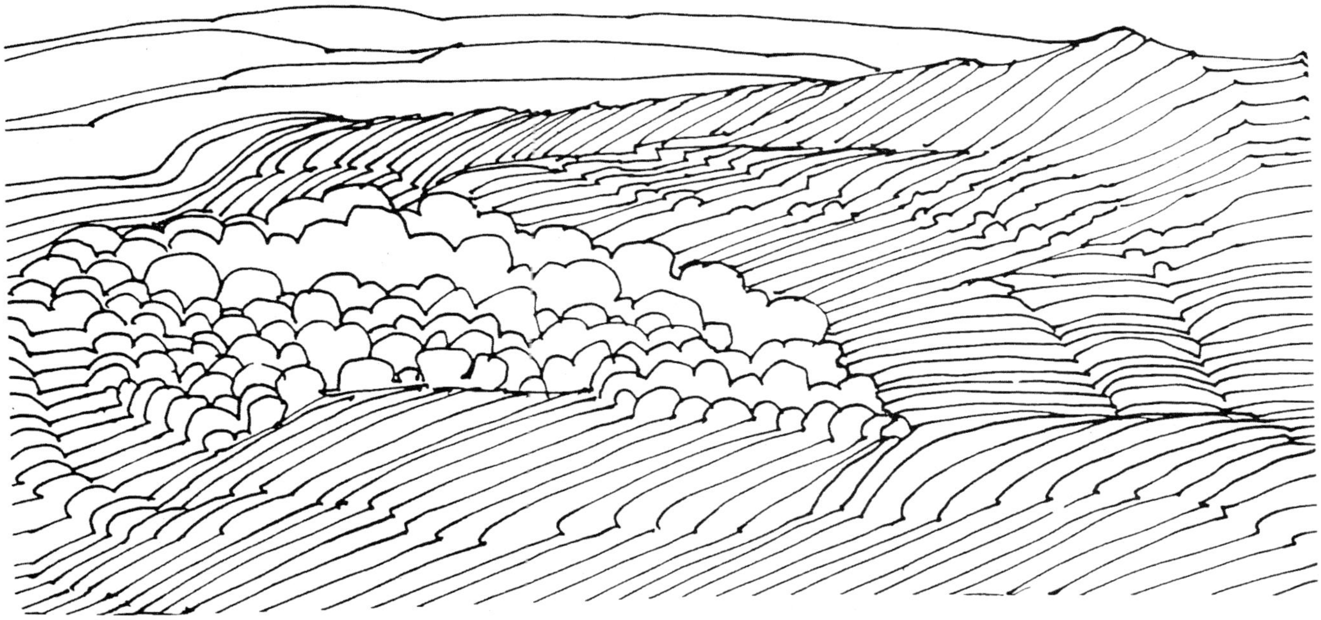

Parallel geführte Linien vermitteln Bewegung, ob es sich dabei um die Darstellung von Landschaften oder Ländern handelt oder einfach nur um geometrische oder abstrakte Formen.

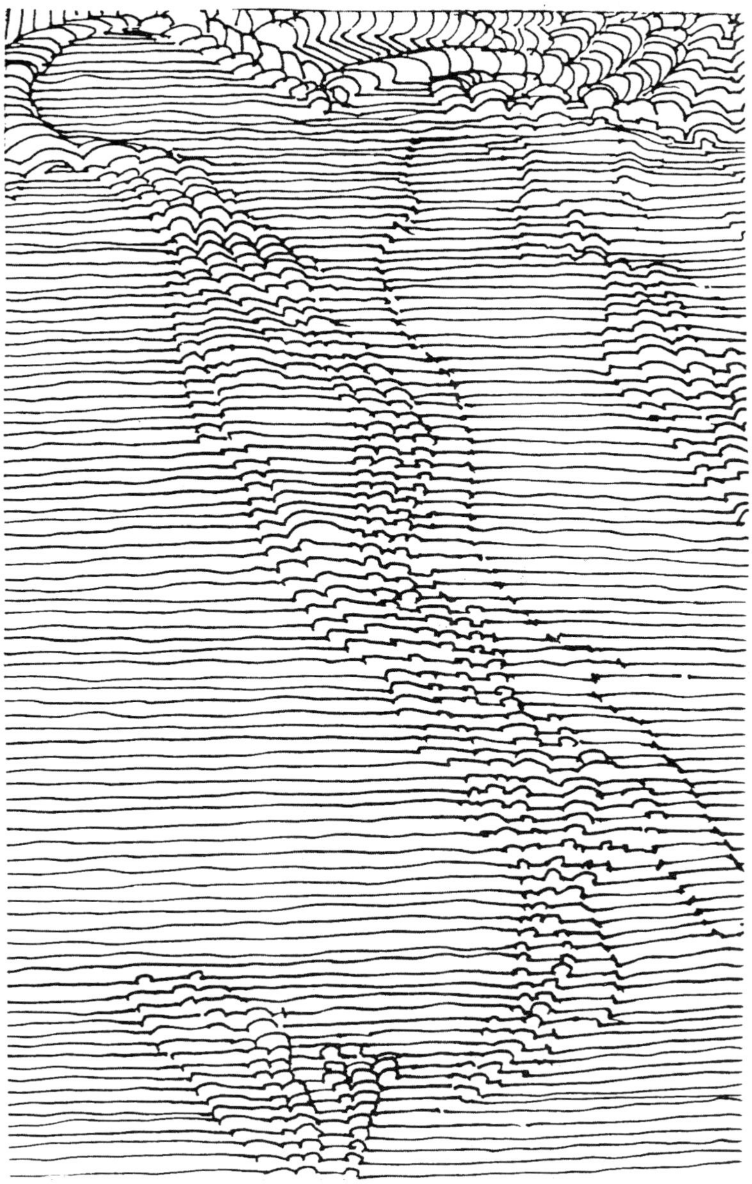

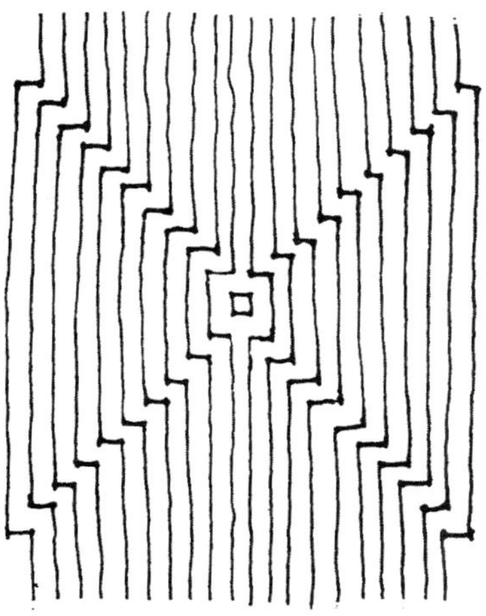

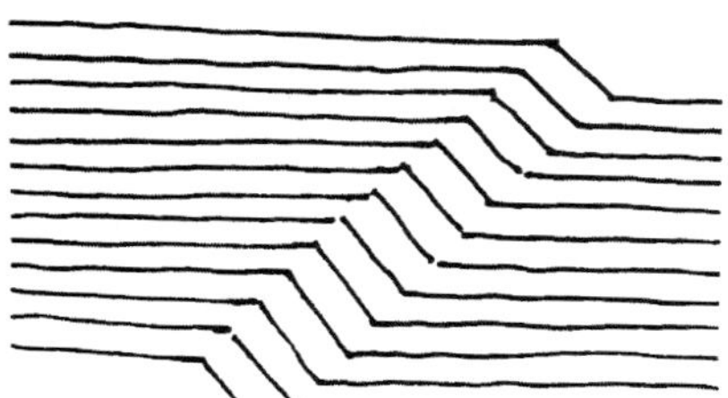

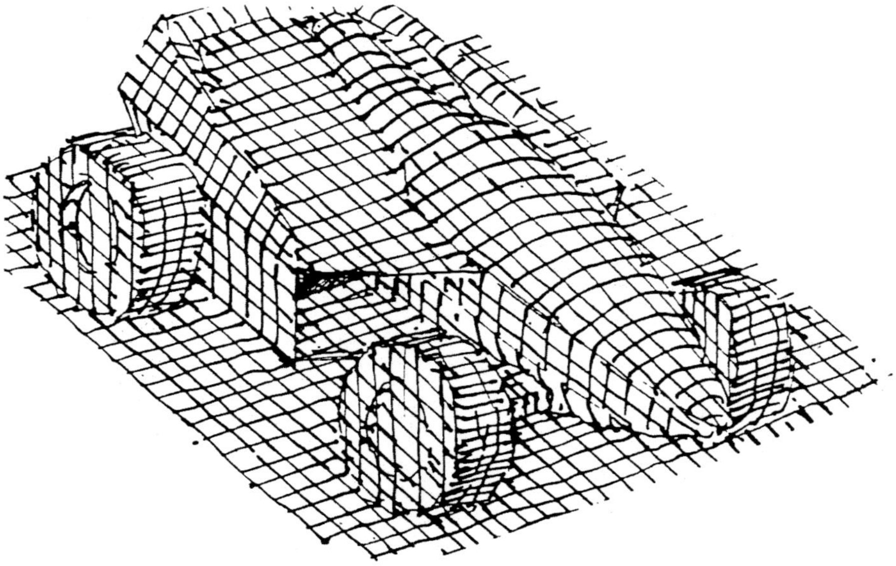

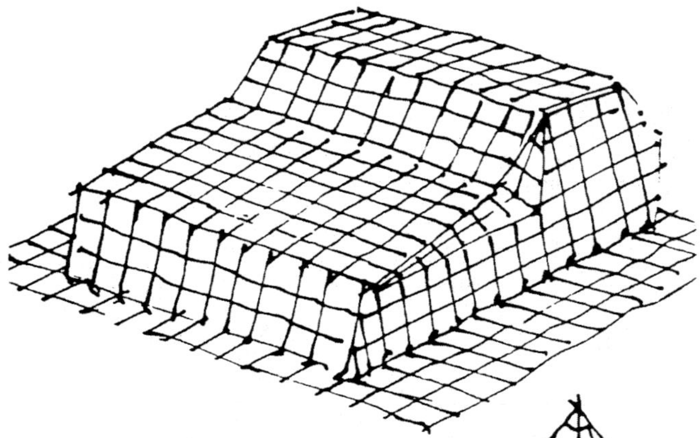

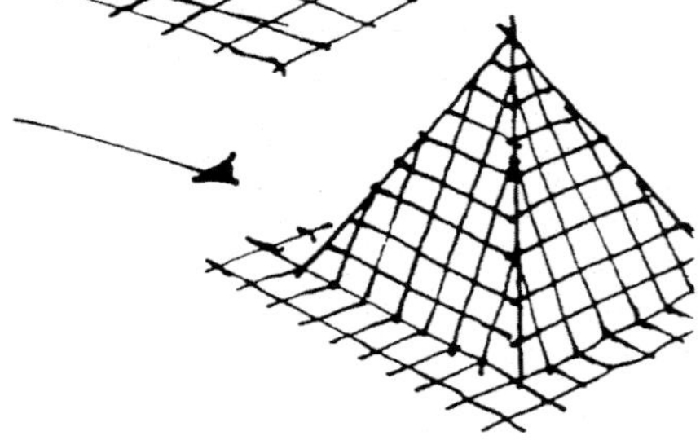

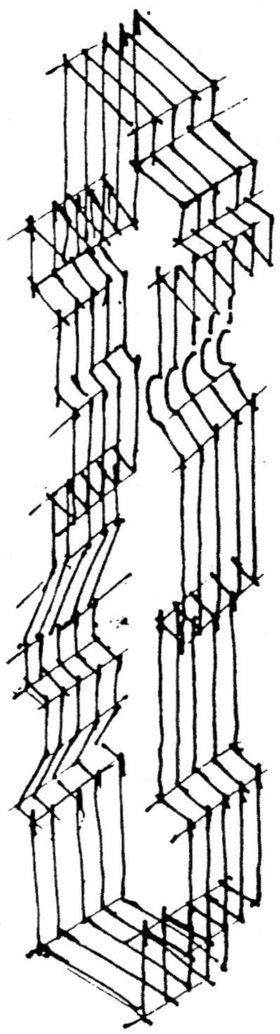

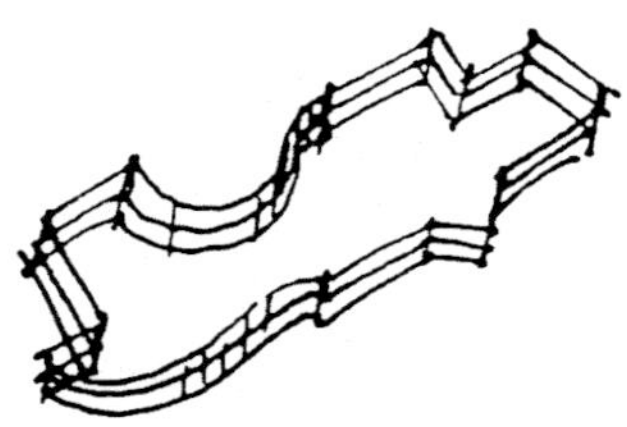

Mit dem System paralleler Linien läßt sich spielen. Sie bilden in der zweidimensionalen Zeichenfläche den Übergang zur Dreidimensionalität. Versuchen Sie einmal, eine Schar von mehreren parallelen Linien zum Ausgangspunkt zurückfinden zu lassen. Wenn die parallelen Linien zum Raster erweitert werden, lassen sich beliebige Formen damit wiedergeben.

Veränderung eines geschlossenen Körpers

Die Reduktion und Verformung eines geschlossenen Würfels oder Quaders im Raster ist die Fortsetzung der vorangegangenen Übungen. Die Form wird dabei in der vorgegebenen Rastergliederung verändert.

Stellen Sie zunächst einen Würfel oder einen Quader mit beliebigen Teileinheiten in Höhe, Breite und Tiefe im jeweils gleichen Maßstab (isometrisch) dar. Diesen Körper verändern Sie nun in seiner Masse.

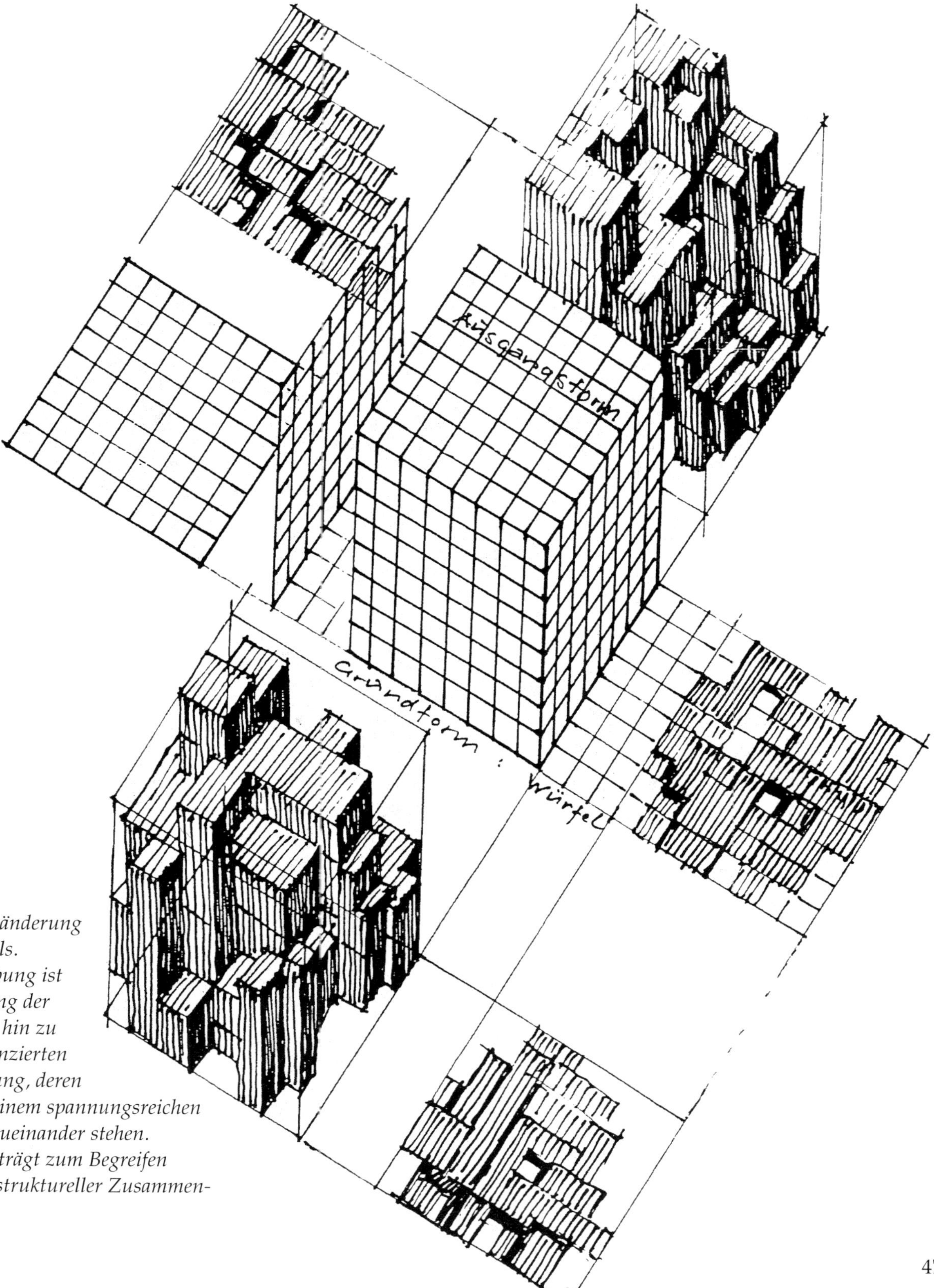

Strukturveränderung eines Würfels. Sinn der Übung ist die Auflösung der Würfelform hin zu einer differenzierten Neugliederung, deren Formen in einem spannungsreichen Verhältnis zueinander stehen. Die Übung trägt zum Begreifen räumlicher struktureller Zusammenhänge bei.

Die in den Zeichnungen vorgestellten Veränderungen wurden streng anhand des vorgegebenen Rasters vorgenommen. Die drei Seiten der Einzelformen wurden jeweils mit unterschiedlichen Lineaturen dargestellt, wobei die Linienscharen mit verschiedenen Strichstärken gezeichnet werden können. Auf diese Weise entstehen unterschiedliche Grauwerte mit räumlicher Wirkung. Diese Darstellungsmethode wirkt steril und ist auch nicht reizvoll zu zeichnen. Eine solch starre Vorgehensweise paßt nicht zum Charakter einer Freihandzeichnung.

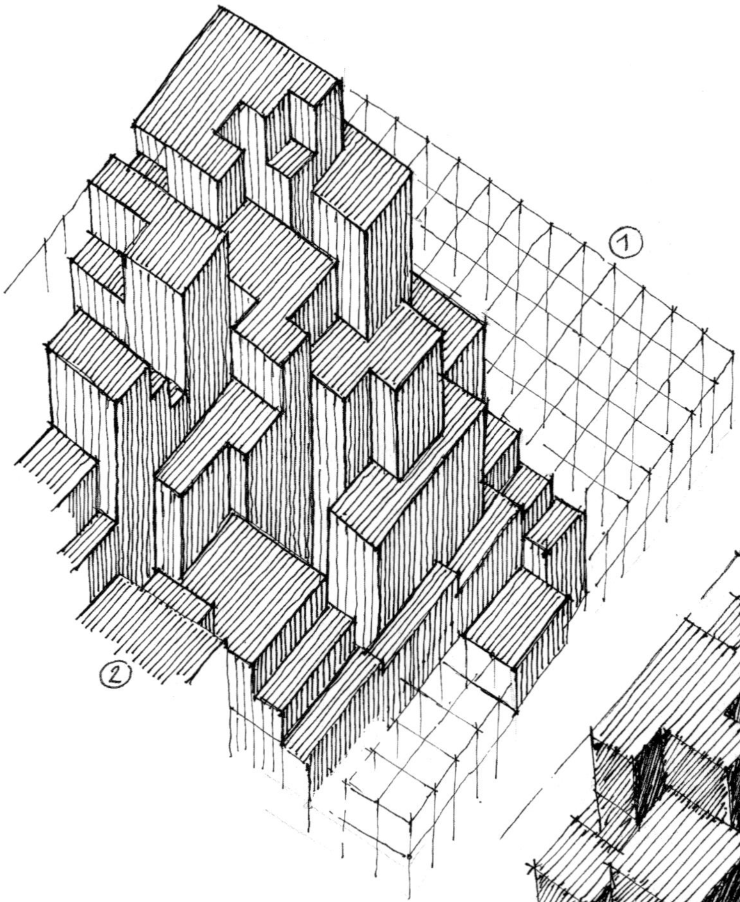

① Die Strukturveränderung des Würfels wird zunächst im vorbereiteten Raster entwickelt.
② Allein durch Lineaturen ergeben sich terrassierte kubische Gebilde. Die Ausgangsform Würfel (s. Seite 47) löst sich auf.
③ Die drei sichtbaren Flächen jedes dieser kubischen Einzelgebilde lassen sich durch abgestufte Grauwerte aus Schraffierung mit Linien unterschiedlicher Dichte und Dicke verdeutlichen.

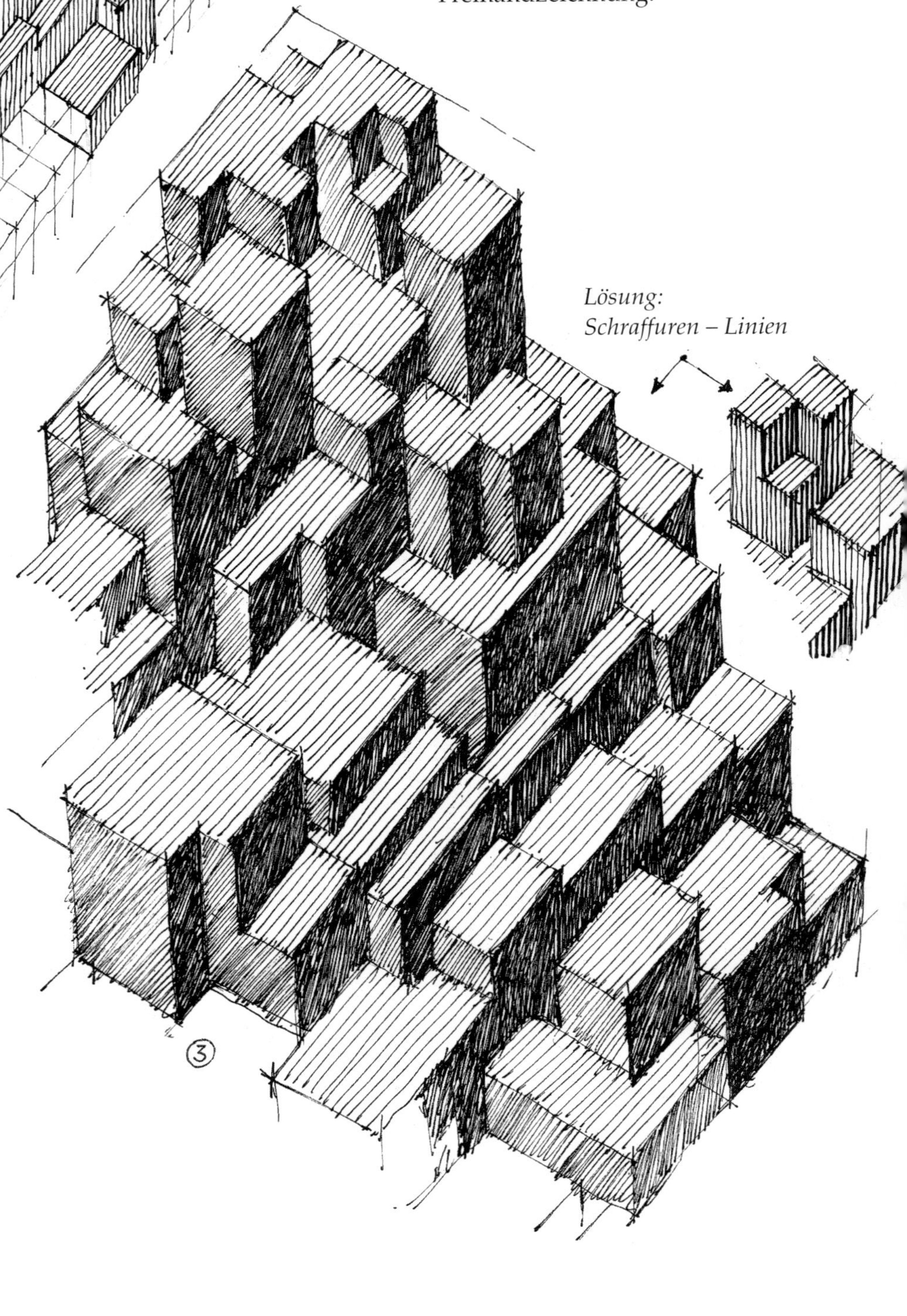

Lösung:
Schraffuren – Linien

Das kann einseitig terrassiert geschehen, oder er wird in seiner Gesamtheit räumlich abgebaut. Die Gliederung der Stufen soll möglichst unterschiedlich ausfallen, damit keine gleichförmige Treppenwirkung entsteht. Durch unterschiedliche Strichscharen oder Schraffuren können die Flächen plastisch dargestellt werden. Solche Formänderungen lassen sich sowohl im Raster als auch frei entwickeln.

Strukturveränderung bei der Auflösung eines Würfels. Die Veränderung der Grauwerte wird durch unterschiedliche Dichte der streng linear verlaufenden Linienscharen bei gleicher Strichstärke erreicht.

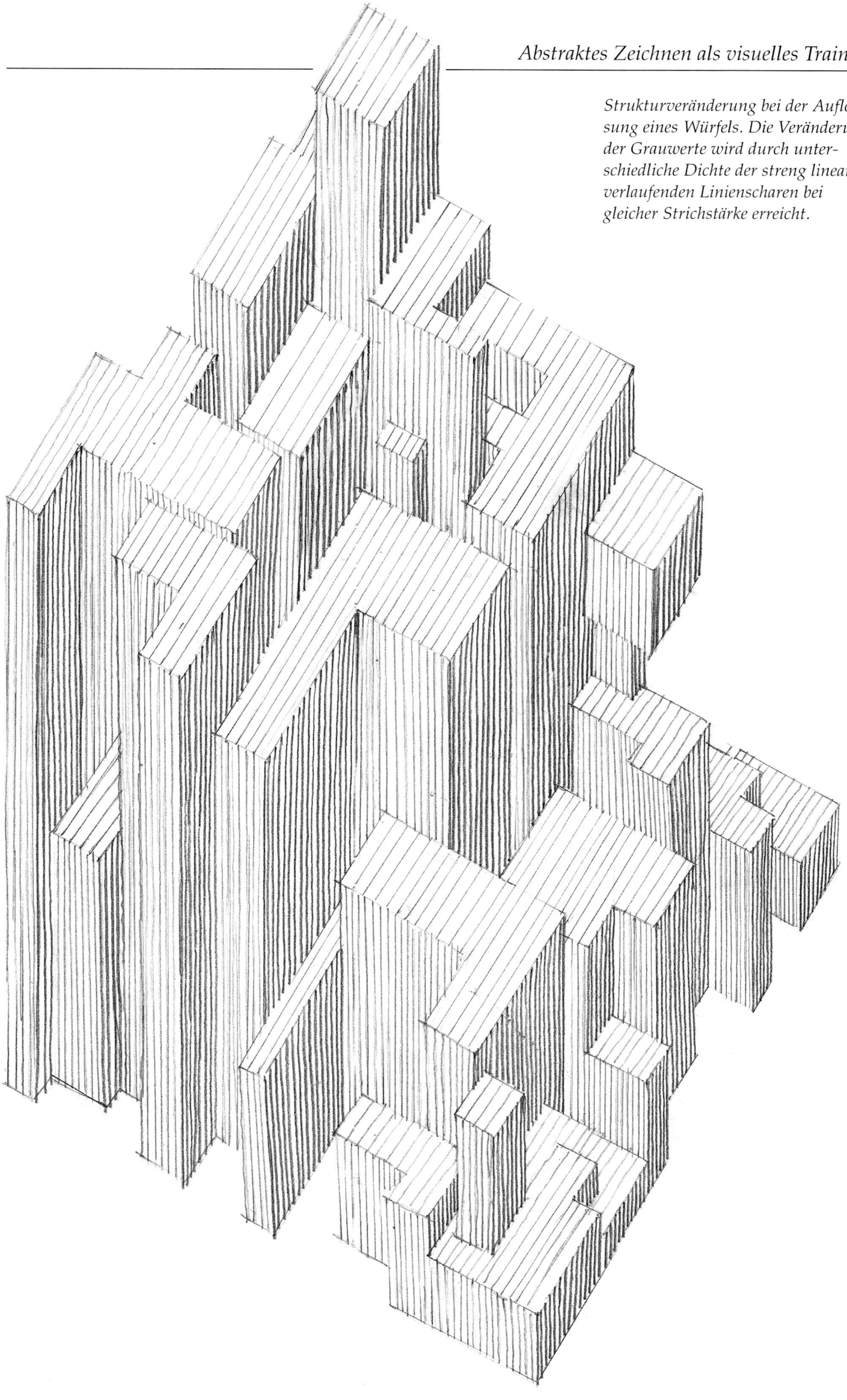

Strukturveränderungen an einem Quader, der innen hohl ist. Beginnen Sie mit vorbereitenden Skizzen, um die Form zu erfassen. Die Grundform wird verändert durch Aufschneiden und differenzierte Wiedergabe der Flächen. Die formale Veränderung soll in möglichst unterschiedlich proportionierte Vor- und Rücksprünge, geschlossene Flächen und offene Zonen gegliedert sein. Schraffuren betonen die räumliche Wirkung.

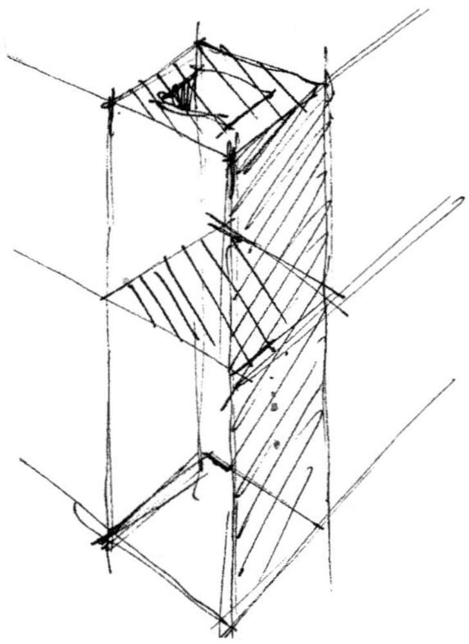

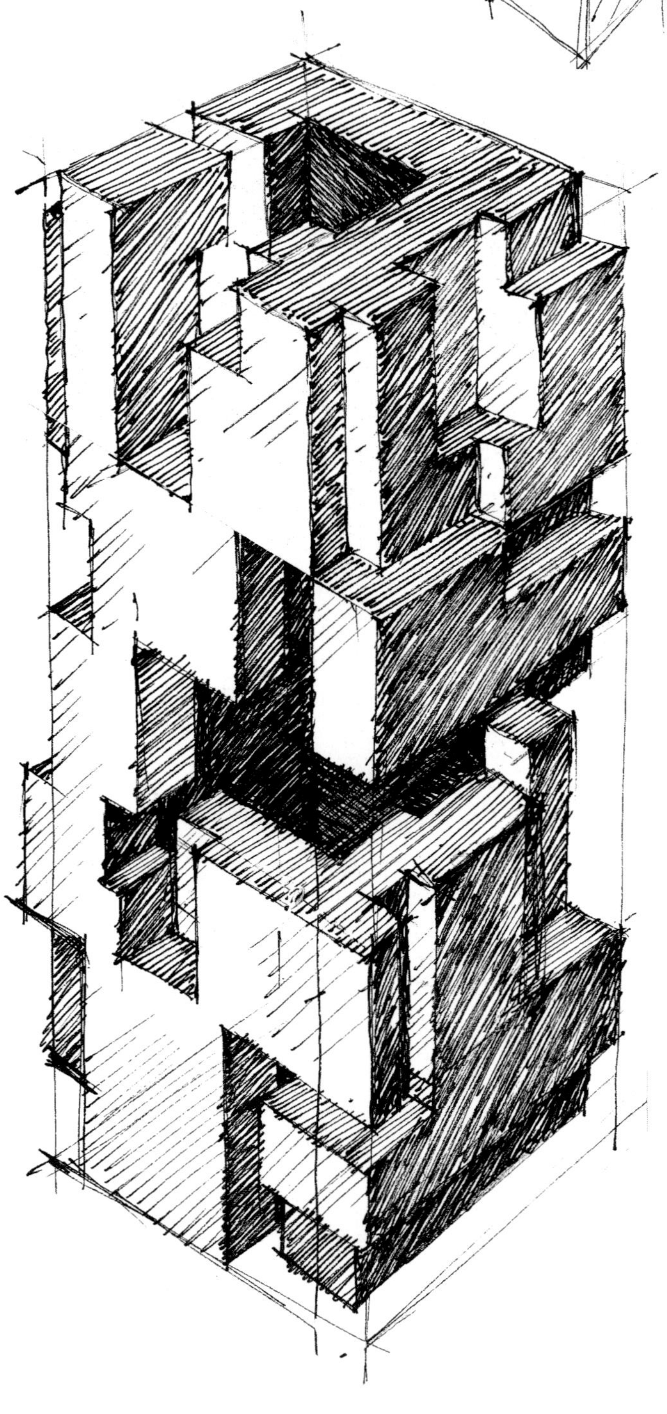

Veränderung eines offenen Körpers

Die Aufgabe lautet, die stehende Form eines Quaders oder Zylinders, die jeweils eine dicke Wandung aufweisen und innen hohl sind, durch Ausschneiden von Teilzonen zu verändern, wobei die Flächen eine differenzierte Stufung erfahren sollen. Alle Ausschnitte, Vor- und Rücksprünge werden beim Quader parallel zu den Außenflächen vorgenommen. Es entstehen keine Diagonalformen. Beim Zylinder sind alle Einschnitte radial vorzunehmen, so daß keine Spiralformen entstehen. Die Öffnungen können unterschiedlich groß sein, längs oder quer, schmal oder breit. Wichtig ist, daß gute Proportionen entstehen und Restflächen zu den Ausschnitten in einem spannungsreichen Verhältnis stehen.

Bei der Vorbereitung der Zeichnung dieses erfundenen Körpers legen Sie zunächst skizzenhaft fest, wie der Körper stehen soll, wie sich seine Ebenen in den unterschiedlichen Verkürzungen verändern: als Trapezformen beim Quader, als Ellipsen beim Zylinder. Die plastische Form, das Raumbild innen und außen werden durch Schraffuren verdeutlicht. Die Übergänge von hellen zu dunklen Zonen und die Unterscheidung von Innen- und Außenflächen können sehr unterschiedlich belebt werden. In welcher Weise dies zu geschehen hat, ist eher eine Frage der künstlerischen Intuition als der logischen Konstruktion. Beim Zeichnen von Formen ohne strukturelle Eigenarten, wie es beispielsweise beim Quader der Fall ist, werden Sie schnell entdecken, daß Sie die Form nicht durch entsprechend verlaufende Schraffuren verdeutlichen können. Wollten Sie den Zylinder mit ellipsenförmigen parallelen Linienscharen räumlich zeichnen, müßten Sie frustriert

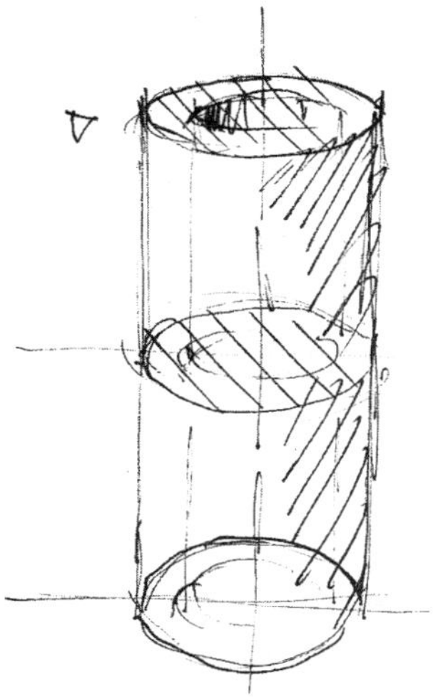

feststellen, daß größere Flächen sich so nicht anlegen lassen. Die Hand findet beim Zeichnen keinen Rhythmus, und auch die unterschiedliche Krümmung der Rundung in den verschiedenen Schnittebenen durch den Zylinder sorgt für zusätzliche Schwierigkeiten. So gibt es nur die Wahl, entweder dieses Vorhaben aufzugeben oder Rundung für Rundung mit leblosem Strich wie konstruiert zu zeichnen.

Mit der senkrechten Schraffur wird es Ihnen nicht viel besser ergehen. Schraffuren müssen, wenn sie als Tönung Flächen beleben und differenzieren sollen, sehr motorisch gezeichnet werden, damit die Zeichnung einen lebendigen Charakter bekommt. Eine abgestufte senkrechte Schraffur ist bei den Unterbrechungen durch die Ausschnitte der Körper nicht zu kontrollieren. So bleibt vor allem bei der schwierigen Form des Zylinders nur die diagonale Schraffur, die sich beliebig überlagern läßt, deren Linienscharen am Ansatz gut ausgeglichen werden können. Es ergibt sich als Erkenntnis, daß mit chaotischen Strichfetzen räumliche Ordnung hergestellt werden kann. Vergleichen Sie die Skizzen alter Meister. Da wäre keiner auf die Idee gekommen, nur mit runden Linienscharen eine Form zu charakterisieren.

Wilde Schraffuren haben sich verselbständigt.

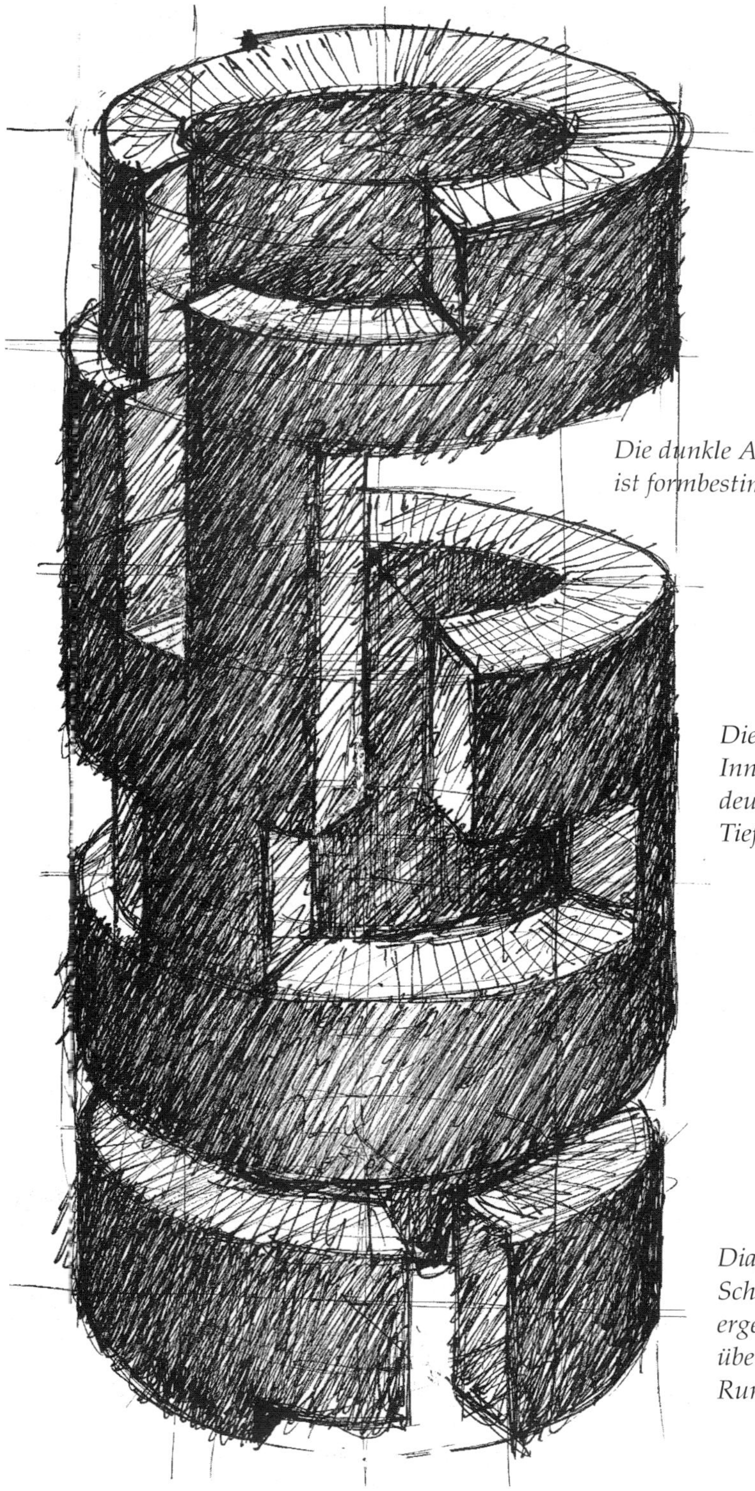

Die dunkle Außenfläche ist formbestimmend.

Die dunkle Innen-Zone deutet die Tiefe an.

Diagonale Schraffuren ergeben die überzeugende Rundform.

Strukturveränderung an einem Zylinder als Hohlform. Auch hier zunächst das skizzenhafte Erfassen der Form (siehe links oben). Durch Schnitte in verschiedenen Ebenen wird die Grundform aufgelöst und unterschiedlich gegliedert. Flächen als Hell-Dunkel-Zonen werden durch entsprechende Schraffuren betont. Dabei ist deutlich herauszuarbeiten, ob die Flächen innen oder außen liegen. Verdichtete diagonale Schraffuren der Außenflächen geben die Rundungen der Form wieder. Aufgrund der Unterbrechungen nicht mit Längsschraffuren arbeiten.

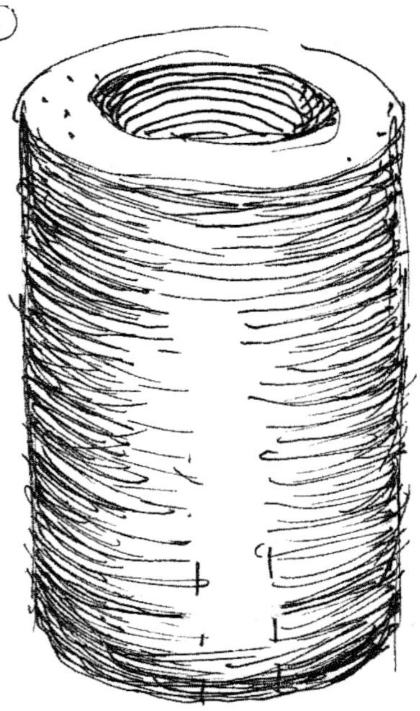

① *Um unterschiedliche Grauzonen eines Körpers in der Zeichnung wiederzugeben, müssen die Schraffuren mit einer gewissen Motorik gezeichnet werden.*

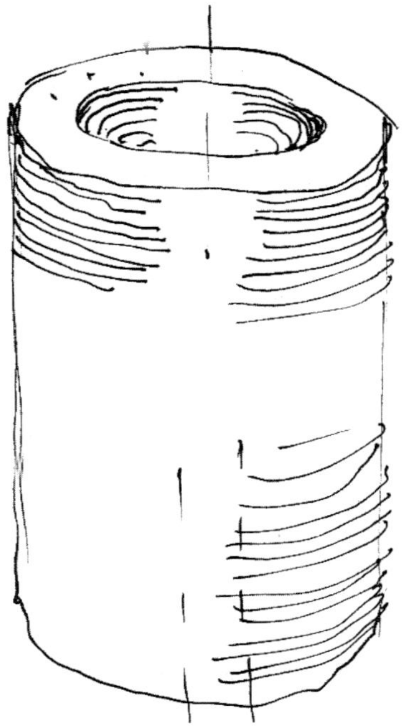

② *Dem Umfang nachgehende Linien zur Kennzeichnung einer runden Form lassen sich allerdings nur langsam zeichnen. Da eine helle Zone im Mittelbereich stehenbleiben soll, müssen die Linien dort unterbrochen werden.*

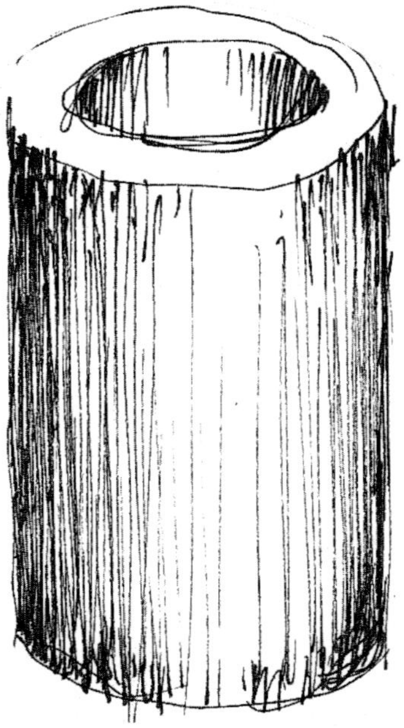

③ *Ähnlich ungeeignet sind senkrecht verlaufende Schraffuren. Sie sind bei der Höhe der Form zu lang, so daß Anfang und Ende bei einem lebendigen Zeichenduktus nicht exakt zu kontrollieren sind.*

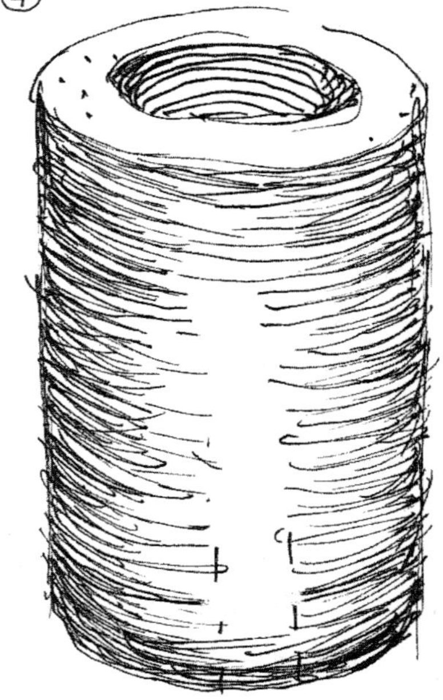

④ *Wenn der Körper eine helle Außenfläche haben soll, sind leicht gezeichnete Schraffuren mit geschwungenen Linien denkbar, wenn sie nicht den Umfangslinien nachgehen.*

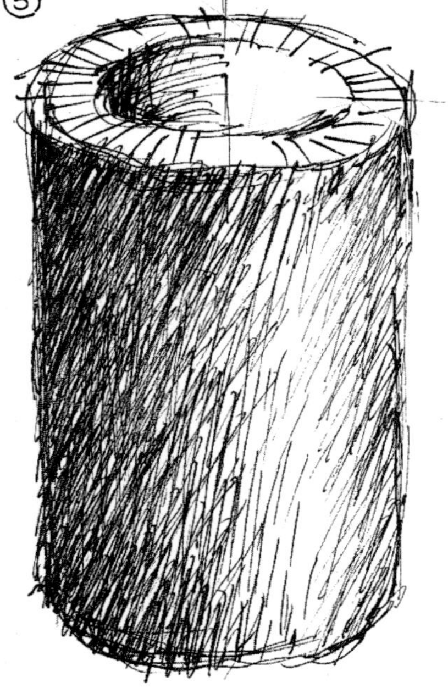

⑤ *Die Konsequenz ist also: Wollen Sie bei einem zylindrischen Körper die Außenseite durch Schraffuren gestalten, erreichen Sie das am besten durch schnelle, skizzenhafte Striche, die sich zum Rand hin immer dichter überlagern.*

Räumliches Netz

Eine Möglichkeit, sich über räumliche Zusammenhänge klar zu werden, ohne sich vor ein Motiv setzen zu müssen, ist die Simulation des Raumes. Auch dies gehört zu den vorbereitenden Übungen, die Sie für sich alleine zu Hause durchführen können, ohne daß Sie Ihre anfänglichen Schwierigkeiten gleich auf öffentlichen Plätzen der Begutachtung durch Passanten aussetzen müssen. Die Übung sollte nicht so verstanden werden, daß sie eine Verwendung der Perspektive als konstruktives Hilfsmittel bestätigt. Für das Erkennen und Erfassen räumlicher Strukturen und Proportionen ist diese Aufgabe jedoch sehr brauchbar.

Das Netz bildet den Rahmen und das Raster, mit dessen Hilfe räumliche Zusammenhänge eines erfundenen oder simulierten Motivs dargestellt werden. Um das Netz herzustellen, zeichnen Sie zunächst eine horizontale und darauf eine senkrechte Linie, die nach oben und unten gleichmäßig unterteilt wird. Von zwei Punkten auf der Horizontalen ausgehend zeichnen Sie nun Verbindungslinien zu jedem Teilungspunkt der Senkrechten. Die auf diese Weise entstandenen Dreiecksflächen links und rechts der Senkrechten werden nun weiter senkrecht unterteilt. Die sich daraus ergebenden Schnittpunkte der senkrechten Linien mit den Schrägen werden jeweils mit den entgegengesetzten Endpunkten verbunden. Auf diese Weise erhalten Sie ein dreidimensionales Netz, von dem aus alle erforderlichen Beziehungen für ein räumliches Ensemble entwickelt werden können. Den Raum sollten Sie begrenzen und die hintere Begrenzung markieren.

In das räumliche Netz können nun Flächen und Formen unterschiedlicher Größe und Proportionen in die sechs verschiedenen Ebenen

Formen im Raum
Im Zusammenhang mit der Erläuterung zur Netzstruktur sind frei entwickelte, kubische Formen – als Vogelschau, unterhalb des Horizonts, räumlich verkürzt – dargestellt und durch Schraffuren plastisch betont.

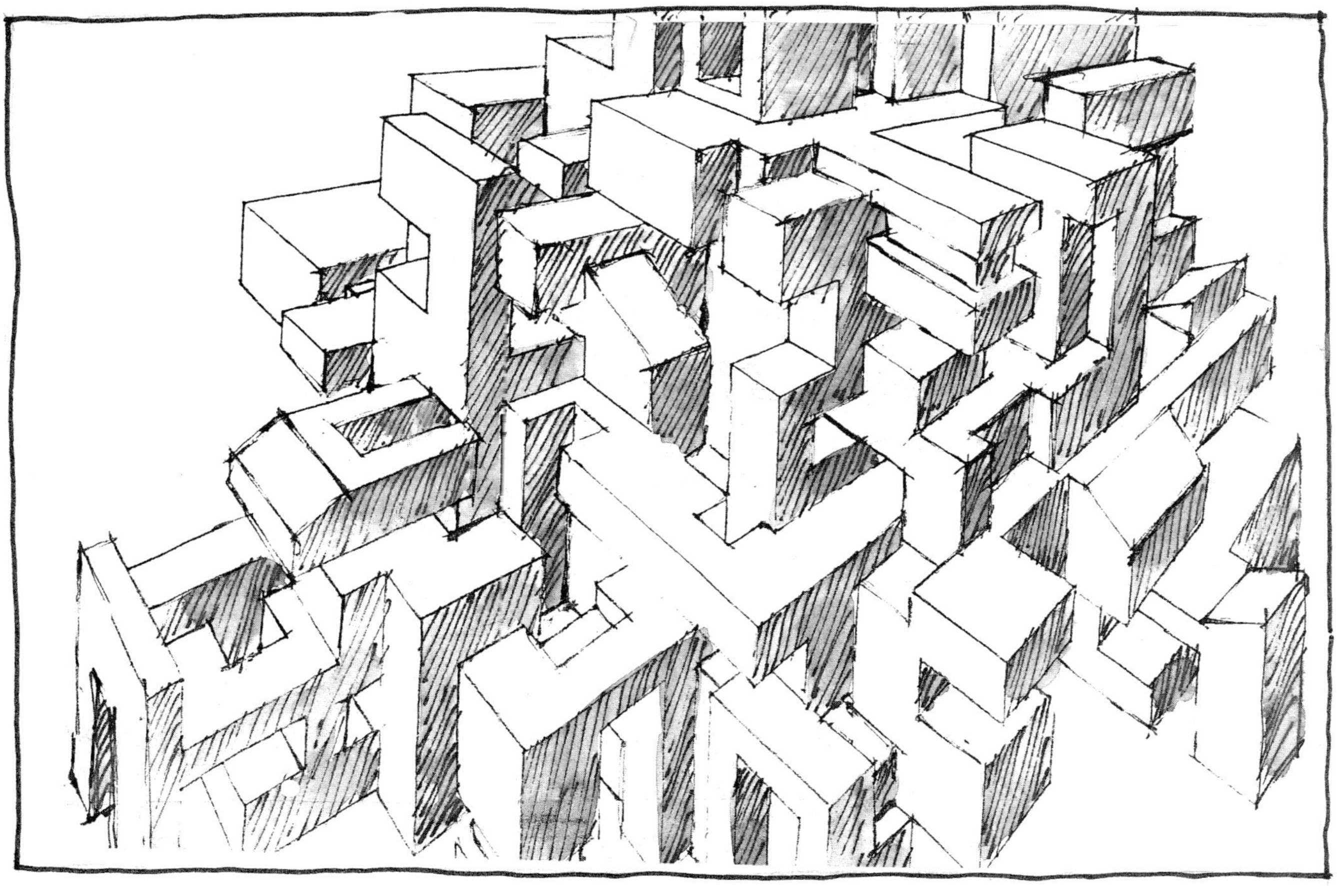

Konstruktion des räumlichen Netzes als Vorgabe für die Darstellung von Flächen und kubischen Formen. Entwicklungsschritte:

A. Zeichnen Sie eine horizontale und eine vertikale Linie und markieren Sie gleichmäßige Teilungspunkte auf der Vertikalen. Von zwei Punkten auf der Horizontalen aus werden Strahlen zu den Teilungspunkten gezogen.

B. Teilung der beiden Dreiecksflächen durch vertikale Linien.

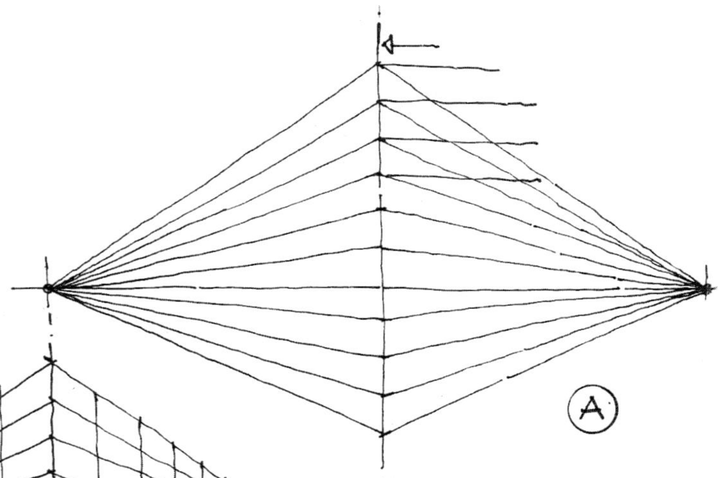

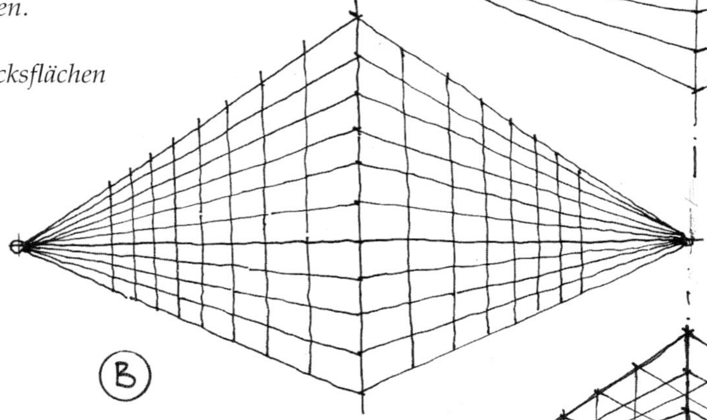

C. Die Schnittpunkte der Senkrechten mit den schräg verlaufenden Linien werden mit dem jeweils gegenüberliegenden Punkt auf der Horizontalen verbunden.

D. Der Raum wird erfaßt durch alle Verbindungslinien zu den Endpunkten und auf den vertikalen Flächen.

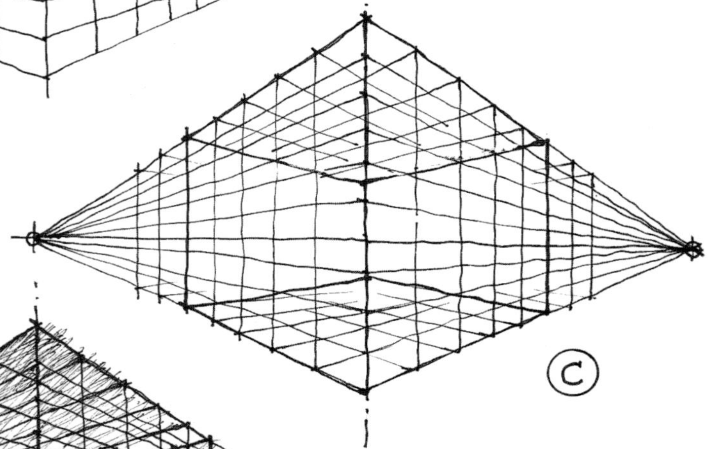

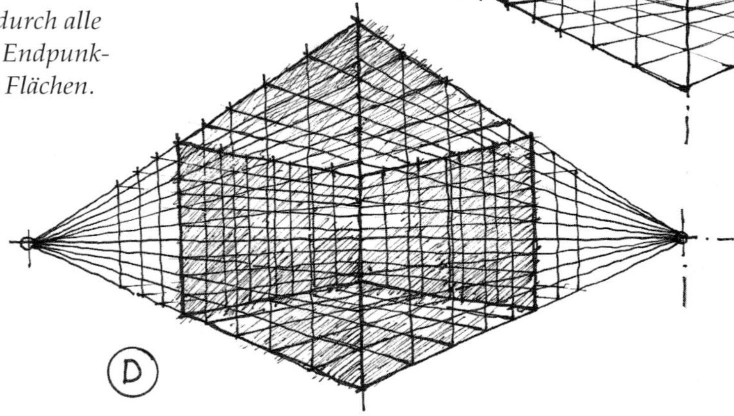

projiziert werden. Im Strukturbild des räumlichen Netzes erscheinen alle Rechteckflächen als Trapezformen.

Indem Sie mit aneinander angrenzenden, sich durchdringenden oder aufeinander liegenden Flächen experimentieren, erfahren Sie bereits die vielfältigen Möglichkeiten dieses Netzsystems, mit dem Sie sich jeden räumlichen Zustand vergegenwärtigen können. Die zeichnerische Wiedergabe gleich großer Flächen, die sich in die Tiefe des Raumes hintereinander reihen, läßt sich mit diesem Netz ermitteln, indem die Diagonale als proportionsbestimmende Linie benötigt wird.

Das Netz liefert einen direkten, unverschlüsselten Zugang zum Raum und ist damit besonders überzeugend für die Darstellung räumlicher kubischer Gefüge mit vielfachen Möglichkeiten der Differenzierung. Diese Übung bietet zudem die Möglichkeit, auch Schraffuren jeder Art einzusetzen und zu üben, die Zeichnung zu lavieren oder mit Linien, die der Form nachgehen, zu versehen. Auf jeden Fall sollte auch diese Übung als Freihandzeichnung ohne Hilfsmittel durchgeführt werden.

Elemente im Raum.
Durch Zeichnungen, die an den Modellbau erinnern, erfassen Sie die Beziehungen und Proportionen von Flächen in verschiedenen Ebenen und unterschiedlicher Ausrichtung. Dadurch ergeben sich Körper und geometrische Formen im räumlichen Netz, die schließlich durch Schraffuren oder andere Darstellungen zu einem Gesamtbild gestaltet werden.

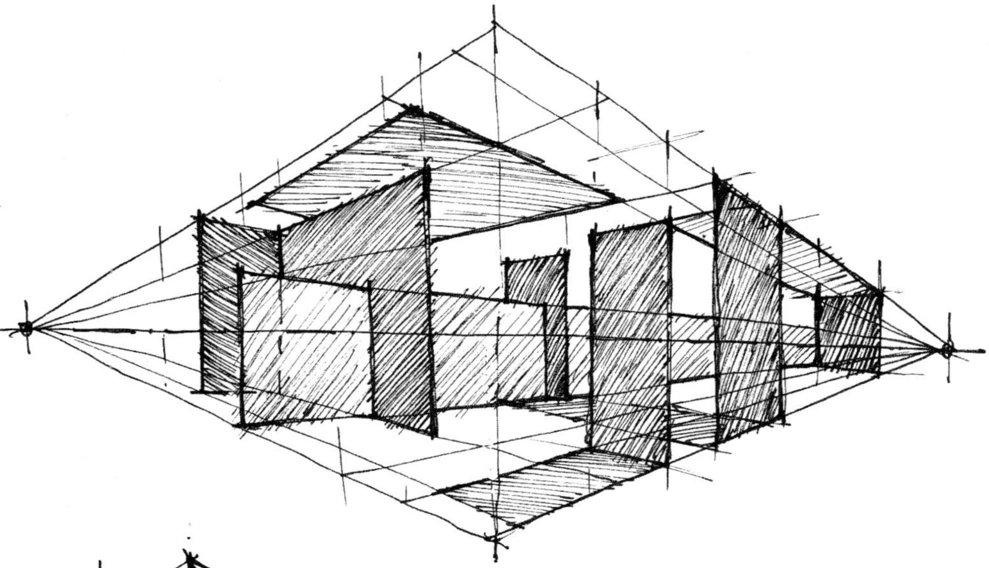

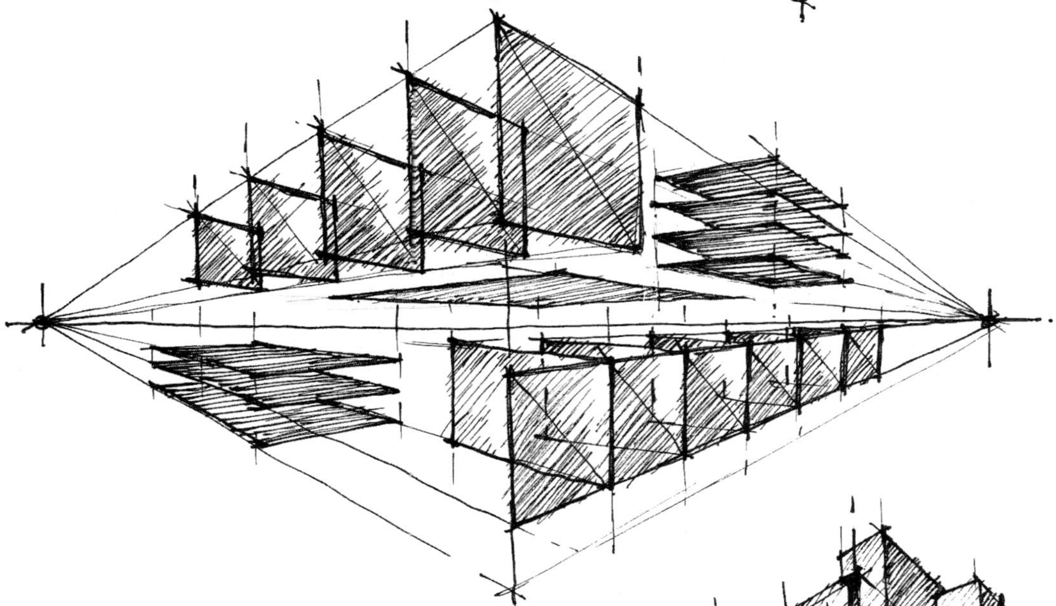

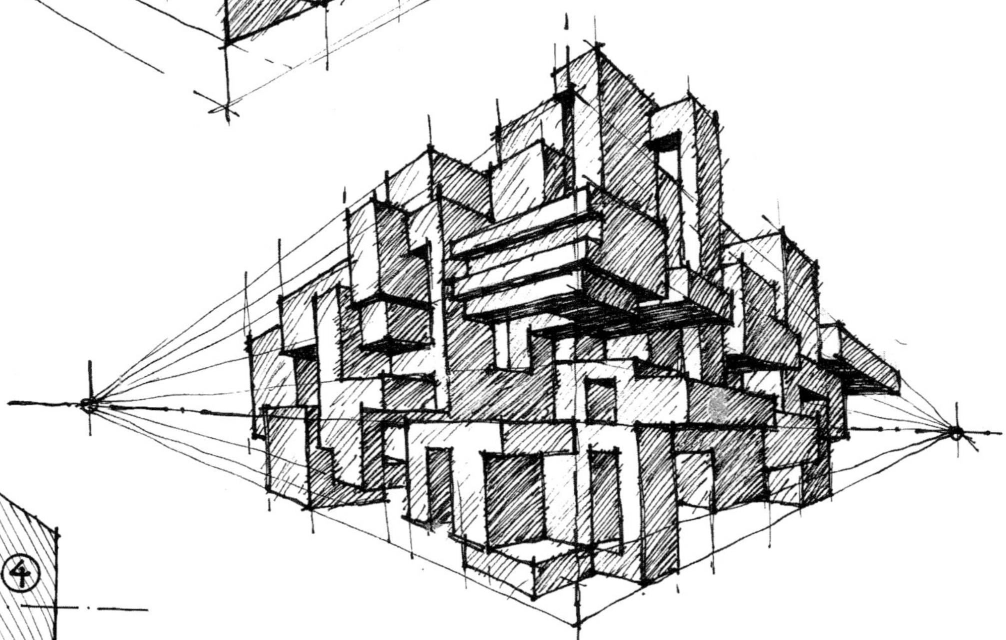

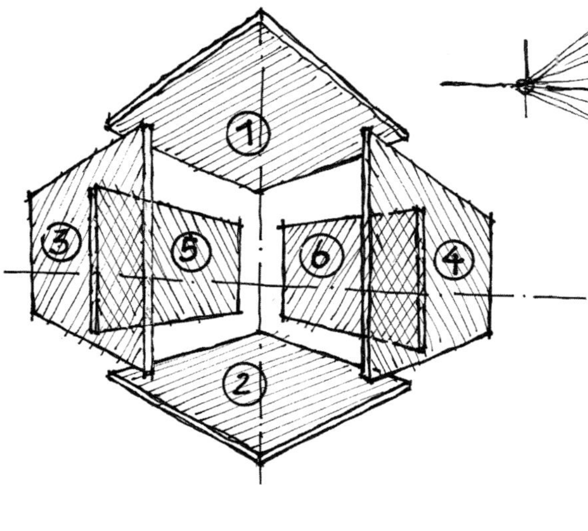

Die Projektion von Architekturmotiven in das räumliche Netz bietet eine Fülle von Möglichkeiten, spielerisch mit dem räumlichen Gefüge umzugehen. Jede Phantasieform ist möglich. Die Kombination von allem, was sich mit dem Begriff „Architektur" verbindet, kann in das Netz projiziert werden. Durch den geordneten Linienverlauf des Netzes sind alle Elemente immer wieder kontrollierbar und korrigierbar. Dies ist für das visuelle Training die anregendste Übung.

Projektion von Architekturformen in das räumliche Netz. Sie bietet unbegrenzte Möglichkeiten von Spielformen mit Vor- und Rücksprüngen oder Profilen oben und unten als Begrenzung. Die Möglichkeiten sind im Grunde nur durch die Größe des Zeichenblattes begrenzt.

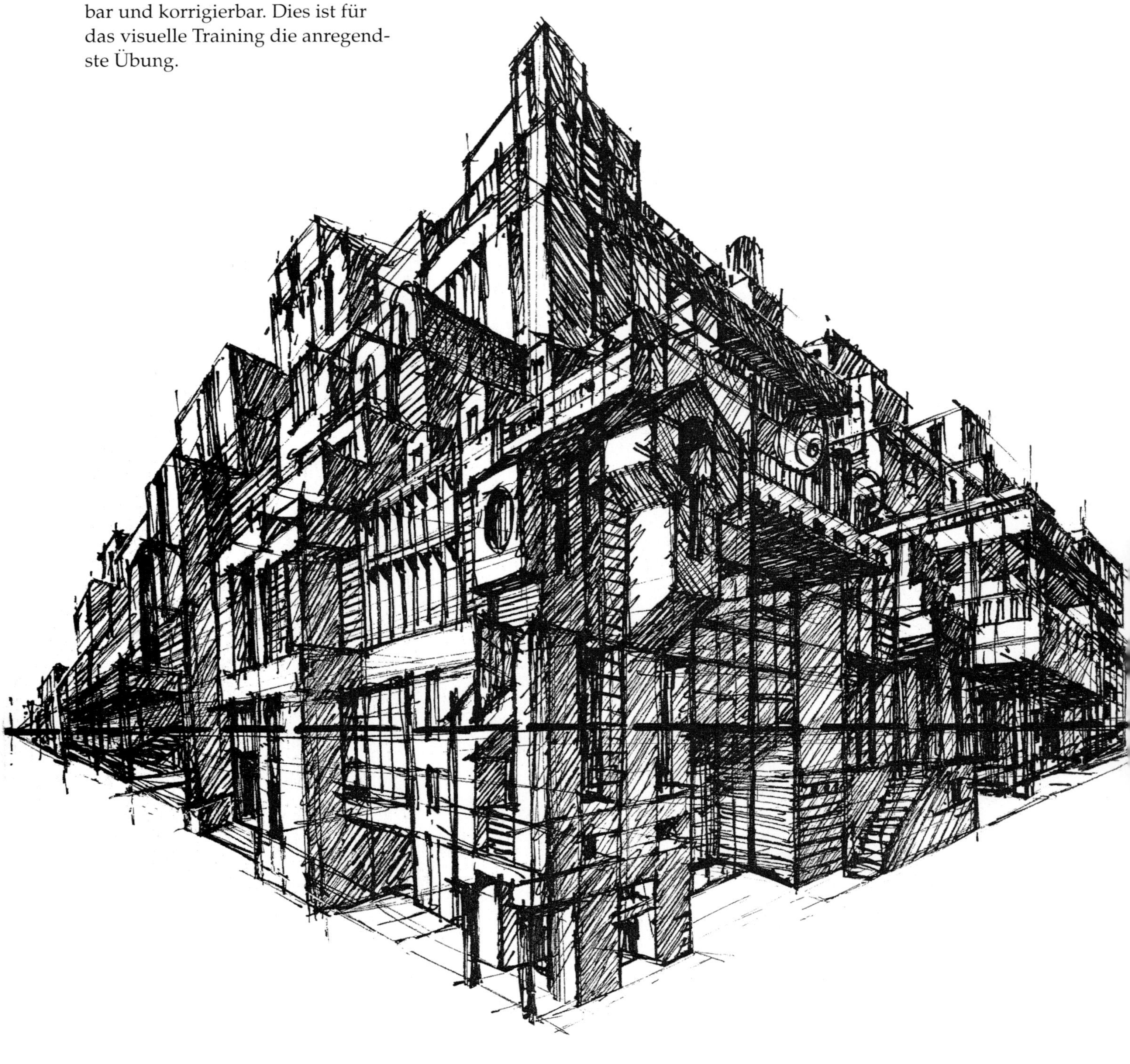

Wild und gewachsen
Im Gegensatz zur abstrakten Form der Architekturprojektion als graphische Darstellung ist die organische, gewachsene, konkrete Form von Bäumen, knotigen Wurzeln, Unterholz und dem getrampelten Pfad mit dem Durchblick auf die kleine Lichtung von besonderem, malerischen Reiz – und auch so dargestellt.

Aufgelöste Tuschestriche und mit Sepia aufgelegte Dunkelzonen geben dem Motiv neben Wirklichkeitsnähe auch die entsprechende Stimmung.

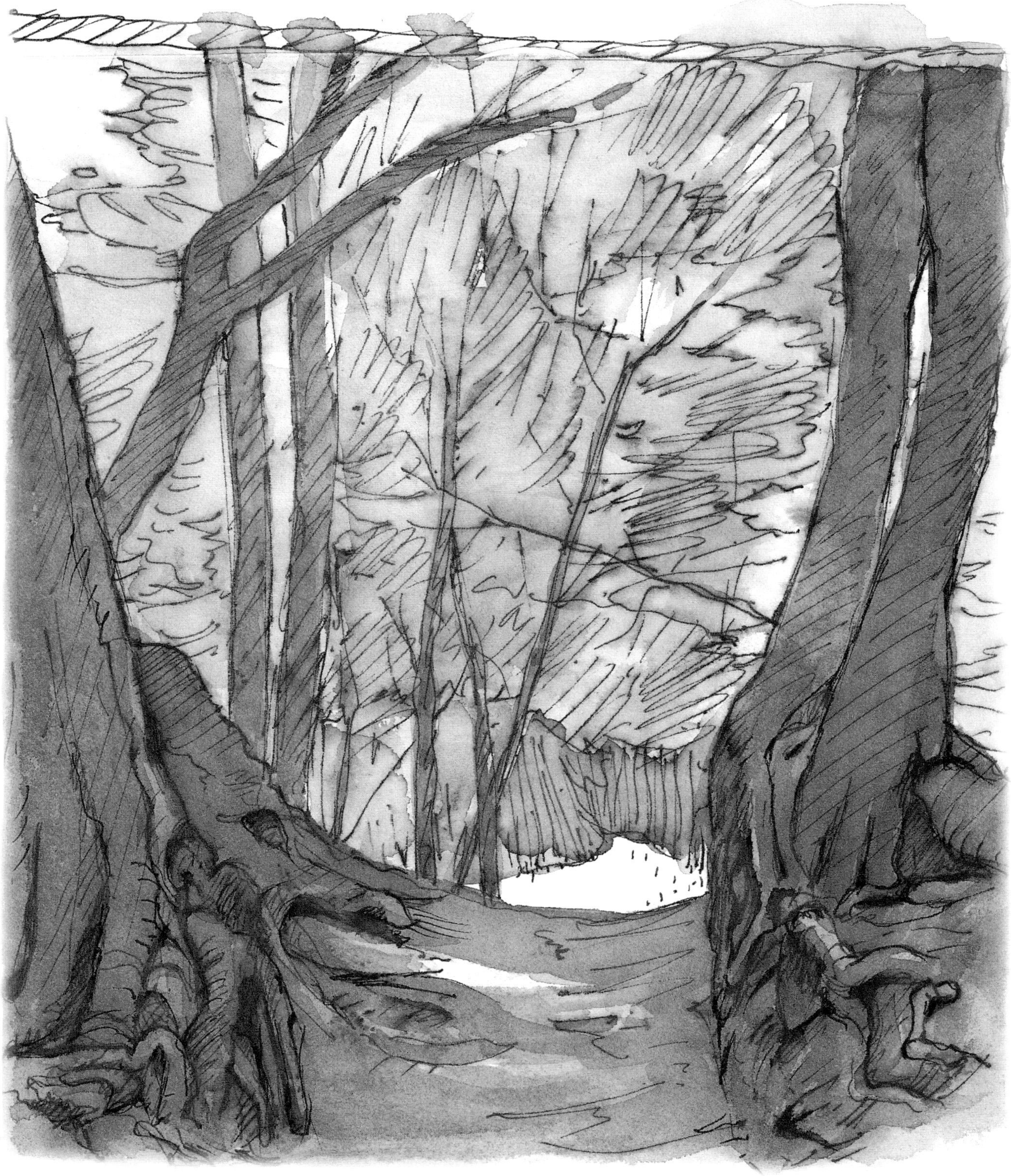

Typische Hausformen auf Korsika (1980; Tuschzeichnung). Skizzenhafte Zeichnung nur mit Strichen und Schraffuren. Gebäude, Landschaft und Vegetation werden als Einheit empfunden und wiedergegeben.

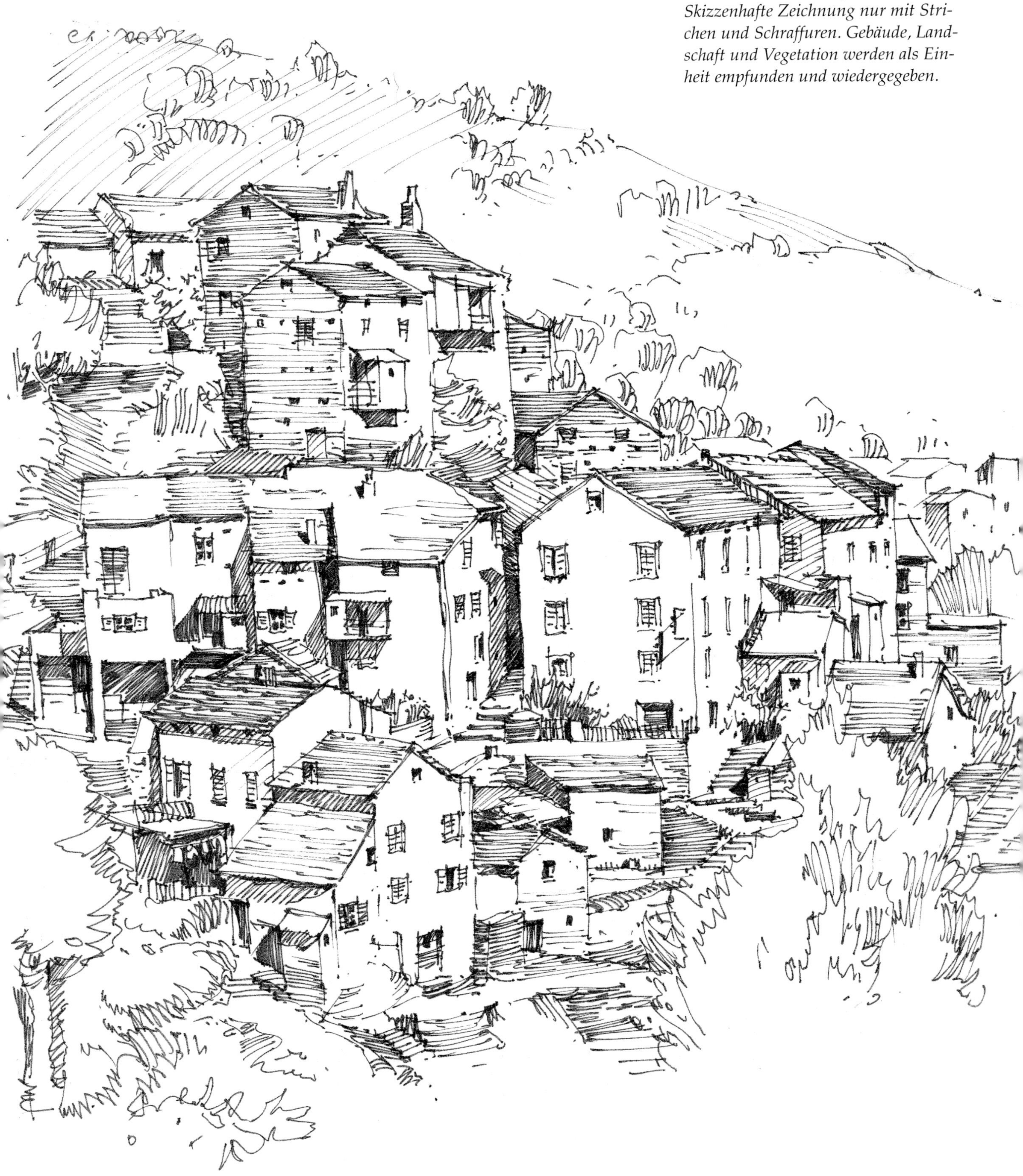

Vom räumlichen Netz zur Architekturzeichnung

Aufbau der Zeichnung

Der Verzicht auf die Perspektivkonstruktion als Mittel der Architekturzeichnungen ist schon zu Beginn des Buches angesprochen worden. Die zunächst theoretische Begründung soll anhand der folgenden Zeichnungen stufenweise und beispielhaft verdeutlicht werden.

Als erstes Motiv suchen Sie sich eine kleine, rechtwinklige beliebige Bauform. Auf der ersten Zeichenstufe sind es fünf Linien, die zu erfassen sind. Dort, wo sich die Linien kreuzen oder treffen, bilden sie Knotenpunkte des räumlichen Netzes, das es zu erfassen gilt.

Gedankliche Vorbereitung für das Liniensystem zum Zeichnen von Gebäuden: Stellen Sie fallende und steigende Linien fest, suchen Sie nach Diagonalen, Senkrechten und begrenzenden Linien. Verbinden Sie die einzelnen Linien zur Form und erkennen Sie die Vielfalt der Hilfslinien im Netz, das durch die Verbindung der markanten Punkte der Gebäudeformen entsteht.

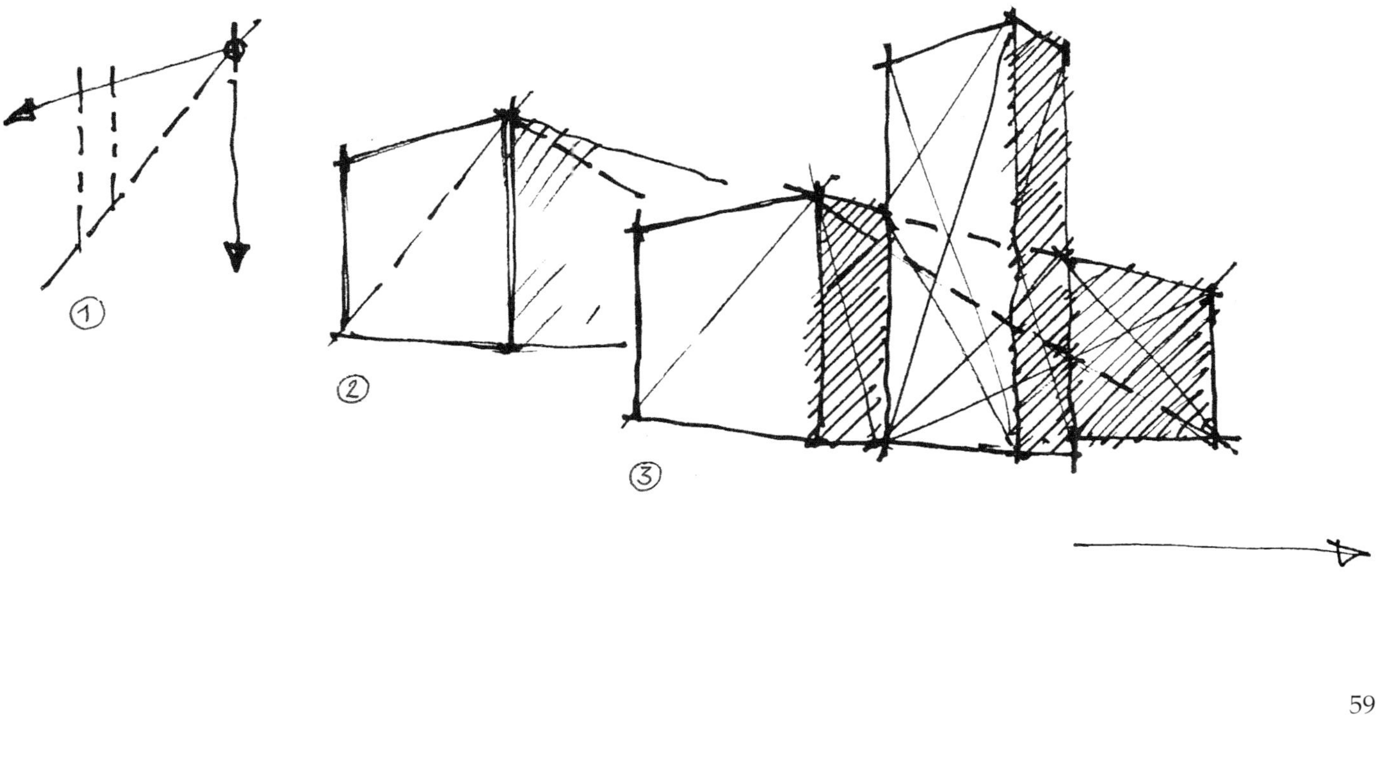

Vorgehensweise:

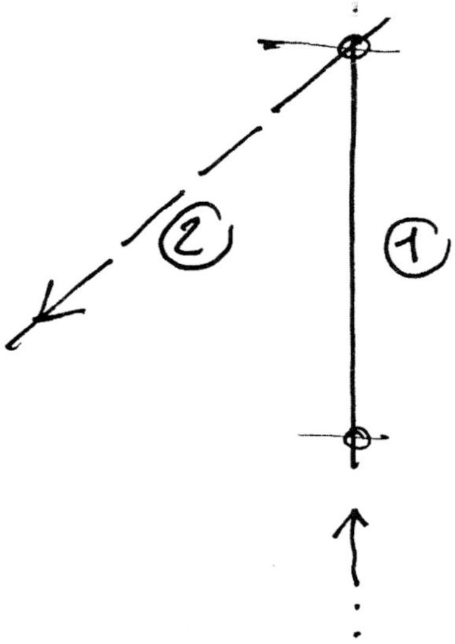

Bild 1

Bild 1: Die erste Linie ist die der Sehachse am nächsten stehende senkrechte Gebäudekante. Stellen Sie den Richtungsverlauf der Diagonalen vom Eckpunkt des Gebäudes oben zum entgegengesetzten Eckpunkt unten am Boden fest (Stift hinhalten).

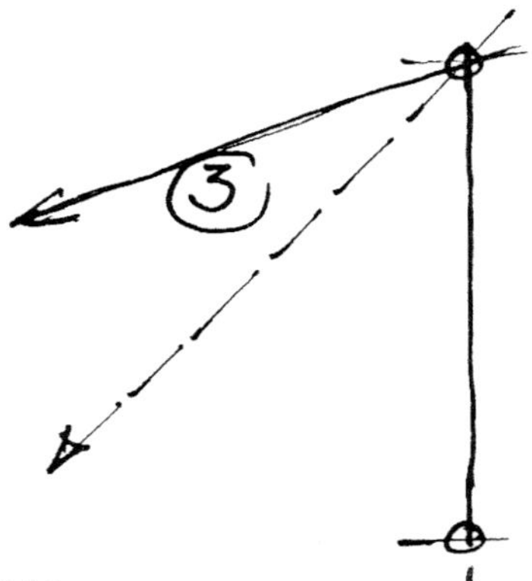

Bild 2

Bild 2: Bestimmen und fixieren Sie die fallende Linie der Dachkante (3) in ihrer Richtung.

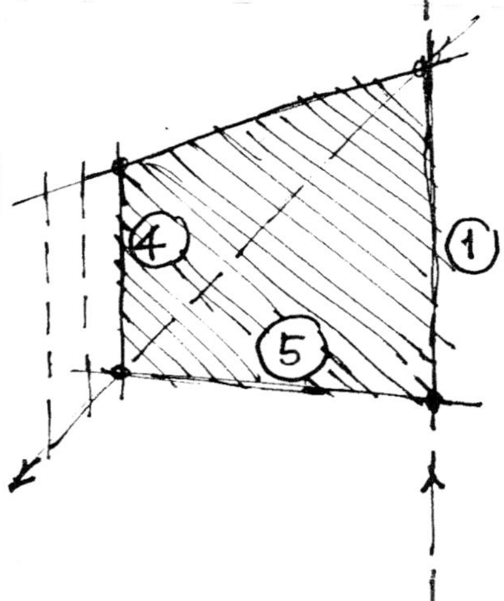

Bild 3

Bild 3: Die bisher noch fehlende Größenfestlegung erhalten Sie durch die Darstellung der zweiten senkrechten Gebäudekante (4). Als letzte Linie zeichnen Sie die leicht vom unteren Eckpunkt der Vorderkante aus ansteigende Bodenlinie (5) bis zum hinteren Eckpunkt, dem Schnittpunkt der Senkrechten mit der Diagonalen.

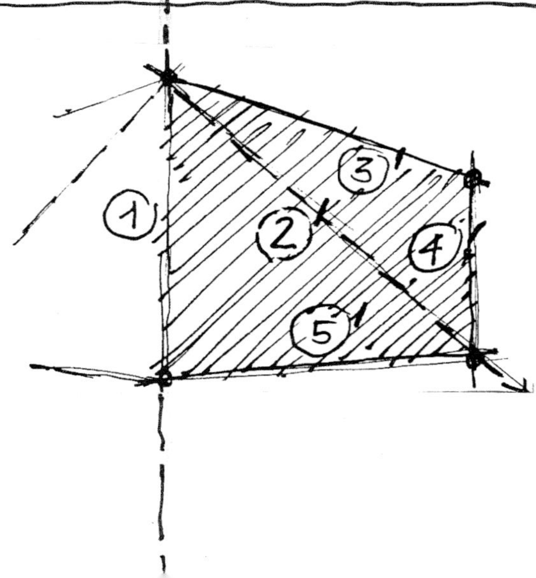

Bild 4

Bild 4: Auf die gleiche Weise lassen sich die anderen Gebäudeflächen ermitteln.

Bild 5: Um den Firstpunkt des Daches festzulegen, benötigen Sie die Mittelachse der Wandfläche. Zeichnen Sie die zweite Diagonale ein und durch den Diagonalenschnittpunkt die Senkrechte bis zum Dachfirst.

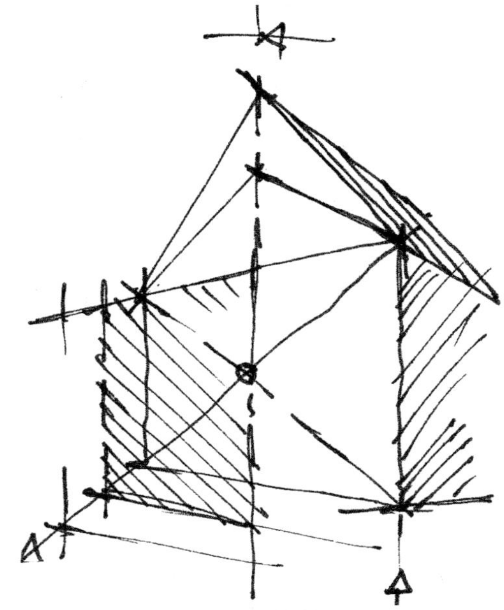

Bild 5

Bild 6: Beim Walmdach ist der Firstpunkt im Verhältnis zur Mittelachse festzustellen. Wenn die Dimensionen des Gebäudes vergrößert werden sollen, verlängern Sie die Diagonalen der Gebäudeflächen und verschieben die Eckpunkte auf dieser Diagonalen.

Bild 7 und Bild 8: Wenn Sie dieses System oft angewendet und eine gewisse Sicherheit damit gewonnen haben, wird der Umgang damit so selbstverständlich sein, daß Sie auf Hilfslinien verzichten können. Sie werden fallende und steigende Linien direkt erkennen, die Flächen in ihren Proportionen wahrnehmen und erst dann im Grunde den Übergang zum Freihandzeichnen vollziehen können.

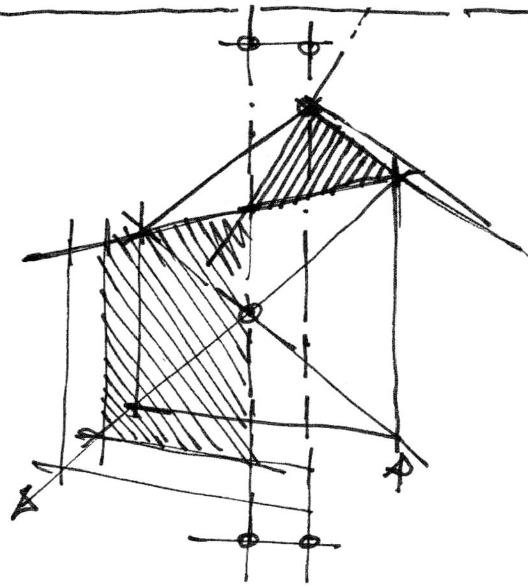

Bild 6

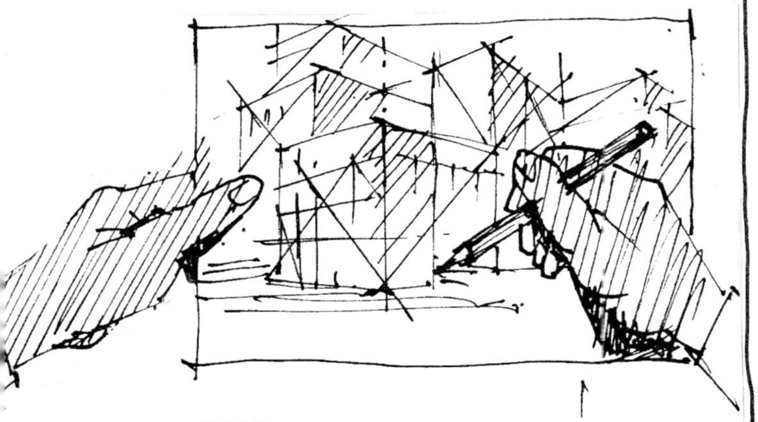

Bild 7

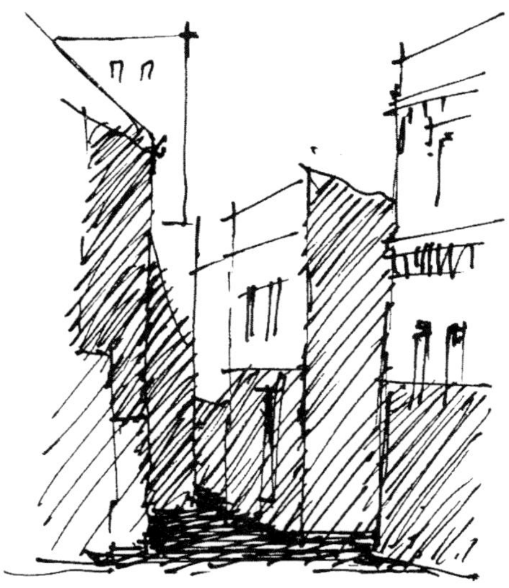

Bild 8

Horizontlinie

Darmstadt, Schloßgartenstraße (1986; Tuschzeichnung, mit Chinatusche laviert).
Der Horizont ergibt sich aus den waagerecht verlaufenden Linien des Sichtmauerwerks und der Augenhöhe der Figuren. Solche bestimmenden Punkte werden zum Horizont miteinander verbunden.

Die Vertikale ist in jeder Flächenbegrenzung leicht zu entdecken und zu zeichnen, auch in ihren Abständen zueinander, die abhängig sind von den steigenden und fallenden Begrenzungslinien und den gedachten Diagonalen als Hilfslinien. Eine besondere Bedeutung hat die Horizontale. Sie in einem Motiv zu entdecken ist notwendig, um beim Zeichnen mit dieser Basis- oder Bezugslinie eine räumliche Wirkung erzielen zu können. Meist ist die Horizontale nur als begrenzte Strecke erkennbar. Es ist daher nötig, sie als durchgehende Linie zu denken.

Der Horizont ist die waagerechte Linie als sichtbare Begrenzung am Ende des Raumes, der Beginn zum Endlosen. In der offenen Landschaft oder bei der Fortsetzung des offenen Raumes hinter dem Motiv leuchtet das unmittelbar ein. Im Stadtraum dagegen, wo in der Regel der Blick auf den Horizont durch Gebäude verstellt ist, muß man sich einer abstrahierten Horizontlinie bedienen. Dazu verwenden Sie einen Zeichenkarton oder ein Blatt Papier, halten es waagerecht und suchen in Ihrem Motiv die Linie, die mit der waagerechten Blattkante deckungsgleich verläuft. Diese Linie kann auch aus mehreren einzelnen Elementen zusammengesetzt sein: Fensterbänke, Fenstersprossen, Sockel, Friese oder Fugenverlauf im Mauerwerk. Wenn Sie das Blatt zu hoch halten, werden die steigenden Linien an-

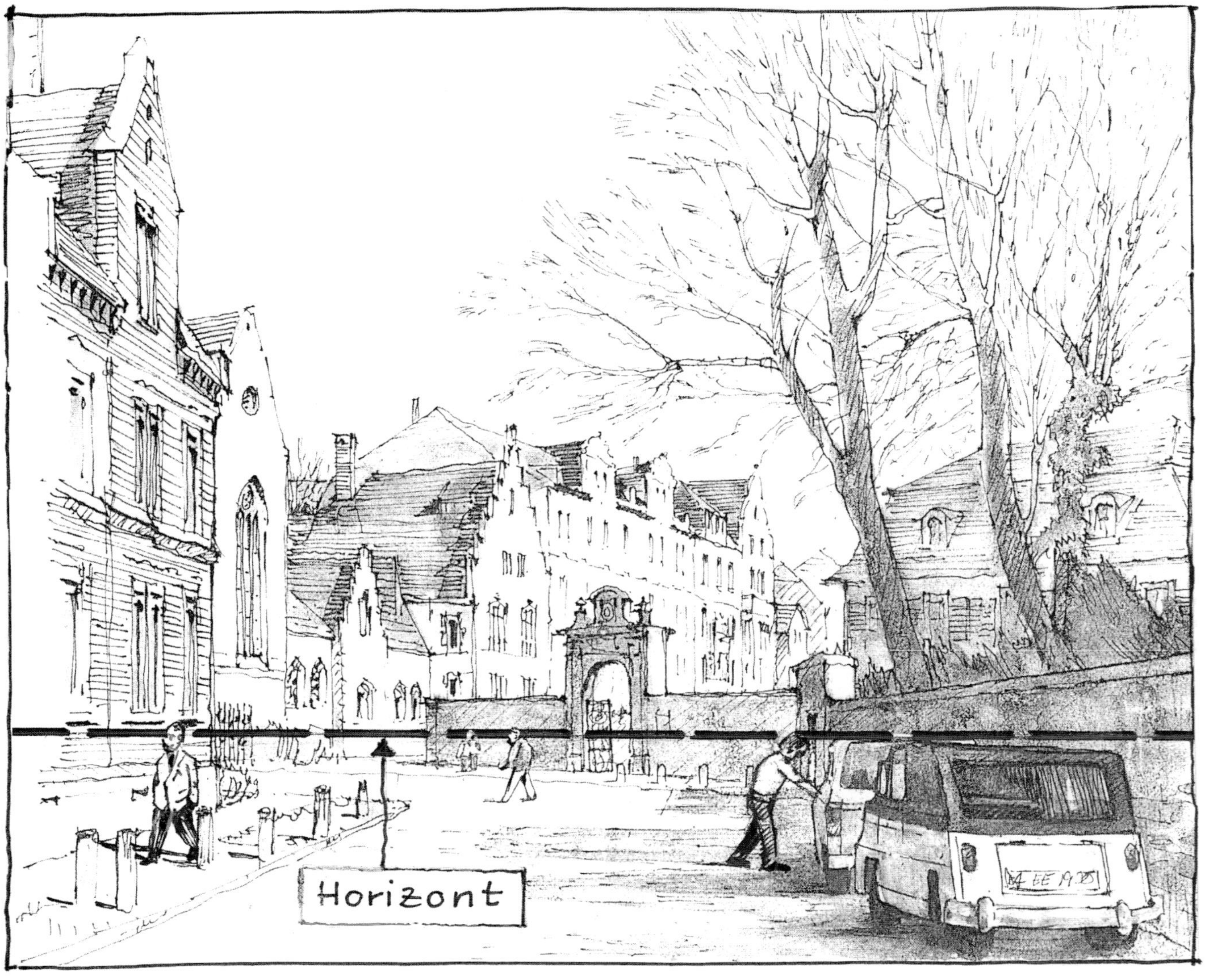

geschnitten, halten Sie es zu tief, geschieht das Gleiche mit den fallenden Linien.

Die Bedeutung der Horizontalen besteht einmal darin, daß sie allen Vertikalen strukturellen Halt gibt und eine Bezugslinie für sie darstellt. Zum anderen wirkt sich im direkten Umfeld jede zu stark steigende oder fallende Linie empfindlich auf die Tiefendarstellung des Raumes aus: Die Zeichnung wirkt verzerrt und fehlerhaft.

Die einfache Form

Für Ihre ersten Versuche sollten Sie ein einfaches Motiv suchen, das in seiner Gesamtform überschaubar ist, mit klaren Flächen und erkennbaren Linien, die ohne besondere Schwierigkeit zu zeichnen sind. Beispiele dafür wären kleine Bauernhöfe, Kapellen, Gartenhäuser, Kioske.

Dramley, Petite Montagne im französischen Jura (1993). Die einfache Form der kleinen Kapelle mit Vorbau, Türen und Mauerwerkspfeilern läßt sich sehr einfach in Einzelformen gliedern. Die bestimmenden Linien sind leicht zu ermitteln und in der Zeichnung festzuhalten.

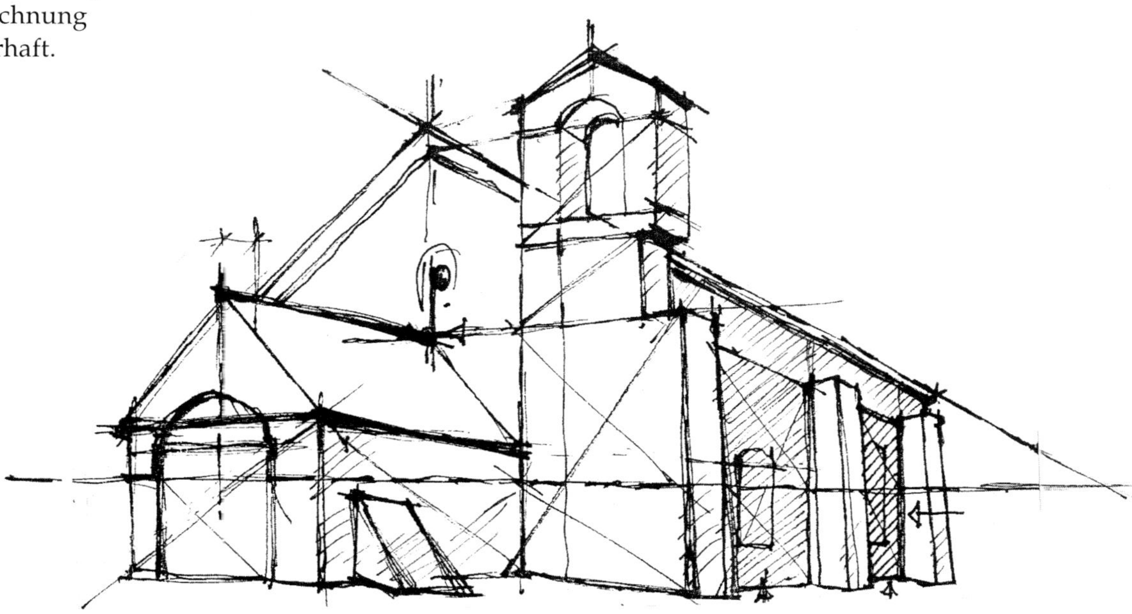

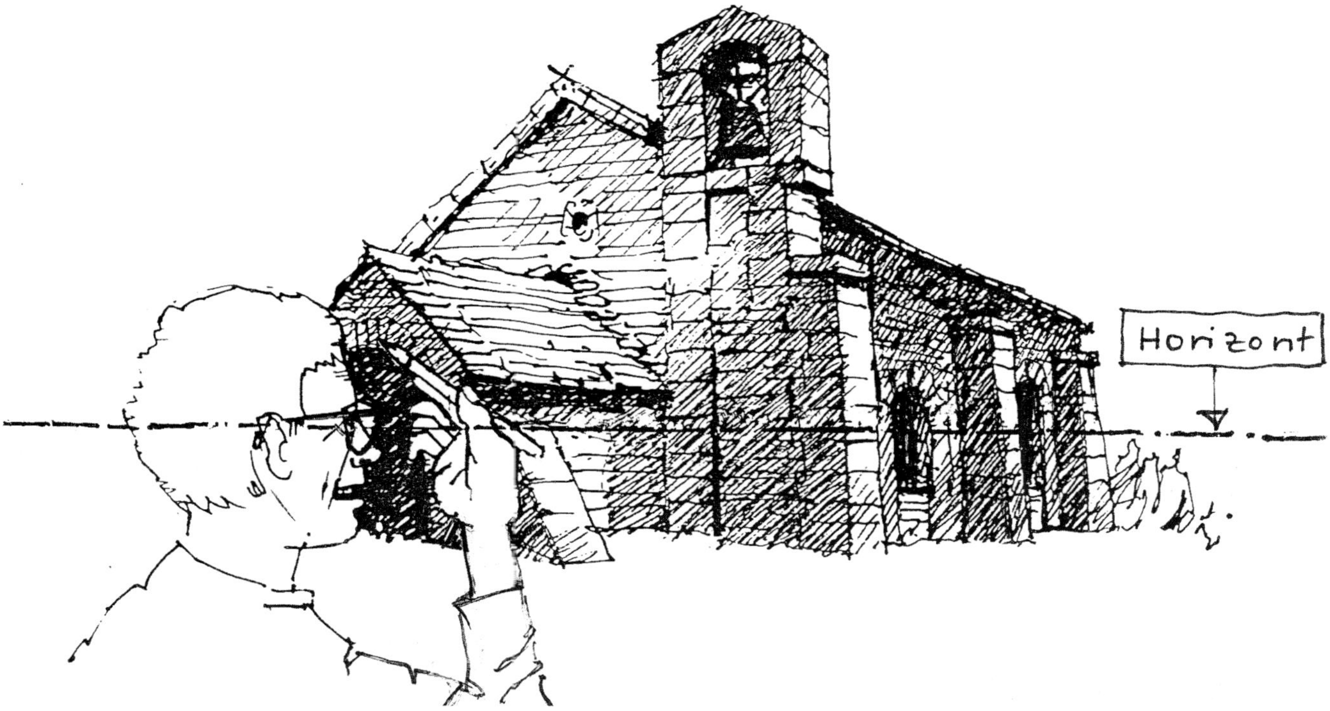

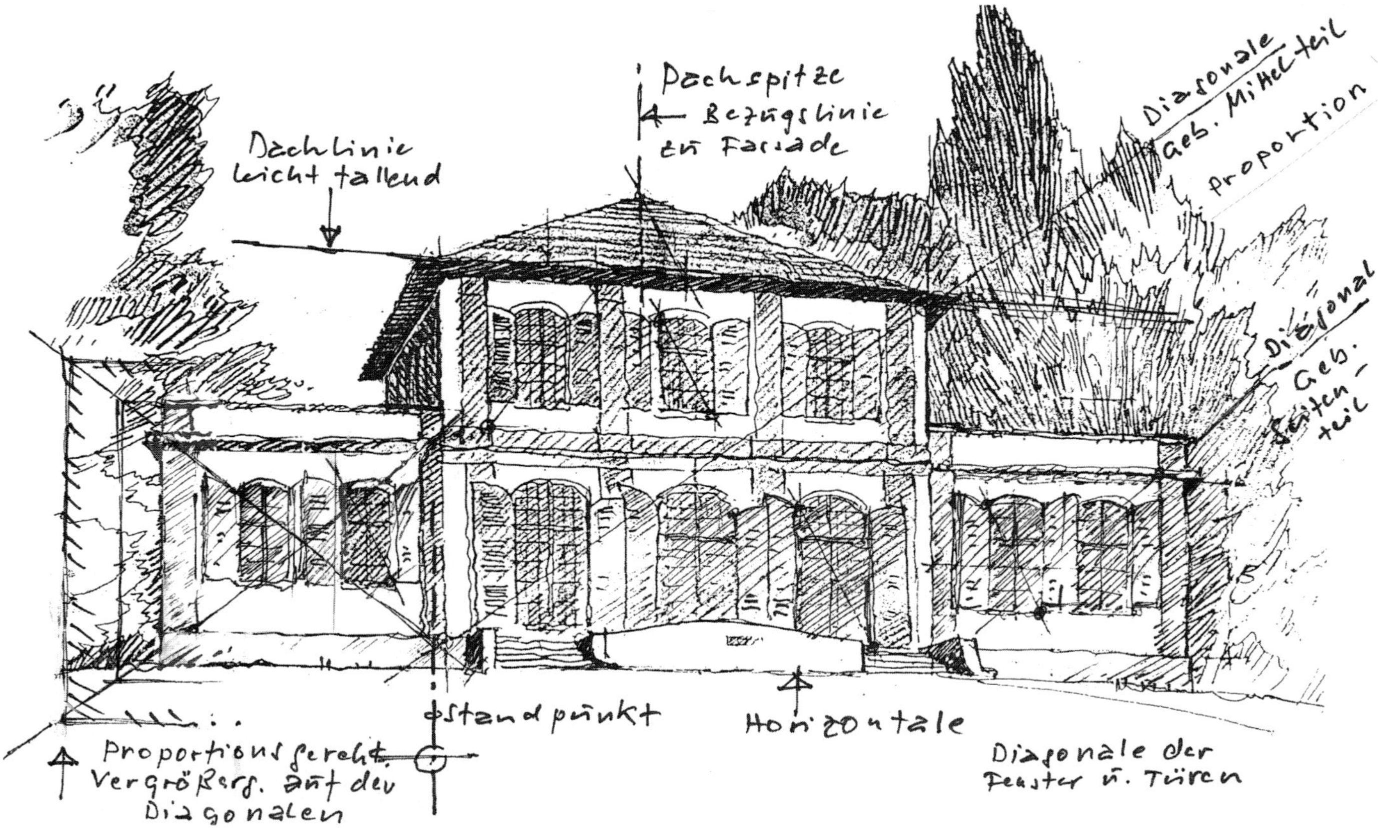

Darmstadt, Prinz-Emil-Garten (1974).
Fast frontal aufgenommene Zeichnung des kleinen Schlößchens, das aus einfachen flächigen Gebäudeteilen besteht. Die räumliche Tiefenangabe ist gering.

Darmstadt, Prinz-Emil-Garten (1974).
Wenn das Gebäude in seine Einzelteile aufgelöst wird und diese unabhängig voneinander gezeichnet werden, zeigen sich die Proportionen, Einzelformen und Diagonalen in einem abstrakten neuen Zusammenhang.

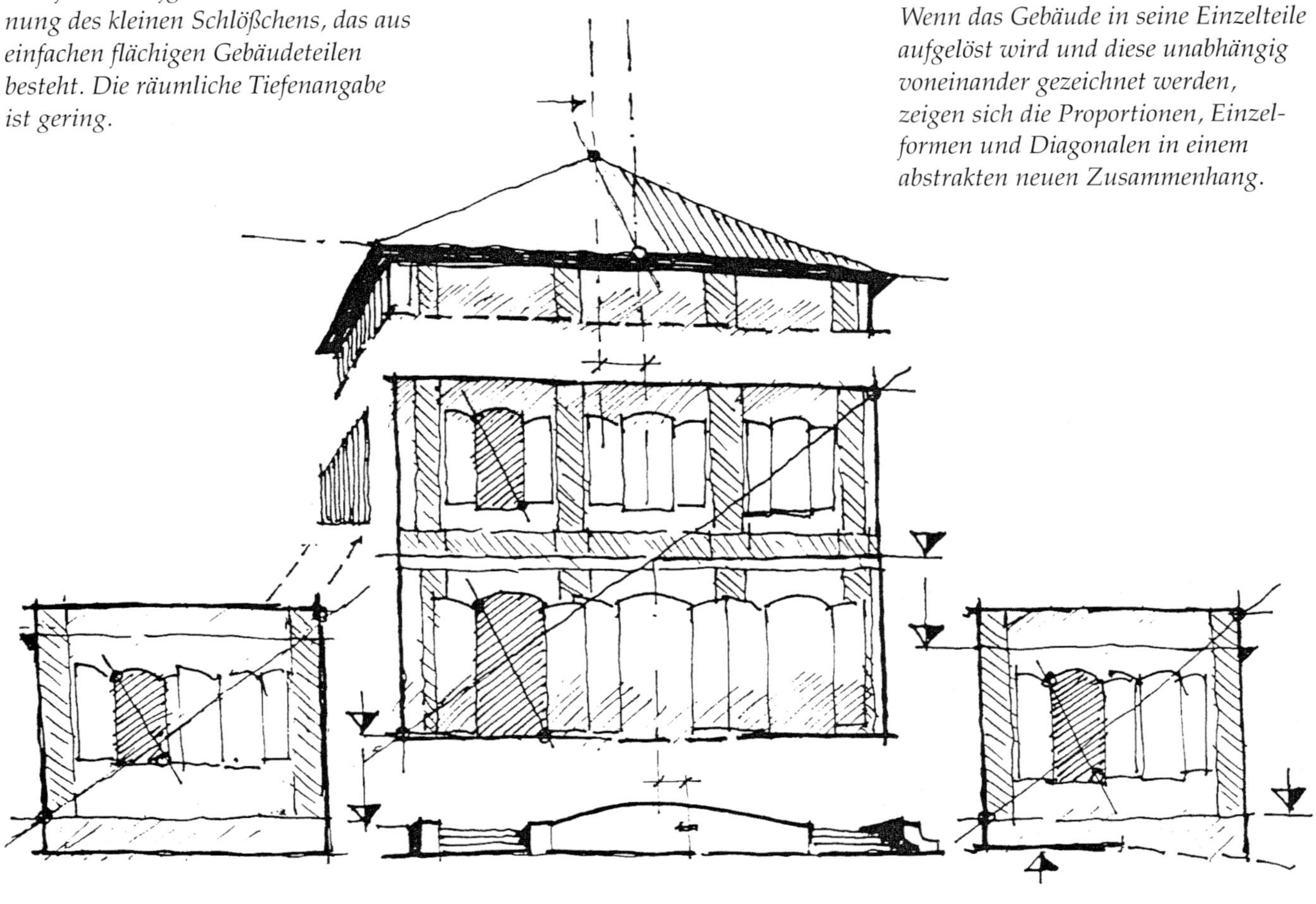

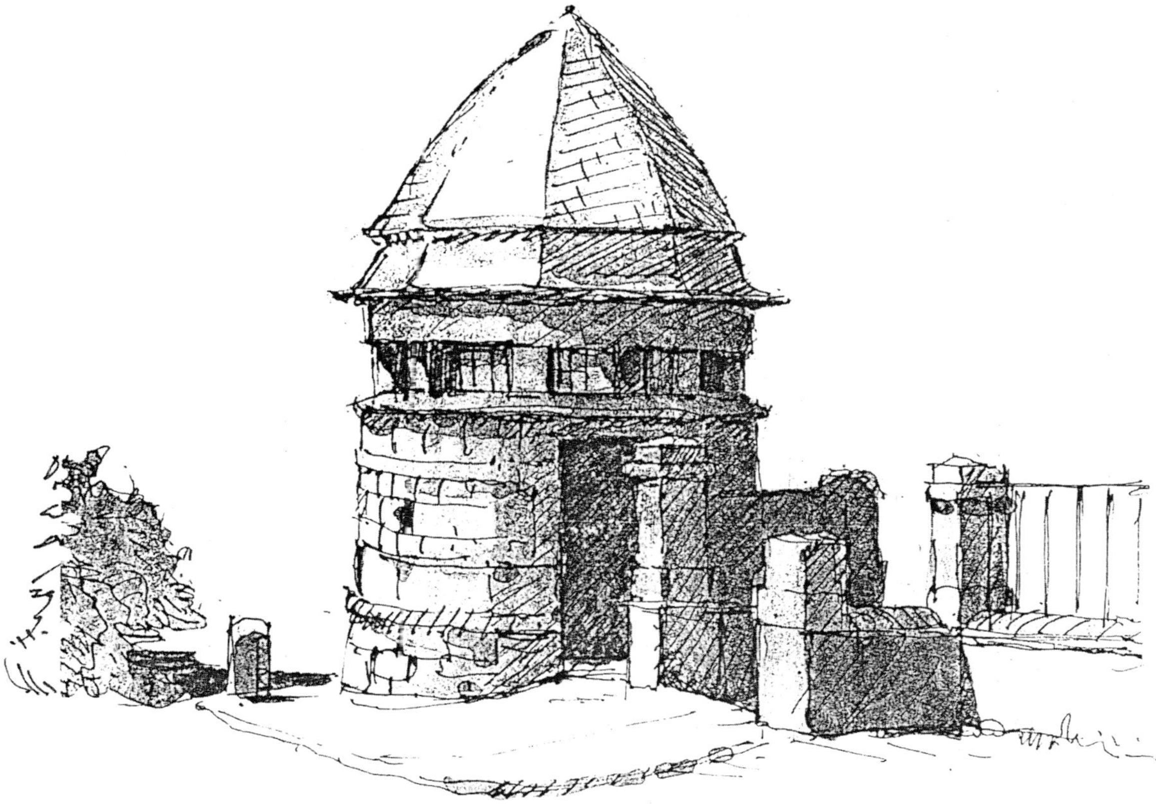

Darmstadt, Pissoir (1986).
Runde Formen mit Dächern, die als Turmhauben ausgebildet sind, können nur durch geschwungene Linien erfaßt werden. Die Ausbuchtungen der Linien direkt oberhalb und unterhalb der Augenhöhe (Fensterbereich über dem Eingang) darf nur sehr gering ausfallen.

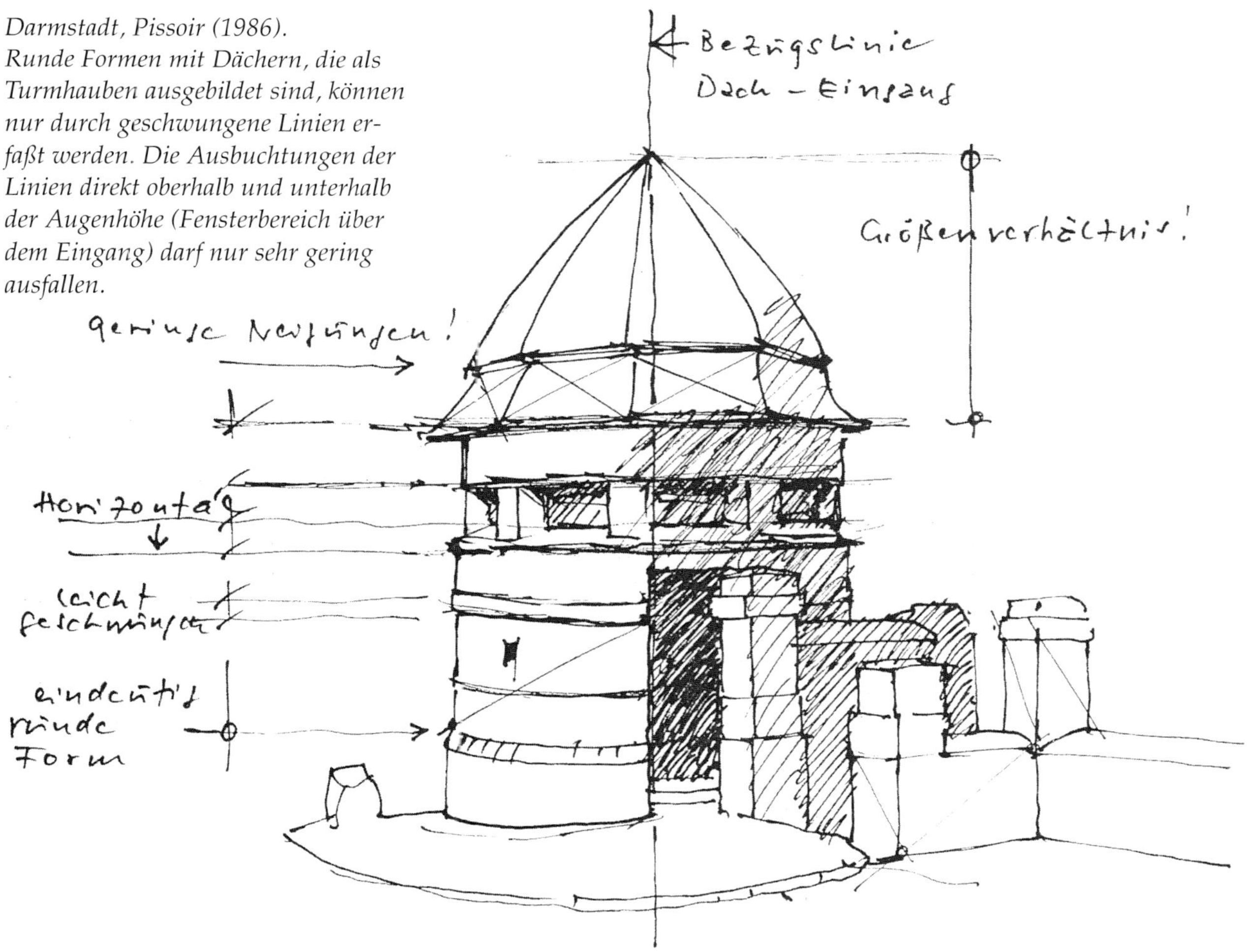

Alle Objekte sollten zunächst als reine Form ohne Ambiente gezeichnet werden. An der einfachen Bauform stellen Sie alle Merkmale der Flächen und des Linienverlaufs fest, ebenso wie später beim großen Motiv vielfältig differenzierter Bauformen. Außer in der Höhe des Horizonts sind alle in der Wirklichkeit horizontal verlaufenden Linien (Dachgesimse, Firstlinien, Sockel, Fugen usw.) als steigende oder fallende Linien zu sehen. Dies erfordert einige Übung, aber nach einigen Versuchen werden Sie Ihr Auge soweit geschult haben, daß Sie diese Strukturen erkennen.

Paros (1979).
Das mediterrane Gassenmotiv besteht aus einfachen kubischen Gebäudeformen. Es bekommt durch die wenigen horizontalen Gliederungselemente und deren intensive Schattenformen seinen Charakter. Die winklig zueinander stehenden Häuser bringen Bewegung in das Bild.

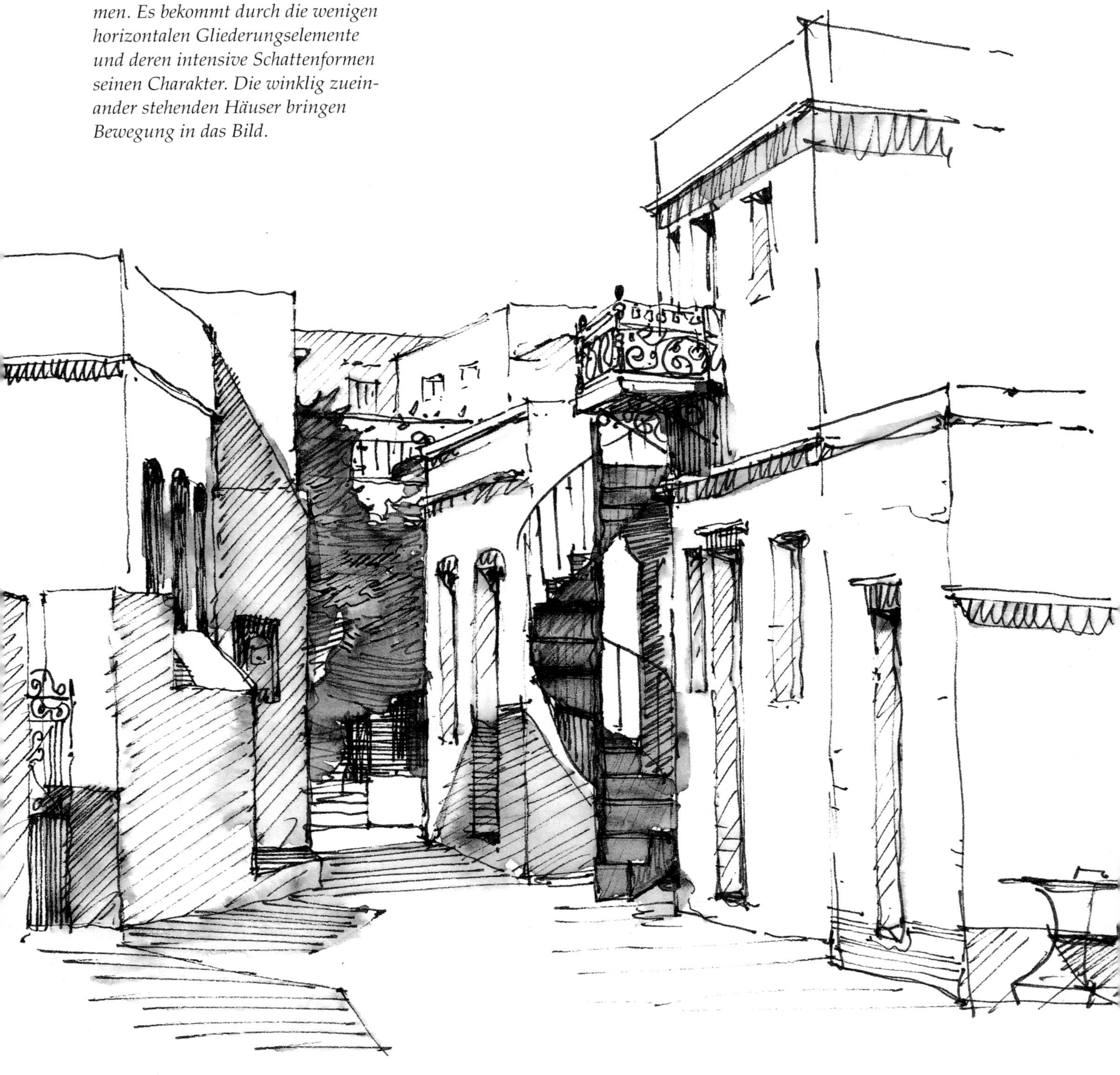

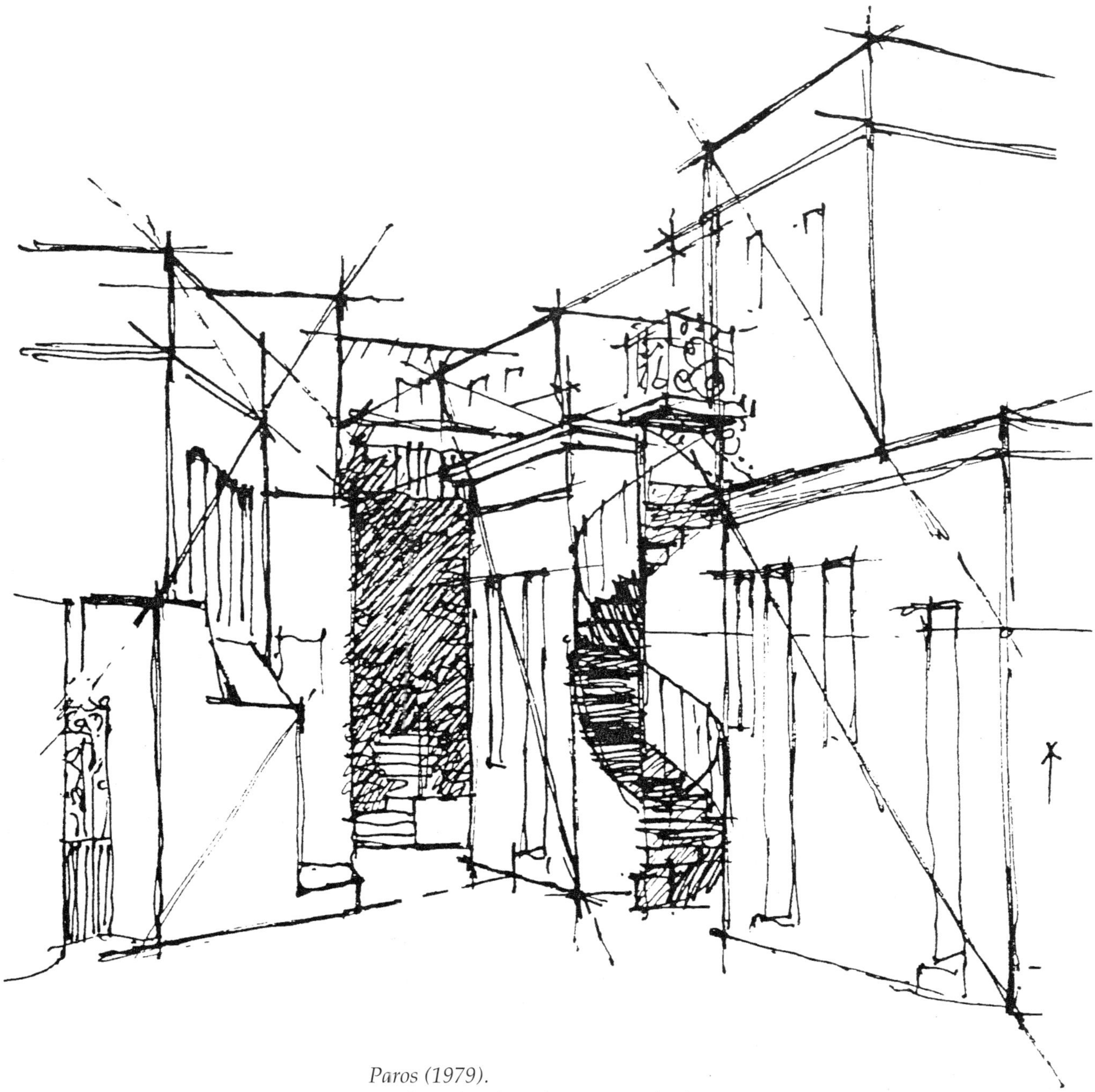

Paros (1979).
Da die Gebäude nicht in einer Flucht stehen, sondern im Winkel zueinander angeordnet sind, kommt hier dem Netz der verschiedenen erkennbaren und gedachten Linien eine besondere Bedeutung zu.

Komplexes Architekturmotiv

Bei der Auswahl eines größeren Architekturmotivs sollten Sie sich nicht verführen lassen von beeindruckenden Großformen wie Schlössern, Burgen, Kathedralen. Sie sind großartig und sicher auch faszinierend, aber sie sind zu kompliziert. Beim Zeichnen besteht zu sehr die Gefahr, daß man sich im Gestrüpp der Einzelheiten verliert, z. B. bei einer gotischen Kathedrale mit ihrer Fülle von bestimmenden Linien (Pfeiler, Streben, Fialen, Schwibbogen) und plastischem Dekor (Pflanzen- und Tiermotive, auskragende Wasserspeier usw.). Leichter zu erfassen und zu zeichnen ist dagegen z. B. eine der frühchristlichen rustikalen Kirchen in Ravenna, der Dom von Pisa oder ein Palast in Venedig, da ihre Gesamtformen überschaubar sind.

Darmstadt, Hinterhof (1986).
Ein Gebäudeensemble als Gesamtmotiv. Diese Hinterhofsituation mit Häusern aus dem späten 19. Jahrhundert ist trotz der unterschiedlichen Formen eine Einheit. Der Wechsel von Sichtmauerwerk und verputzten Flächen der kahlen Wände ehemaliger Gebäudeanschlüsse ist wie eine Grafik von eigenem Reiz.

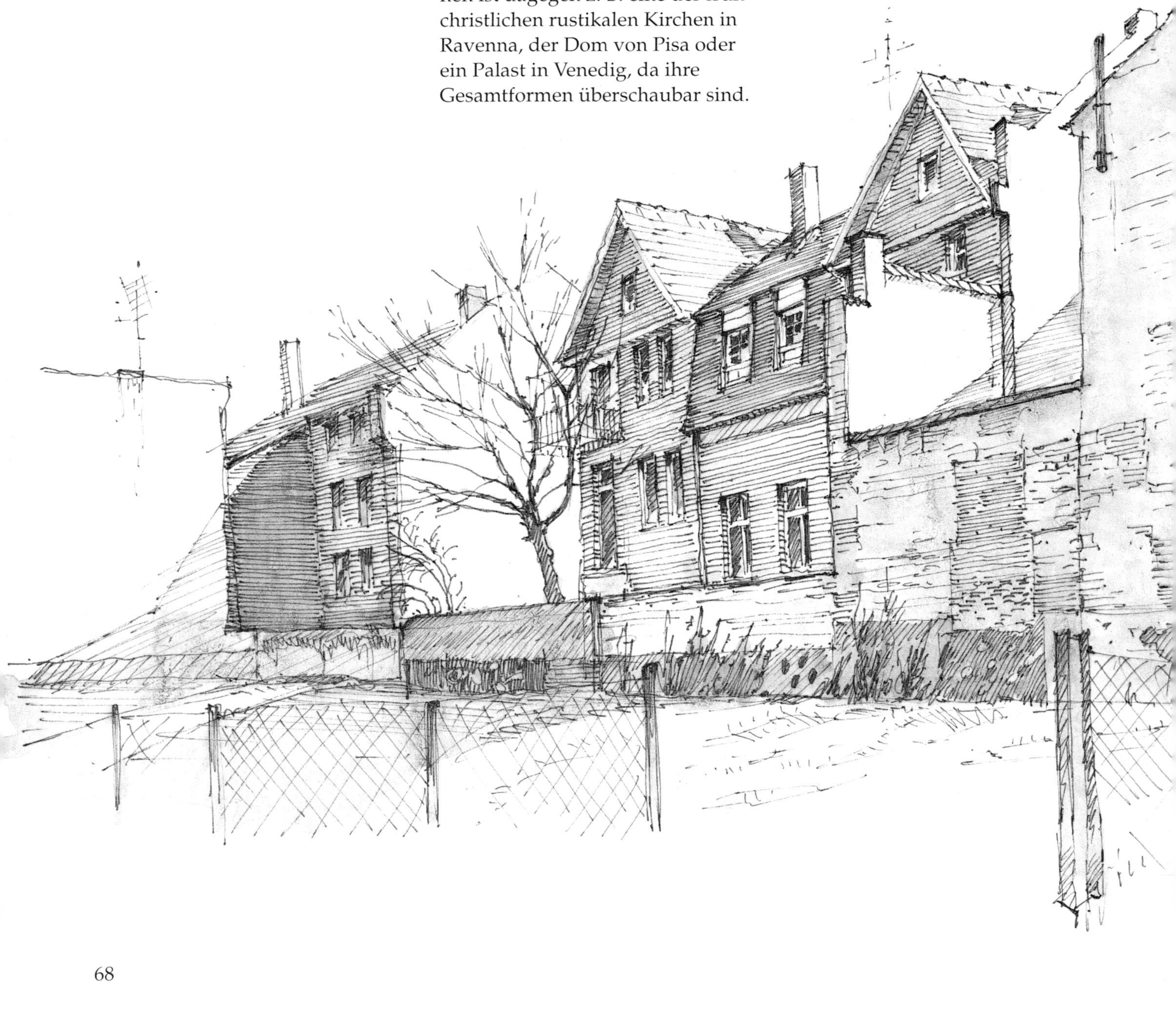

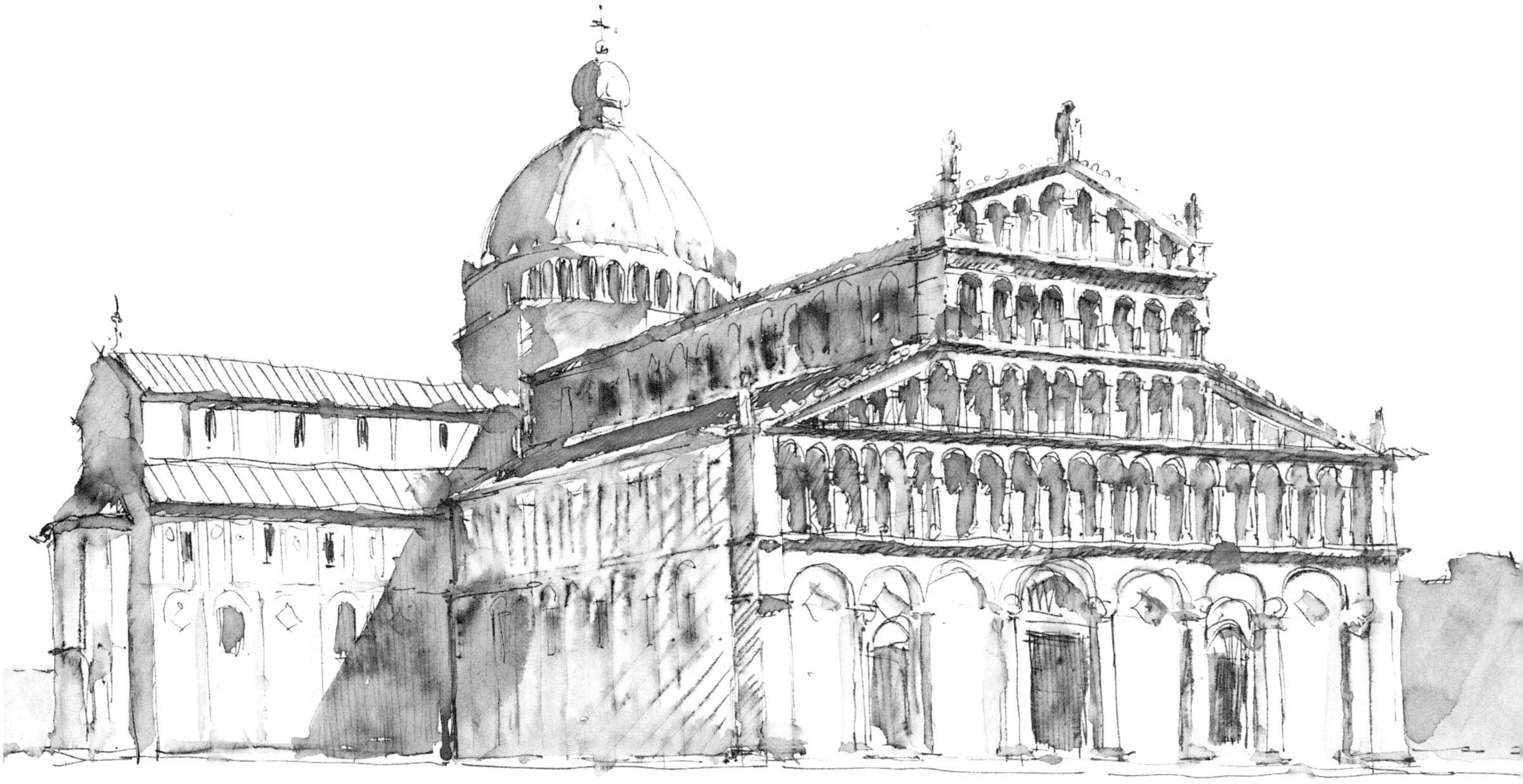

Dom von Pisa (1980).
Der Dom ist eine Großform, die in ihrer imposanten Erscheinung gut erkennbar und im Detail nachvollziehbar ist. Der typisch italienisch gegliederte Giebel, der die Basilikaform unterstreicht, die Dimensionen von Längs- und Querschiff mit der Kuppel über der Vierung demonstrieren geradezu modellhaft den Kirchenbau der späten Romanik im 12. Jahrhundert.

Lassen Sie sich bei der Suche also nicht von kunsthistorischen Qualitäten leiten. Das Motiv kann einfach sein in seiner Form, seinen Einzelheiten und Strukturen. Es kann ein Hintereinander verschiedener Architekturstile aufweisen, um zum Zeichnen einzuladen. Oft genug berührt ein Motiv, das gar nicht von künstlerischem Wert ist, nur aufgrund seiner eigenen, möglicherweise originellen räumlichen Situation – eine Gasse, ein Hinterhof, ein Bauernhof, etwas, das Sie anspricht, wenn Sie auf der Suche sind. Eine vom Verfall gekennzeichnete Ecke kann viel reizvoller sein als die sterile attraktive Fachwerkschönheit in einem Freilichtmuseum.

Es geht zunächst darum, das Motiv als Ganzes zu erfassen, eine Beziehung dazu herzustellen. Auch große Architekturmotive bieten sich unterschiedlich an. Sie stellen sich offen und beziehungsreich dar oder aber verschlüsselt und abweisend.

Sie brauchen zum Zeichnen Zeit. Bei dem erwähnten Beispiel des Doms in Pisa bietet eine große Rasenfläche davor genügend Ruhe und Abstand, um alles zu begreifen, was den Bau ausmacht: die Gesamtform, die Vierung mit der Kuppel, den phantastischen Giebel, der groß und klar gegliedert ist.

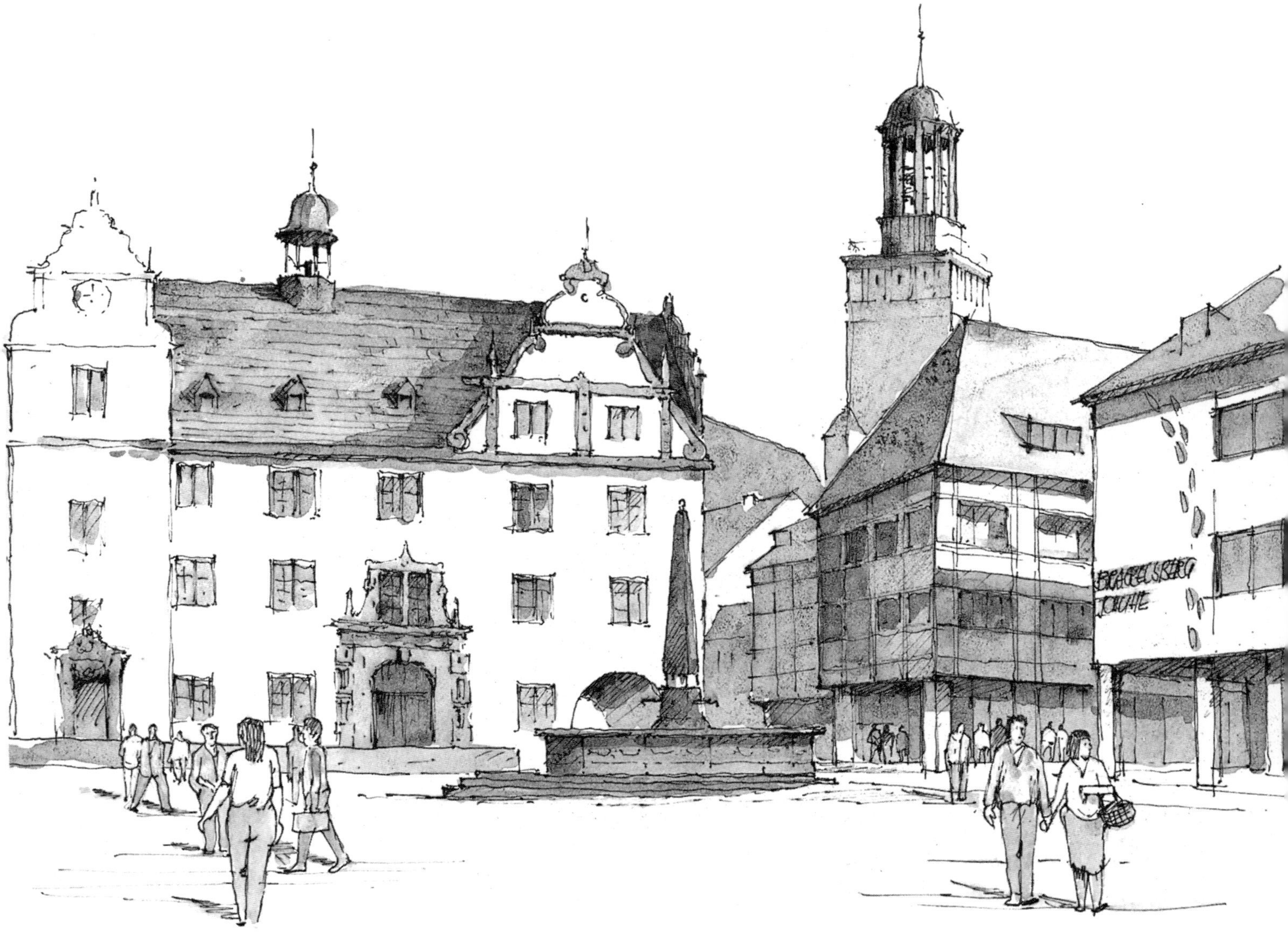

Darmstadt, Marktplatz (1986; Tuschzeichnung, mit Chinatusche laviert). Am Beispiel dieses Motivs wird schrittweise erläutert, wie eine Zeichnung aufgebaut werden kann. Um die Struktur und Proportionen der einzelnen Gebäude zu erfassen, müssen Sie das Netz von begrenzenden Linien und Diagonalen erkennen und verstehen.

Bei dem als Beispiel ausgewählten Gesamtmotiv handelt es sich um eine Gebäudegruppe am Marktplatz in Darmstadt. Daran soll der Werdegang einer Zeichnung dargestellt werden. Die Situation ist typisch für deutsche Städte, die infolge der Kriegszerstörungen ein Gemisch von Architekturstilen mit unterschiedlichen Qualitäten zeigen, manchmal auch mit dem ängstlichem Versuch einer Verbindung von Formen der Vergangenheit mit Ansprüchen der Gegenwart (z. B. die modernistischen Arkaden der Gebäude rechts).

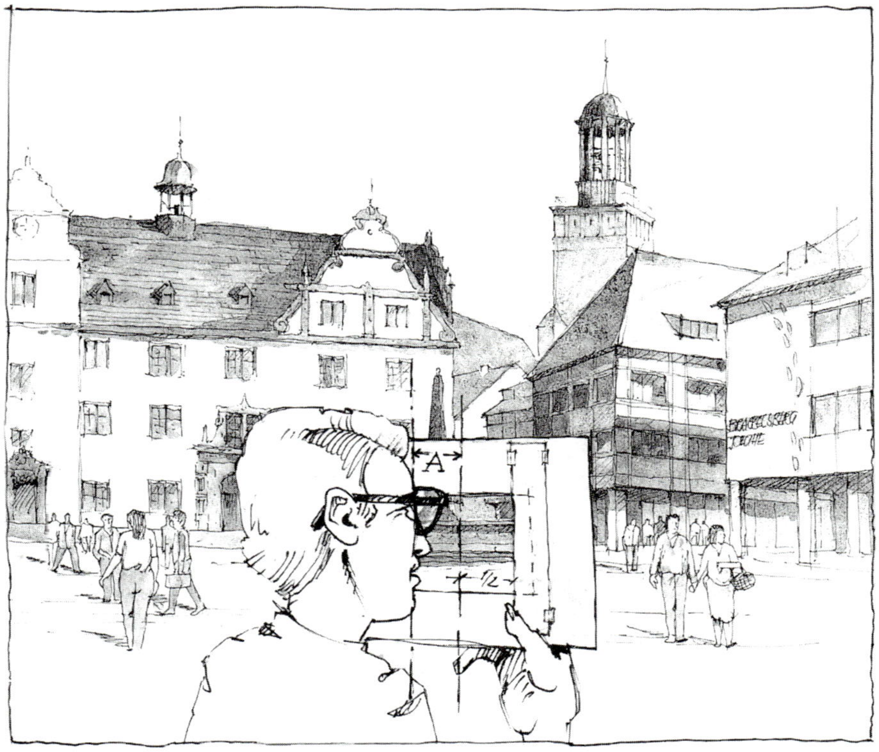

Erster Schritt:
Wahl des richtigen Bildausschnitts mit Hilfe eines ausgeschnittenen Kartons. Die Proportionen des Ausschnitts lassen sich variieren durch Abdecken oder Abkleben.

Im Unterschied zum einfachen Motiv müssen Sie bei diesem Komplex einen Ausschnitt suchen, und dazu ist der richtige Standpunkt zu finden. Die äußeren Umstände – z. B. der Verkehr – sind mitbestimmend bei der Wahl eines entsprechenden Platzes, um mit Ruhe das Motiv aufnehmen, erkennen und zeichnen zu können. Geht das Motiv über das Blickfeld hinaus, müssen Sie also den Kopf wenden, um alles zu erfassen, so müssen Sie es begrenzen. Das einfachste Mittel dafür, das auch von geübten Zeichnern immer noch angewendet wird, ist ein Fenster, das in einen Karton geschnitten wurde. Die Öffnung soll die Proportionen haben, die für die Zeichnung vorgesehen sind. Der Rand muß breit sein, damit der Bildausschnitt markant begrenzt wird und die Fortsetzung der Linien außerhalb des Rahmens sich nicht irritierend auswirkt. Der Blick durch dieses Fenster entscheidet also über den Ausschnitt aus dem Gesamtmotiv, der gezeichnet werden soll. Im vorgestellten Beispiel ist der Giebel als Teil der Platzfront des Rathauses die linke Grenze, während auf der rechten Seite die senkrechte Linie neben dem ersten Fenster des am nächsten stehenden Gebäudes die Begrenzung darstellt. Nach oben ist die Höhe des Bildausschnitts durch die Höhe des Turms der Stadtkirche bestimmt, am unteren Rand wird ein Teil der Fläche des Marktplatzes erfaßt. Wenn dieser Bildausschnitt nicht identisch ist mit den Proportionen des Fensters, kann durch Abdecken oder Abkleben das Fenster verändert werden. Als Bildausschnitt wurde in diesem Fall ein fast quadratisches stehendes Rechteck gewählt.

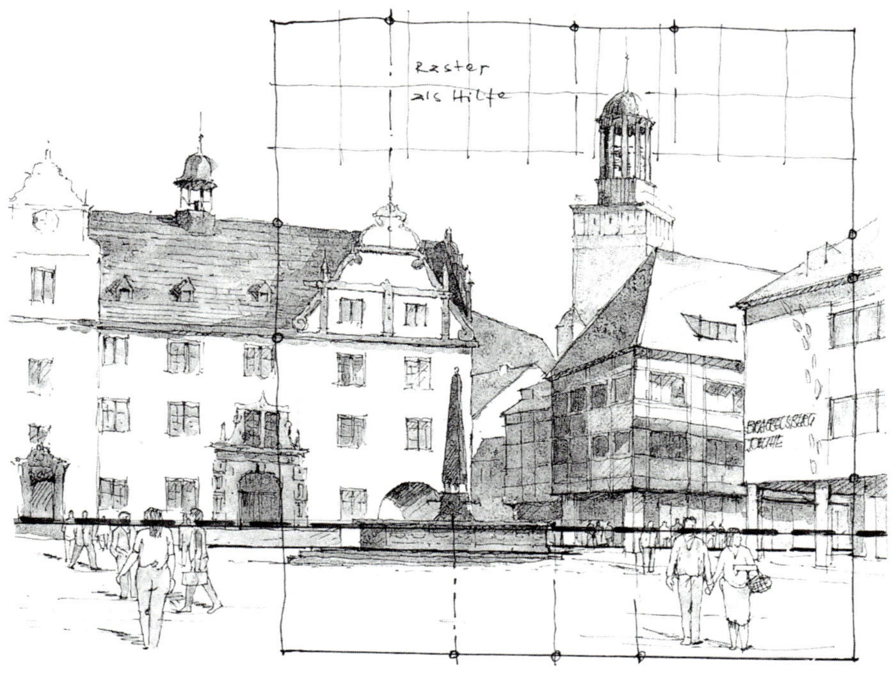

Gewählter Bildausschnitt.
Wichtige Orientierungspunkte werden auf der Innenkante des Fensters festgehalten:
- *Rathausgiebel, Spitze und seitliche Begrenzungen des Turms der Stadtkirche am oberen Rand,*
- *Brunnensäule und Begrenzungen des Gebäudes in der Bildmitte am unteren Rand,*
- *Traufhöhe von Rathaus und rechtem Gebäude auf dem Seitenrand.*

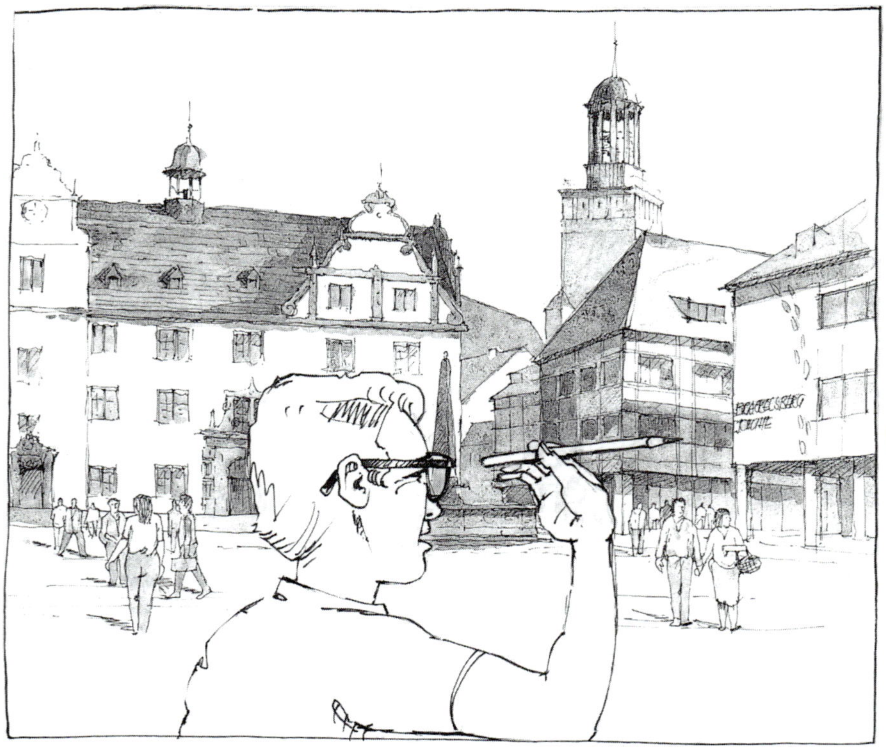

Beim ersten Skizzieren werden Linien und Kanten, fallende und steigende Linien erfaßt. Als Sehhilfe und zum Kontrollieren des Linienverlaufs halten Sie einen Stift oder ein Lineal in entsprechender Position hin.

Die Vorgehensweise im einzelnen:

❍ Beginnen Sie mit der Frontseite des Gebäudes rechts, und zwar mit den Diagonalen der Wand und der Arkadenzone. Bei allen Linien, die nicht horizontal oder vertikal verlaufen, kontrollieren Sie den Verlauf, indem Sie den Stift in der entsprechenden Position hinhalten. Auf die gleiche Weise werden die Flächen der übrigen Häuser festgehalten. Möglicherweise müssen Sie die Größen korrigieren, damit alles ins Bild paßt. Dazu verschieben Sie die Eckpunkte der senkrechten Linien auf den zugehörigen Diagonalen, bis die Proportionen stimmen. Zum Erfassen des Gesamtbildes setzen Sie das Netz in alle Richtungen fort.

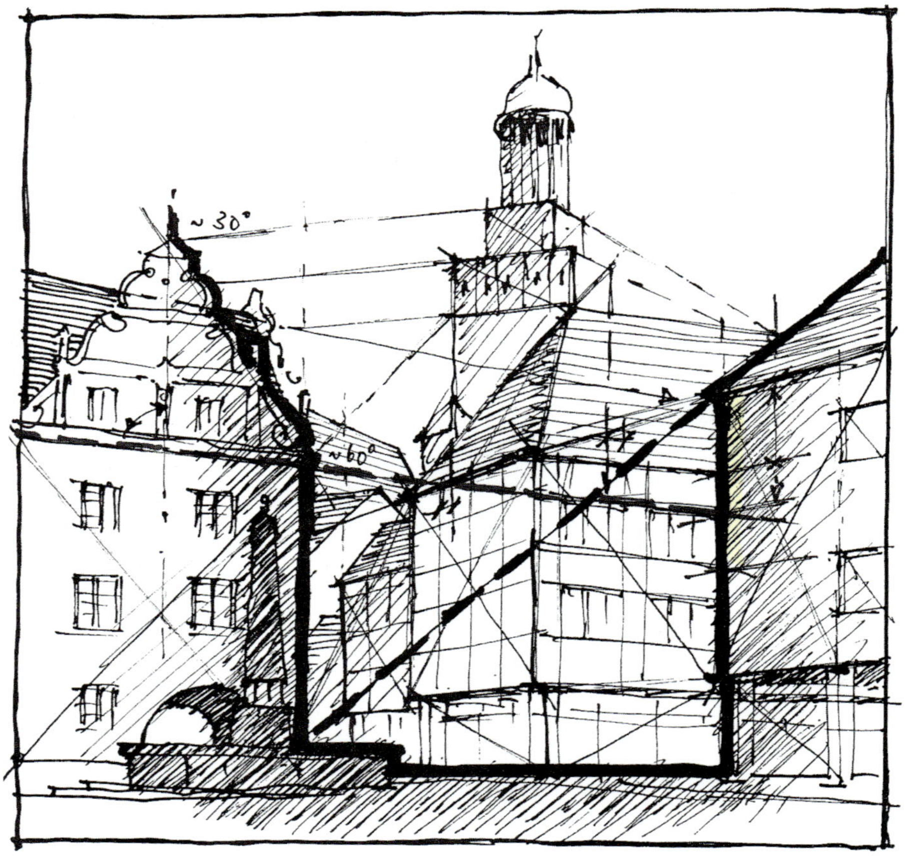

Das erkennbare Profil des Bildausschnitts mit den Konturen von Rathausinnenkante, Straßenebene und Hauskante rechts ergibt bereits ein Netz von Bezugslinien zum Erfassen des Raumes. Dieses Netz aus diagonalen, horizontalen und vertikalen Begrenzungen legt die Proportionen der Flächen fest. In den ersten Zeichnungen sollten Sie alle Hilfslinien sichtbar eintragen und stehen lassen. Bei wiederholten Zeichnungen desselben Motivs wird Ihr Blick so geschult, daß die Hilfslinien später entfallen können.

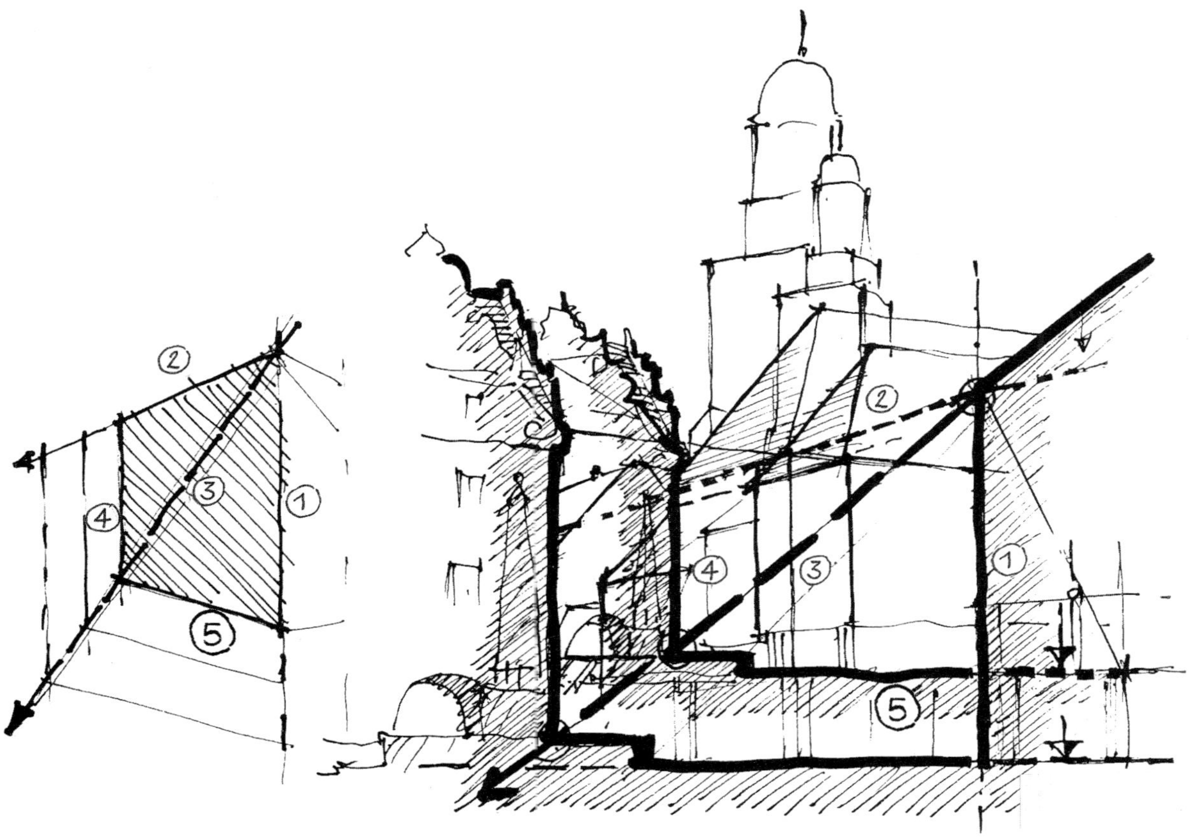

❍ Zu sehen sind drei hintereinander liegende Häuser im Verlauf der Straße mit Giebel und Dachformen. Der Turm der Kirche läßt sich zu senkrechten Kanten der Häuser in Beziehung setzen, vor allem zu dem Raster im Putz und in den Fensterlinien des Gebäudes in der Bildmitte.

❍ Wenn es nicht schon bei der zunächst flächenhaften Darstellung geschehen ist, erfassen Sie jetzt die noch fehlenden Details, z. B. Gliederungsmotive wie Fenster oder Gewände (massive Fenstereinfassungen), um das Bild zu vervollständigen. Zum Zeichnen eines Bildmotivs läßt sich keine Reihenfolge festlegen, wie die Einzelheiten einer Form zu erfassen sind, da Detaillinien unter Umständen schon für den Bildaufbau benötigt werden.

❍ Schraffieren oder Lavieren sind die letzten Schritte, um die Flächen zu betonen und Tiefe zu erreichen. Durch Schatten werden die Räume besonders kenntlich gemacht.

Eine Kontrolle während des Zeichnens oder auch nachher besteht darin, das Gesamtprofil als Kontur zu erfassen. Diese Kontur können Sie in einer separaten Skizze zeichnen oder einfach auf Transparentpapier nachfahren. Wichtig zu erkennen und wiederzugeben ist der tiefe Straßenraum in Fortsetzung des ersten Gebäudes rechts, der zur Hauptrichtung gedrehte Turm der Stadtkirche und die senkrecht zur Blickrichtung stehende Front des Rathauses. Eine besondere Tiefenwirkung erhält die Zeichnung durch den Brunnen vor dem Durchgang am Rathaus. Die obere horizontale Begrenzungslinie des Brunnens verläuft ebenso wie die Straßenecke der Querstraße waagerecht. Selbst eine geringfügige Schrägführung dieser horizontalen Linien wirkt sich erkennbar störend auf die Raumdarstellung, auf die Tiefe aus.

Vergrößerung oder Verkleinerung des Bildausschnitts.

Um die Darstellung des gewählten Bildausschnittes proportional zu ändern, ohne daß Sie Ihren Standpunkt oder die Blickrichtung verändern, verschieben Sie einen markanten Orientierungspunkt, in diesem Fall den Fußpunkt der Rathauskante, auf der Diagonalen. Alle Gebäudeformen und -flächen werden dann proportionsgerecht vergrößert oder verkleinert. Eine vereinfachte Darstellung dieser Vorgehensweise zeigt die kleine Skizze links.

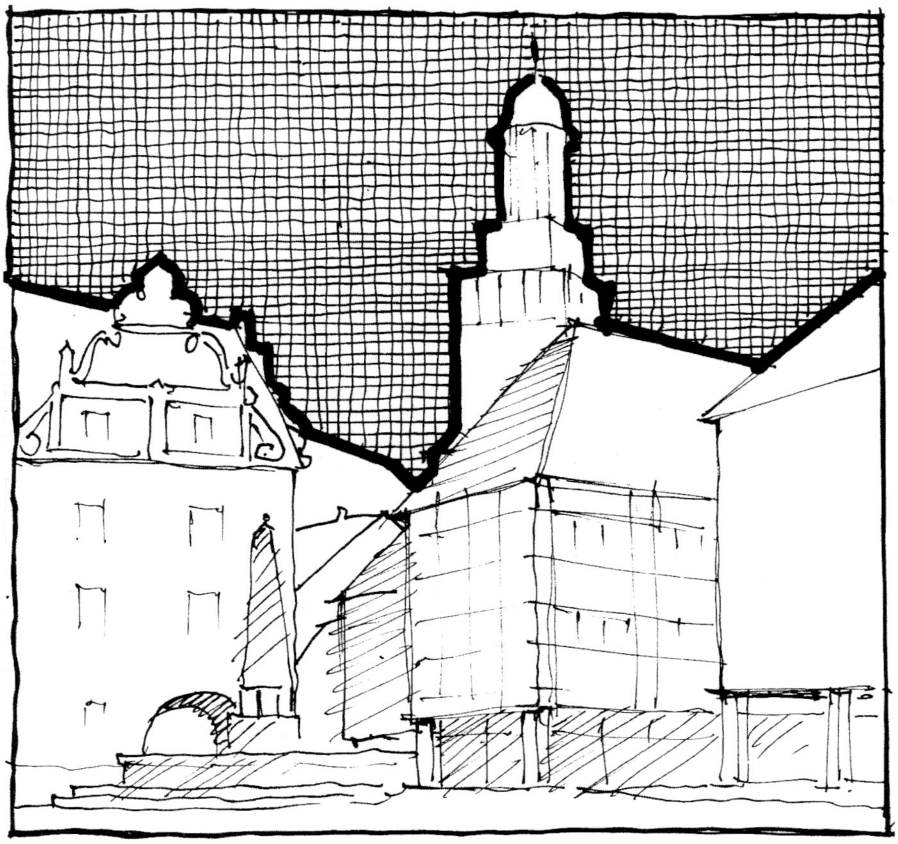

Äußeres Profil des Gesamtmotivs. Die Konturlinien heben die Fläche des Himmels als Hintergrund erkennbar vom gezeichneten Motiv ab. Sie geben den Gebäudeformen neue Orientierungsansätze und liefern neue Seh- und Denkhilfen.

Am Beginn einer Zeichnung stellt sich immer die Frage nach dem ersten Strich und dem Gebäude, das als erstes erfaßt werden soll. Bei dem gezeigten Beispiel läßt sich auf der Suche nach dem Einstieg in das Bild fast kulissenhaft eine vordere Begrenzung erkennen. Sie wird gebildet von der Rathauskante innen, der Horizontalen von Brunnen und Straße und der Innenkante des Gebäudes vorn rechts. Die Diagonale dieses Ausschnitts läßt sich vom Traufpunkt des Gebäudes rechts zum Fußpunkt beim Rathaus in ihrem Verlauf gut verfolgen. Wenn Sie den Fußpunkt der Rathauskante auf dieser Diagonalen verschieben, läßt sich die Zeichnung in ihren Proportionen beliebig vergrößern oder verkleinern.

Die Frontseite des Rathauses wird ebenso wie die anderen Gebäudeflächen durch die Seitenkante und die Diagonale bestimmt. Das Dreieck des Giebels darüber weist nahezu gleiche Seitenlängen auf.

Detaildarstellung

Details wie Fenster, Türen, Brüstungen oder Friese werden, um sie in richtiger Größe und Proportion darzustellen, ebenso wie die Gebäudeflächen in das Netz der schon fixierten Linien eingebunden. Für die Zeichnung ist es wichtig, herauszufinden, welche Bedeutung und Charakteristik die Einzelheiten in bezug auf das Gesamtbild haben. Tauchen sie als flächenhafte Serie, als Reihe gleicher Teile in immer gleichem Abstand auf mit wenig Eigenheiten, so reicht die flächenhafte Andeutung. In manchen Fällen bekommt die Zeichnung erst durch die Großzügigkeit der Flächenbehandlung ohne besondere Kennzeichnung der Details ihren Reiz. Das kann auch abhängig sein von der Situation, in der eine Zeichnung entsteht, wenn man z. B. keinen ruhigen Standort finden kann und schnell handeln muß, oder auch, wenn man die Zeichnung erst zu Hause fertigstellen kann mit den Eindrücken, an die man sich noch erinnert.

Wird die Architektur jedoch wesentlich von der Wirkung der Details bestimmt als Strukturlinien oder Proportionsmerkmale, so müssen sie zeichnerisch beschrieben werden. Die Konturen sind zu erfassen, zu gliedern, zu strukturieren und flächenhaft durch Schraffuren oder Lavieren zu betonen.

Gasse auf Korsika (1980).
Die Details dieses Gassenmotivs sind vielfältig: öffentliche und private Zonen, Übergänge, unterschiedliche Bauformen, Balkon über den Eingangsstufen – eine offene Architektur, die Kommunikation fördert.

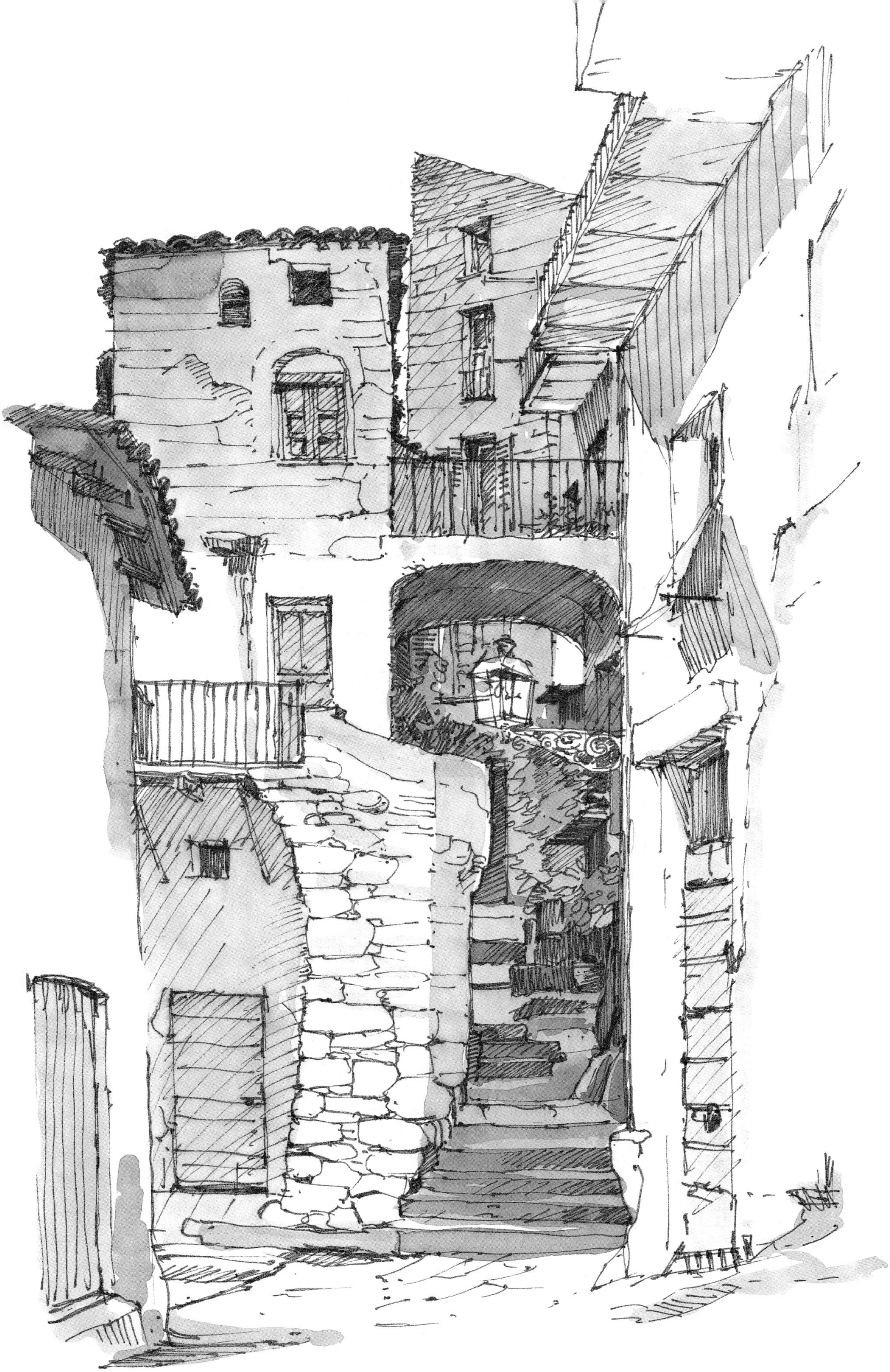

Wichtig, sogar entscheidend für die Architektur des Gesamtmotivs wird das Detail, wenn es sich räumlich abhebt, wenn eigene Form, Struktur und Farbe so dominieren, daß die eigentliche Fläche in den Hintergrund tritt. Die Schwierigkeit in diesem Falle wird darin bestehen, Fläche und Raum aufeinander abzustimmen, wobei die Flächen des eigentlichen Baukörpers auch noch teilweise verdeckt sein können. Das erfordert die ganze Aufmerksamkeit und Konzentration des Zeichners. Für ein solches Motiv braucht man Zeit und innere Ruhe für die Vorbereitung. Es eignet sich nicht, selbst wenn man die Fähigkeit oder manuelle Fertigkeit dazu hat, einfach drauflos zu zeichnen. Um die Raumtiefe und das Material zu betonen, bekommen Tönungen und Schraffuren einen besonderen Stellenwert.

In vielen Fällen wird das räumlich hervortretende Detail als Reihung auftreten. Hat es besondere, nicht gleich erkennbare Einzelheiten oder Strukturen, so ist es ratsam, sich die Einzelheiten, ähnlich wie bei einer Bauaufnahme, in Großaufnahme zu vergegenwärtigen. Dies ist z. B. häufig bei Balkonen, Erkern, Loggien oder Pergolen nötig. Wenn Sie es in seiner Gesamtheit erfaßt haben, können Sie das bauliche Detail auch in seiner Verkürzung und in der Reduktion auf charakteristische Einzelheiten zeichnen.

Bei der Darstellung von Motiven, die in Reihung auftreten, bedarf es der gedanklichen Reduktion, um die Raumwirkung durch immer weiteres Weglassen zu betonen. Beim Reduzieren oder Abstrahieren probieren Sie einfach aus, welche Bedeutung ein Strichfetzen, ein Punkt, eine Andeutung für die tiefenräumliche Wirkung haben können.

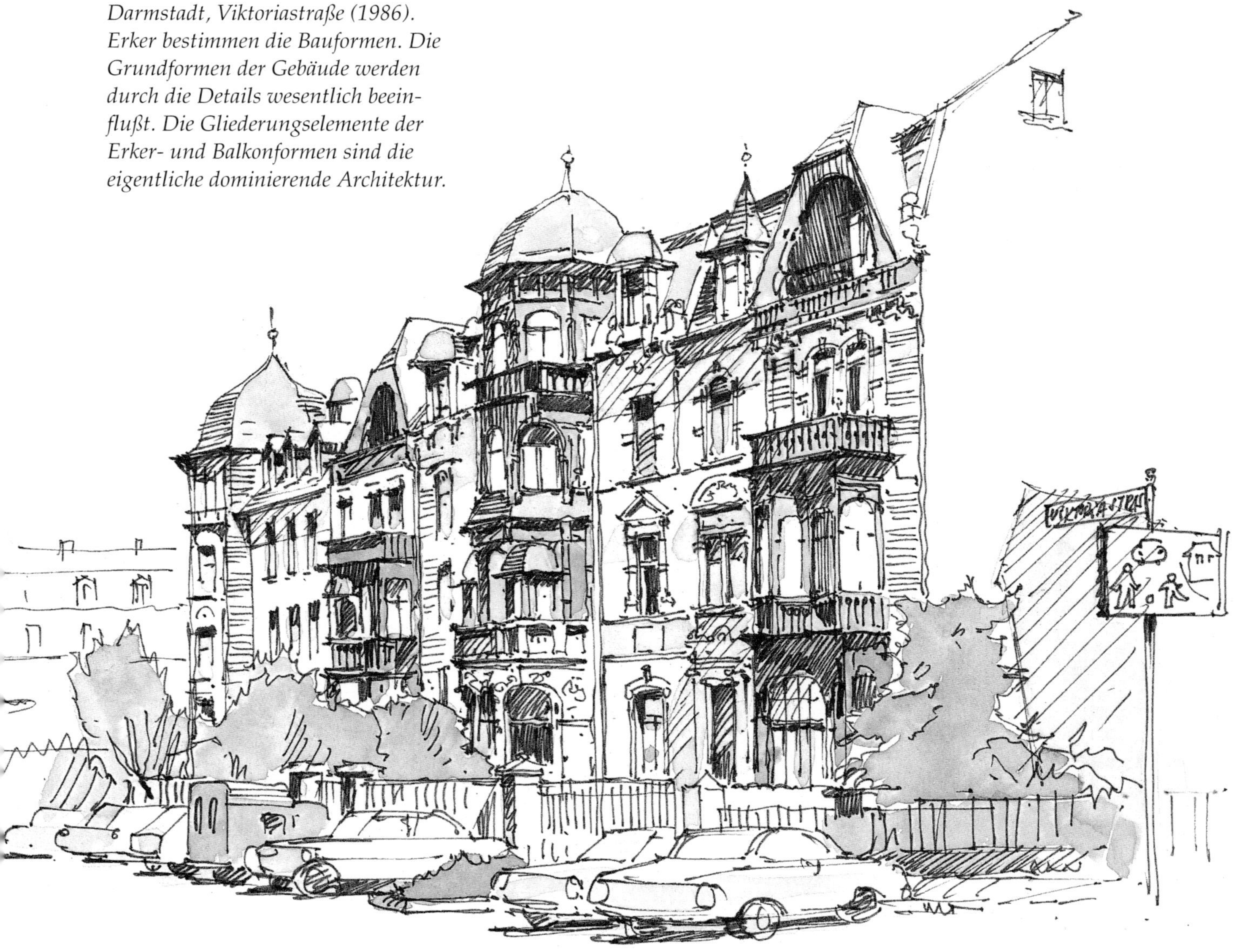

Darmstadt, Viktoriastraße (1986). Erker bestimmen die Bauformen. Die Grundformen der Gebäude werden durch die Details wesentlich beeinflußt. Die Gliederungselemente der Erker- und Balkonformen sind die eigentliche dominierende Architektur.

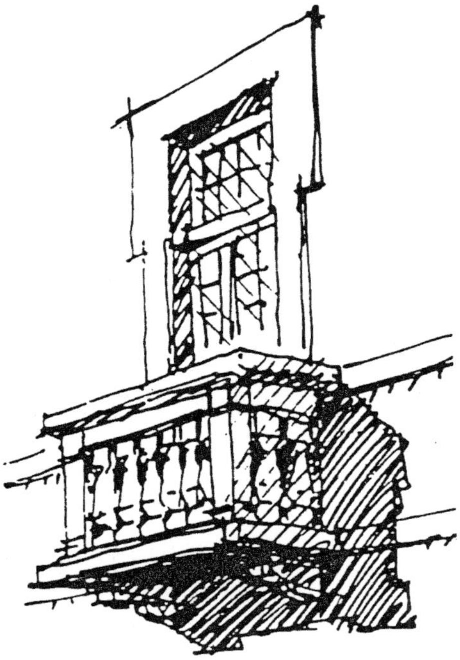

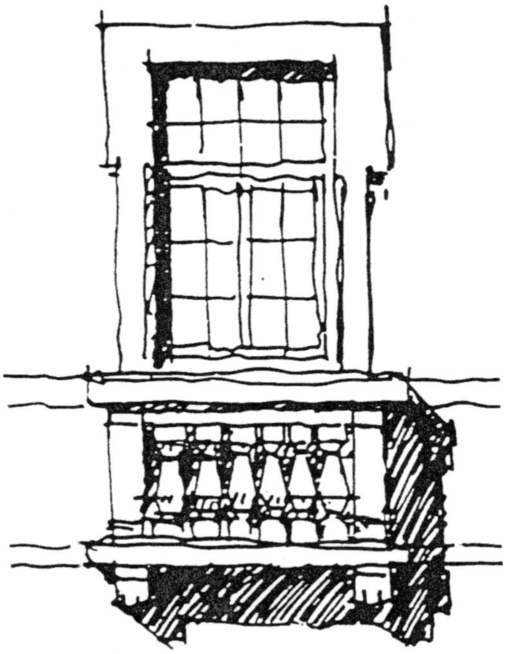

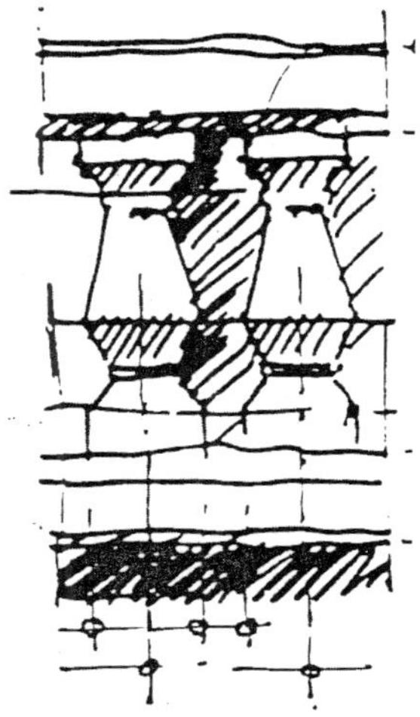

Detailformen als charakteristische Merkmale der Architektur. Einzelheiten können zunächst im Stil einer Bauaufnahme in ihren Proportionen und Gliederungen geometrisch erfaßt werden. Danach läßt sich das Objekt in seiner räumlichen Verkürzung darstellen. Bei der Wiederholung in der Reihe verlangt die zunehmende räumliche Tiefe, daß Einzelheiten mehr und mehr vernachlässigt werden. Dies unterstreicht den räumlichen Gesamteindruck.

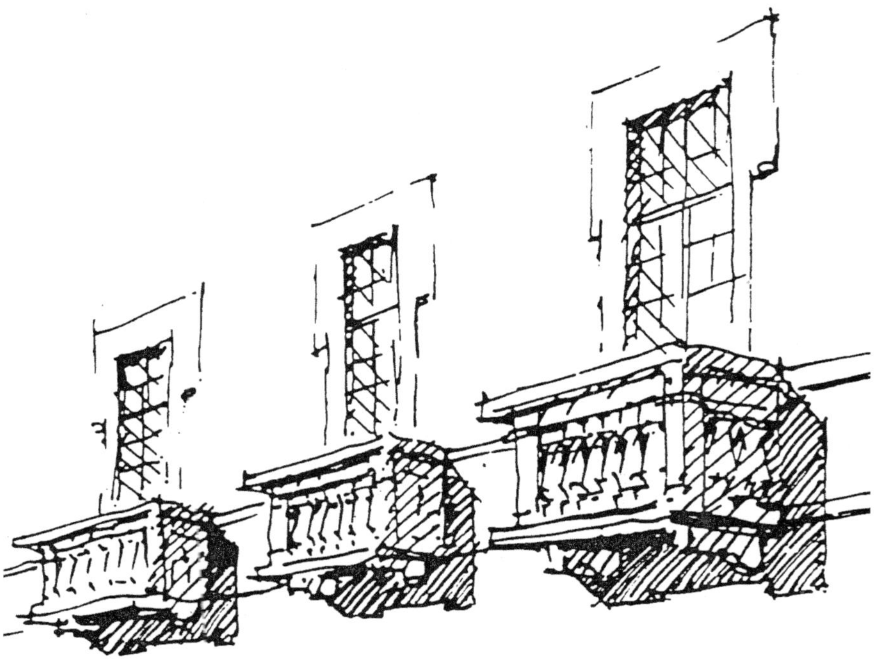

Vorbereitende Skizzen

Bis zur endgültigen Fertigstellung einer Zeichnung werden je nach Motiv einige Skizzen nötig sein. Sie sind wichtig als Vorbereitung zur Festlegung der Größe des darzustellenden Ausschnitts, der Proportionen und Besonderheiten der räumlichen Form, der Größe des Straßen- oder Platzraumes, zum Erfassen der Struktur der Hausflächen und zur Wahl der Zeichentechnik und der Zeichenmittel. Jedes Motiv verlangt eine besondere Art der Darstellung. Bei einer Serie von Zeichnungen innerhalb einer Stadt oder eines Stadtteils läßt sich das gleiche Zeichenmittel je nach Motiv in variierter Form einsetzen. So können Zeichnungen mehr vom Strich, von der Schraffur bestimmt sein, andere eher eine malerische Wirkung durch Lavieren erhalten.

Darmstadt, Langer Ludwig (1986). Das Monument im Straßenraum ist in seinen Proportionen zu den Häuserfronten zu erfassen.

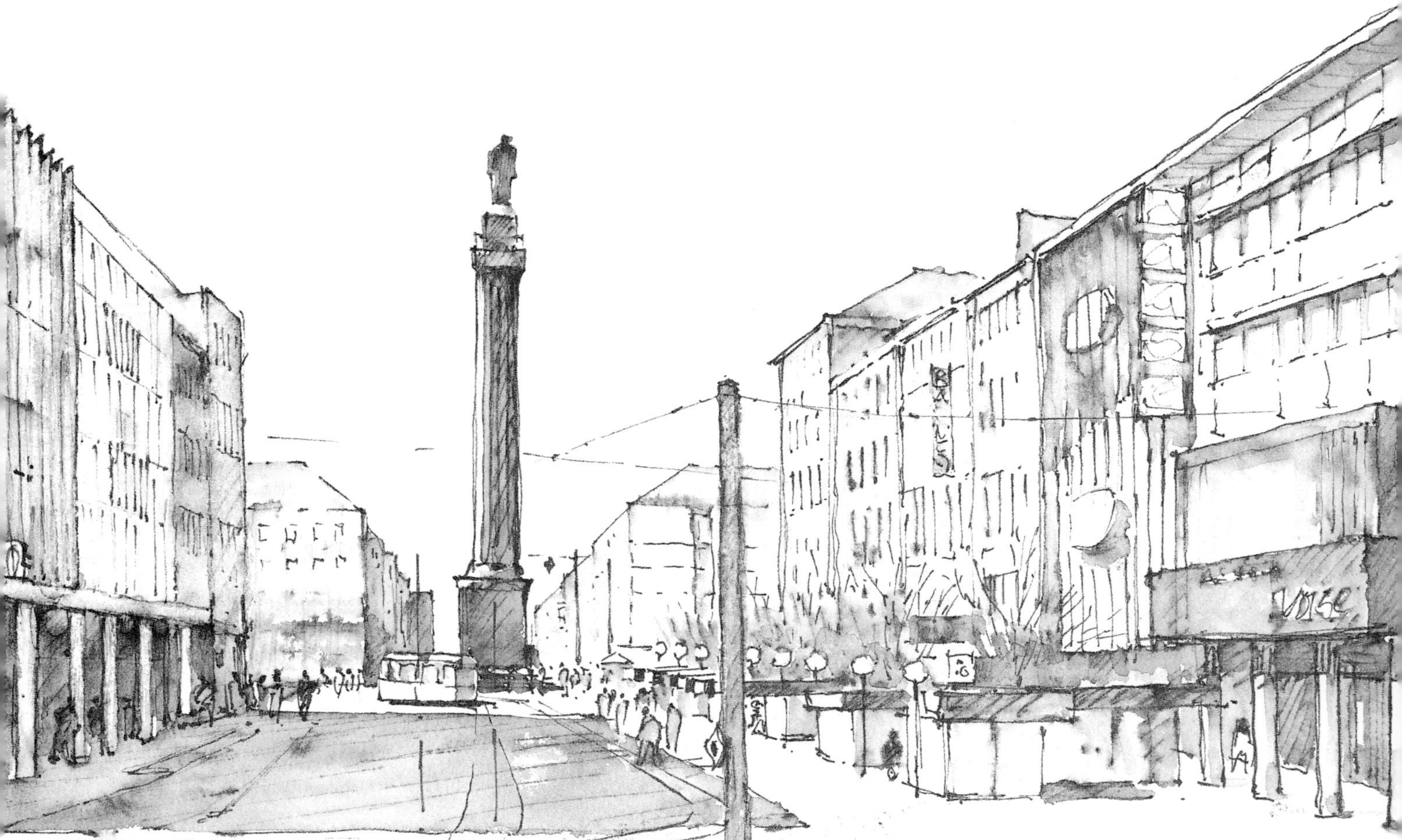

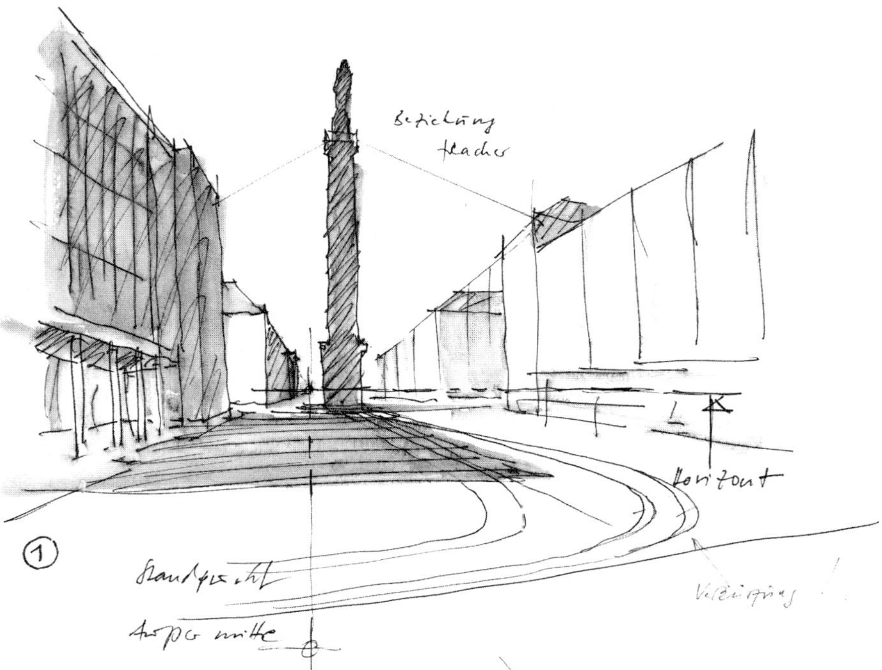

①

① Standpunkt außermittig
② Standpunkt in der Straßenachse
③ Dachlinien, nicht in der Achse

Skizzen als vorbereitende Schritte zur Festlegung des Standpunkts, der Bildachse und der Beziehungen von offenen und geschlossenen Flächen

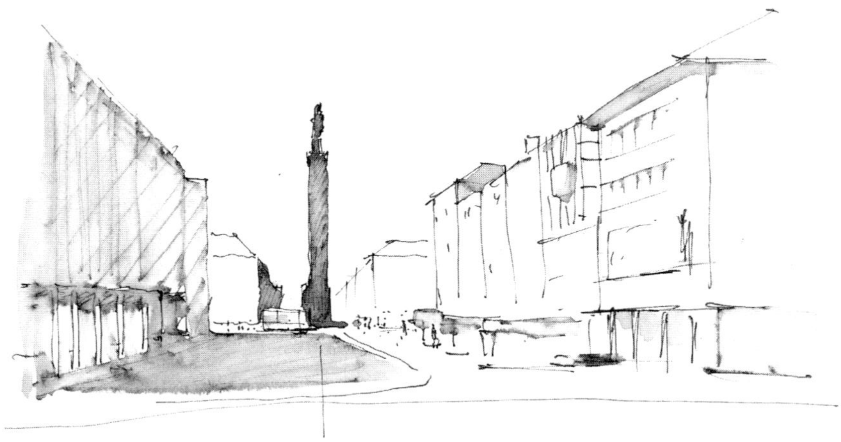

②

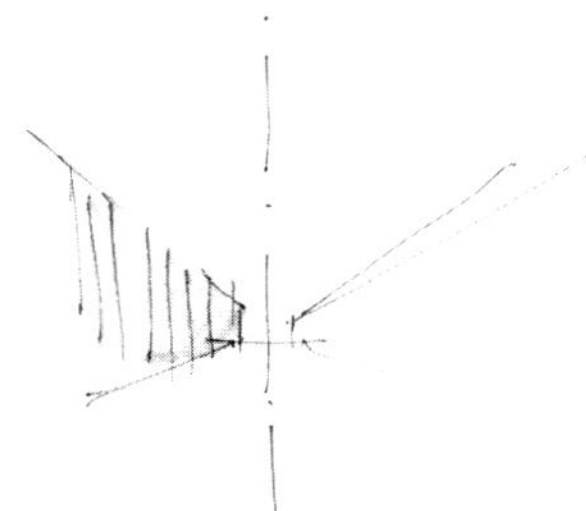

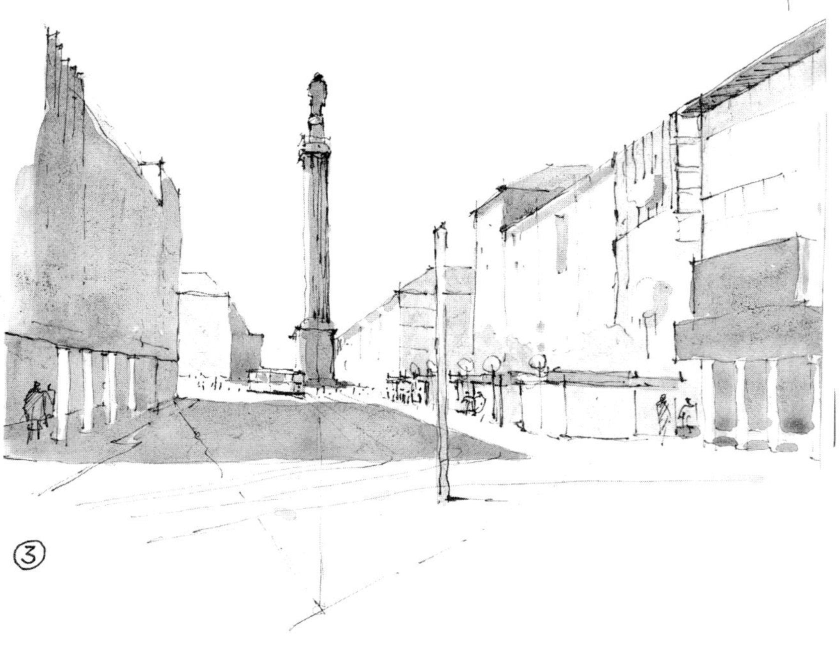

③

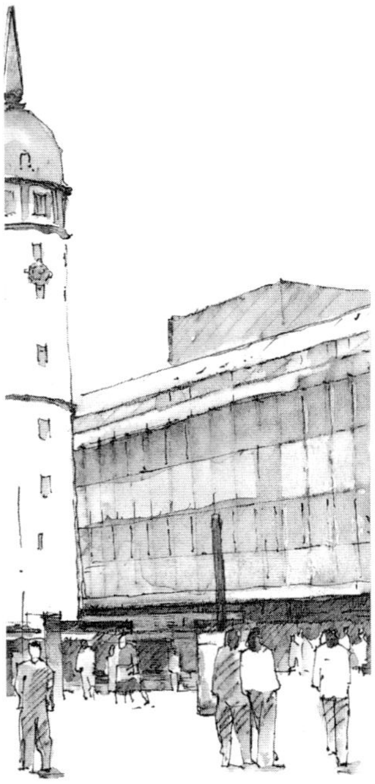

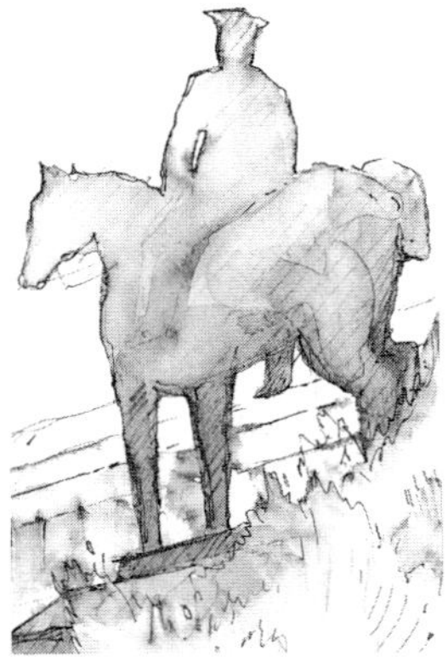

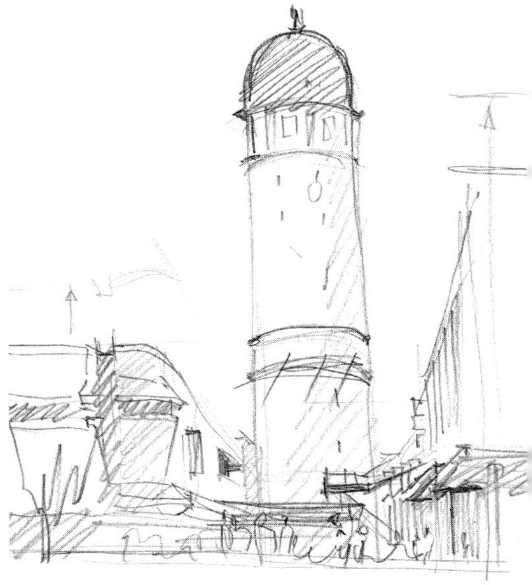

Darmstadt, Weißer Turm (1986).
Skizzieren von ersten Eindrücken mit dem Turm im Zentrum des Straßenraumes. Eine erste Fassung mit dem Reiterdenkmal im Vordergrund wurde verworfen. Weniger ist manchmal mehr. Durch Änderung des Standpunktes ergab sich eine Neuorientierung: Der Turm steht mehr im Straßenraum, durch den Wechsel der Blickrichtung verkürzen sich die Straßenseiten.

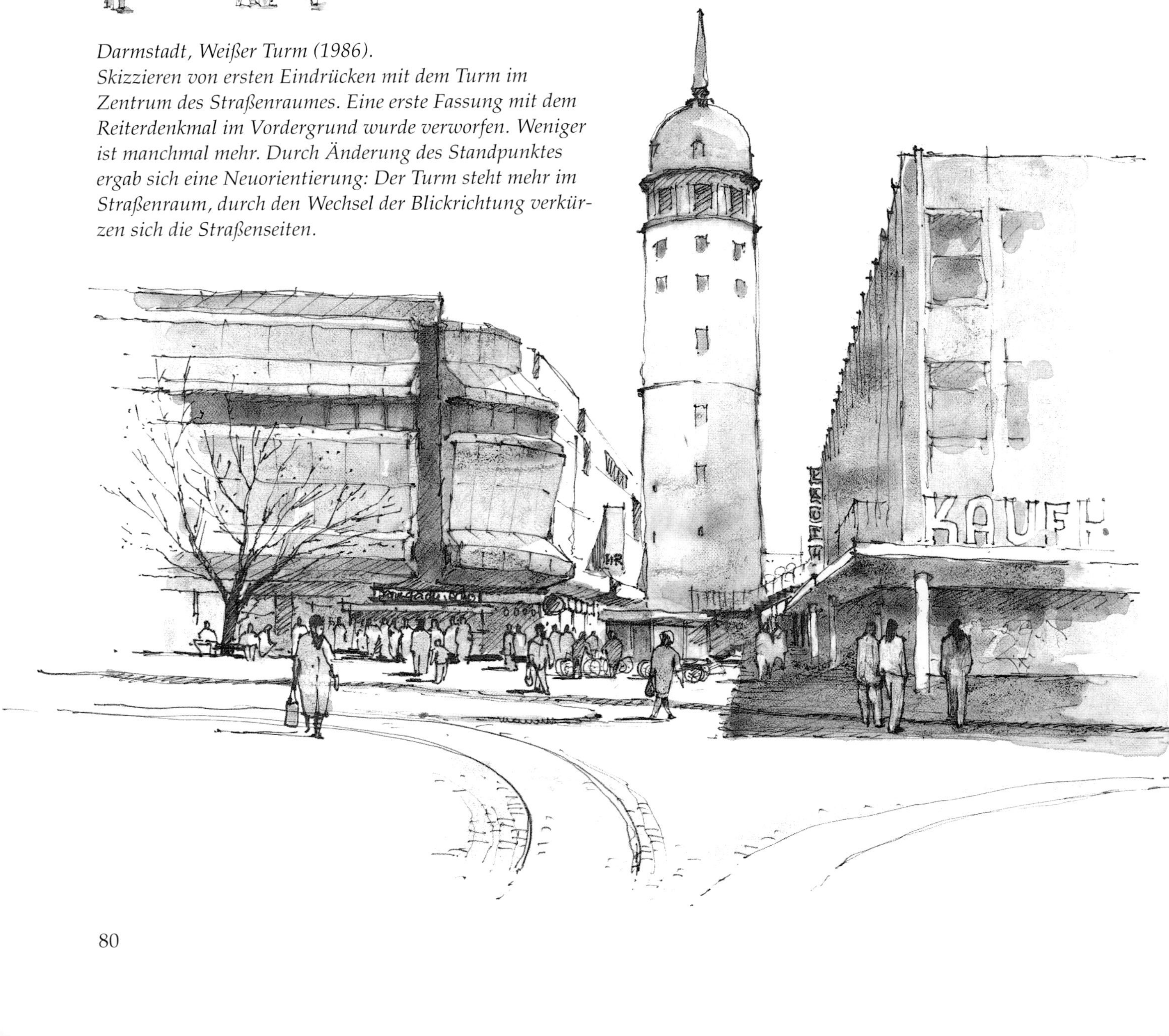

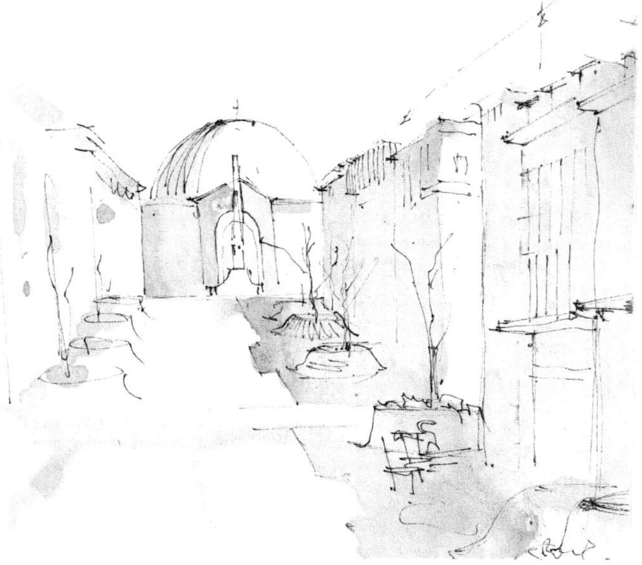

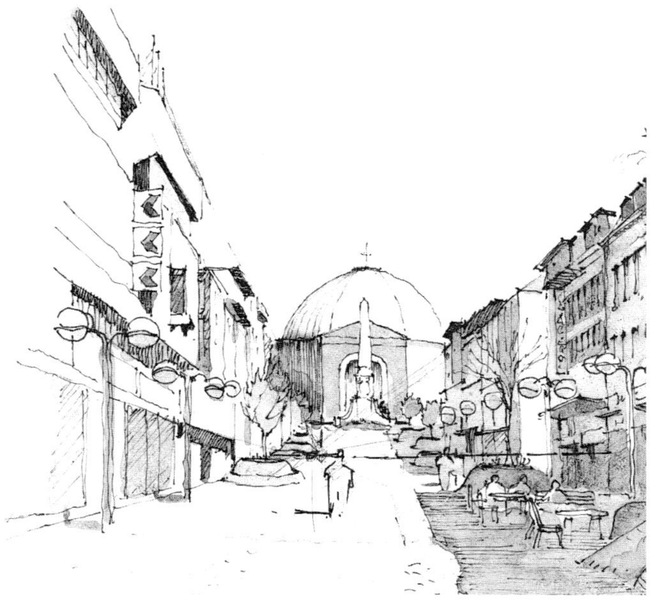

Darmstadt, Wilhelminenstraße (1986). Skizzen des Straßenraums und der Kuppelkirche. Der erste Eindruck wird in einer räumlichen Skizze festgehalten. Die zweite Skizze gibt die Steigung der Straße und den Horizont wieder. Dann erst wird das Motiv in seiner Gesamtheit und in seinen Strukturen erfaßt.

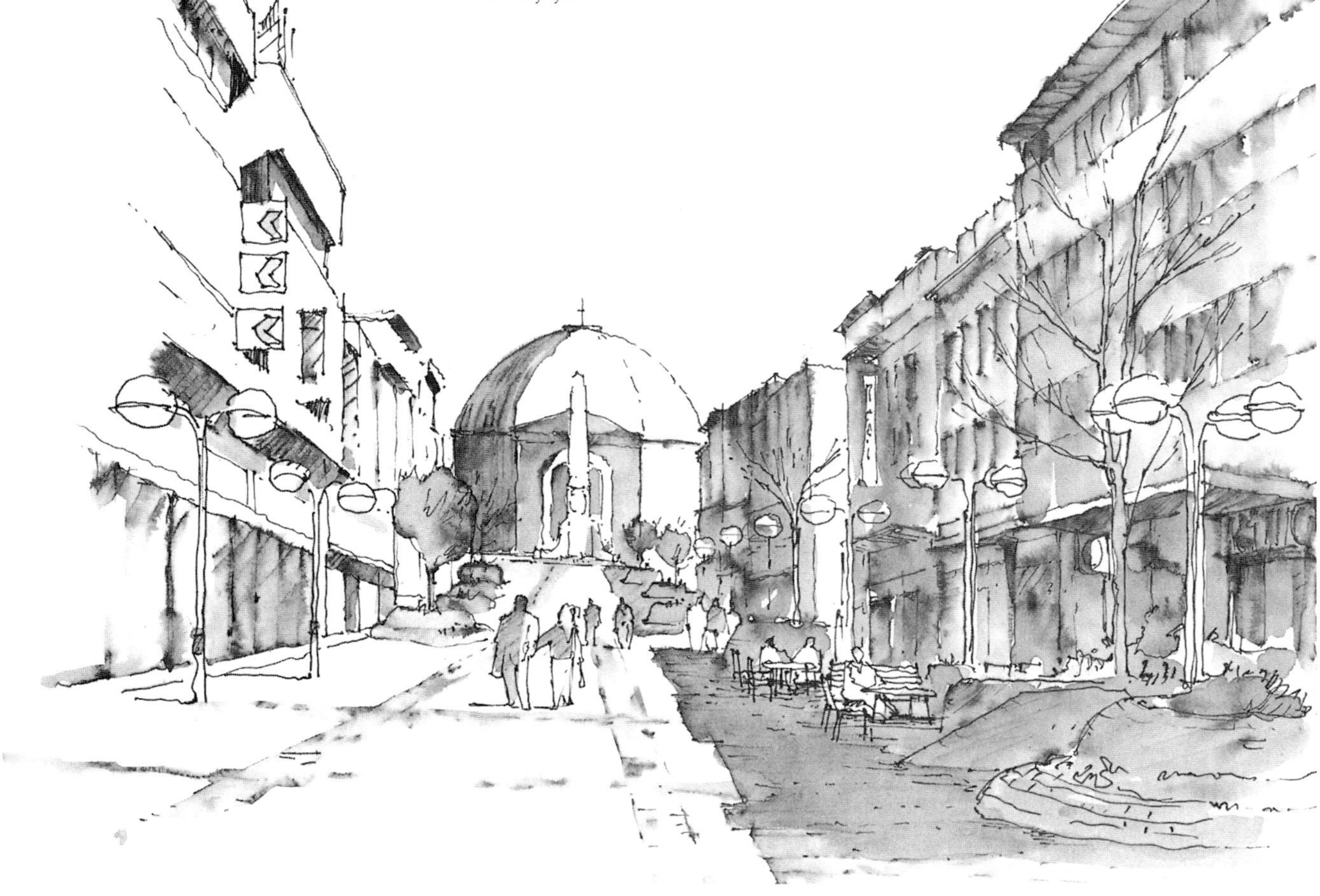

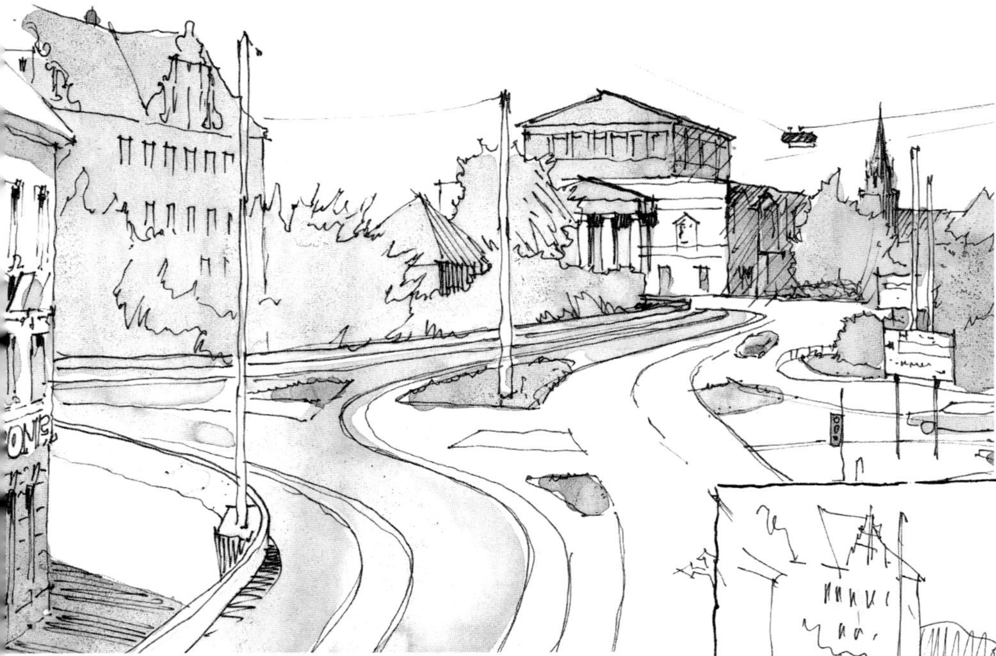

Darmstadt, Schloßgraben (1986). Vorbereitende Skizzen. Wie durch einen Fluß wird das Schloß durch die Straße von der ehemaligen Altstadt getrennt. Der Blick geht vom hoch liegenden Standpunkt einer Fußgängerbrücke auf das Motiv. Der schwingende Linienverlauf gibt die räumliche Tiefe wieder. Schon bei geringfügigen Proportionsänderungen läuft die Straße falsch. Gebäude und Vegetation sind in der fertigen Zeichnung nur malerisch angedeutet.

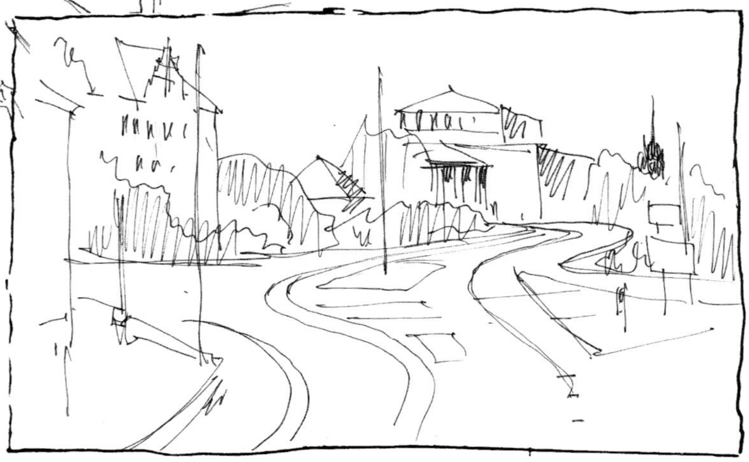

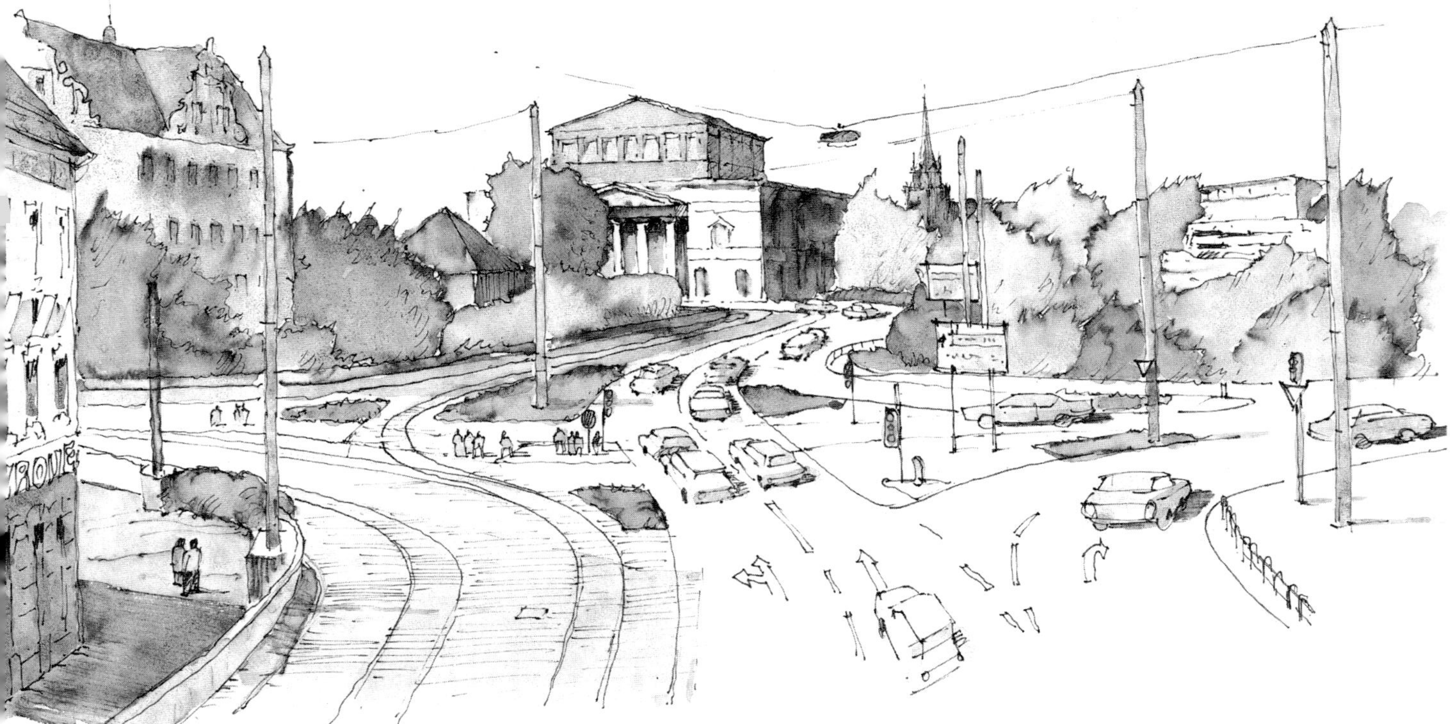

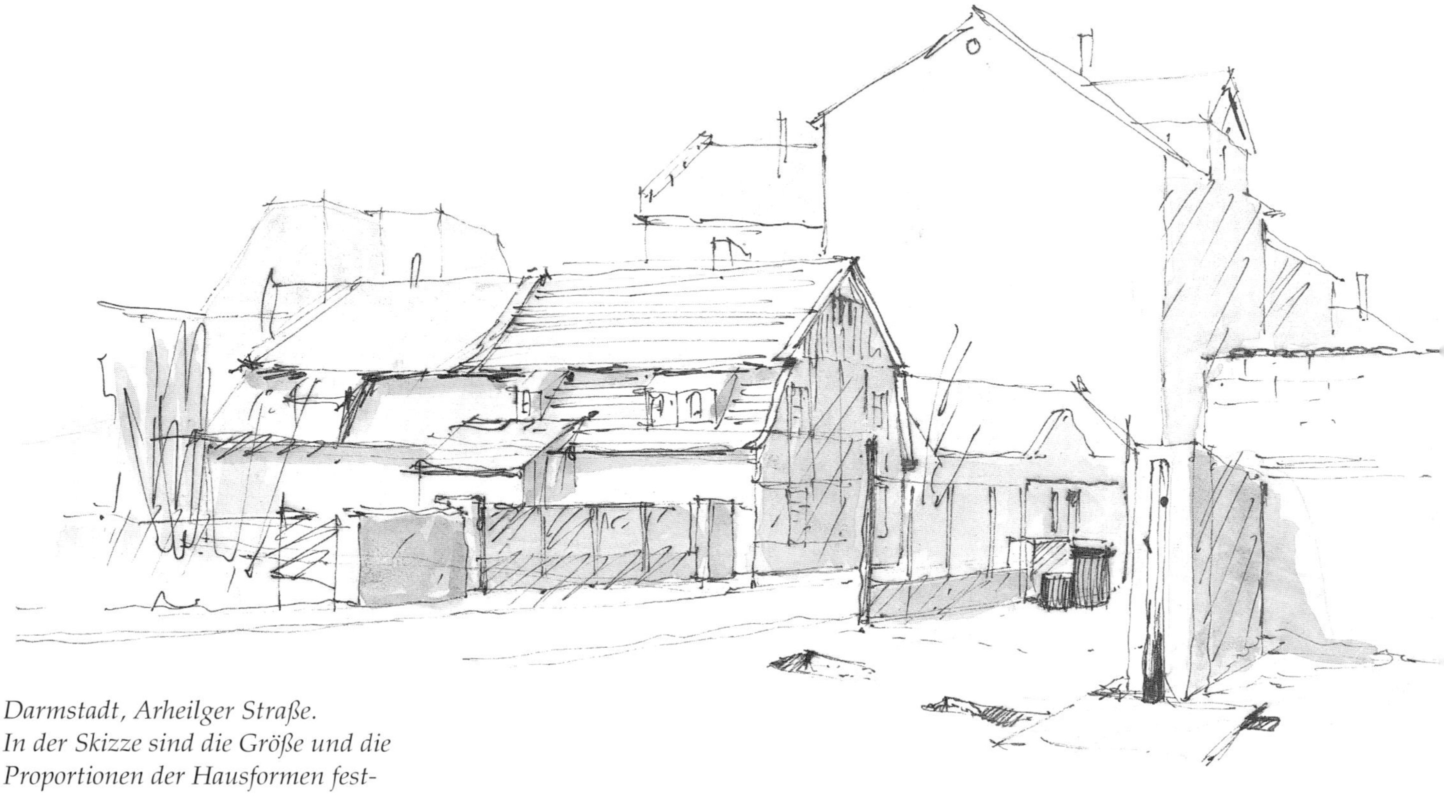

*Darmstadt, Arheilger Straße.
In der Skizze sind die Größe und die Proportionen der Hausformen festgehalten, die unterschiedliche Höhe der Häuser, die beliebige Richtung der Dächer. Dennoch wirkt die fertige Zeichnung sehr malerisch.*

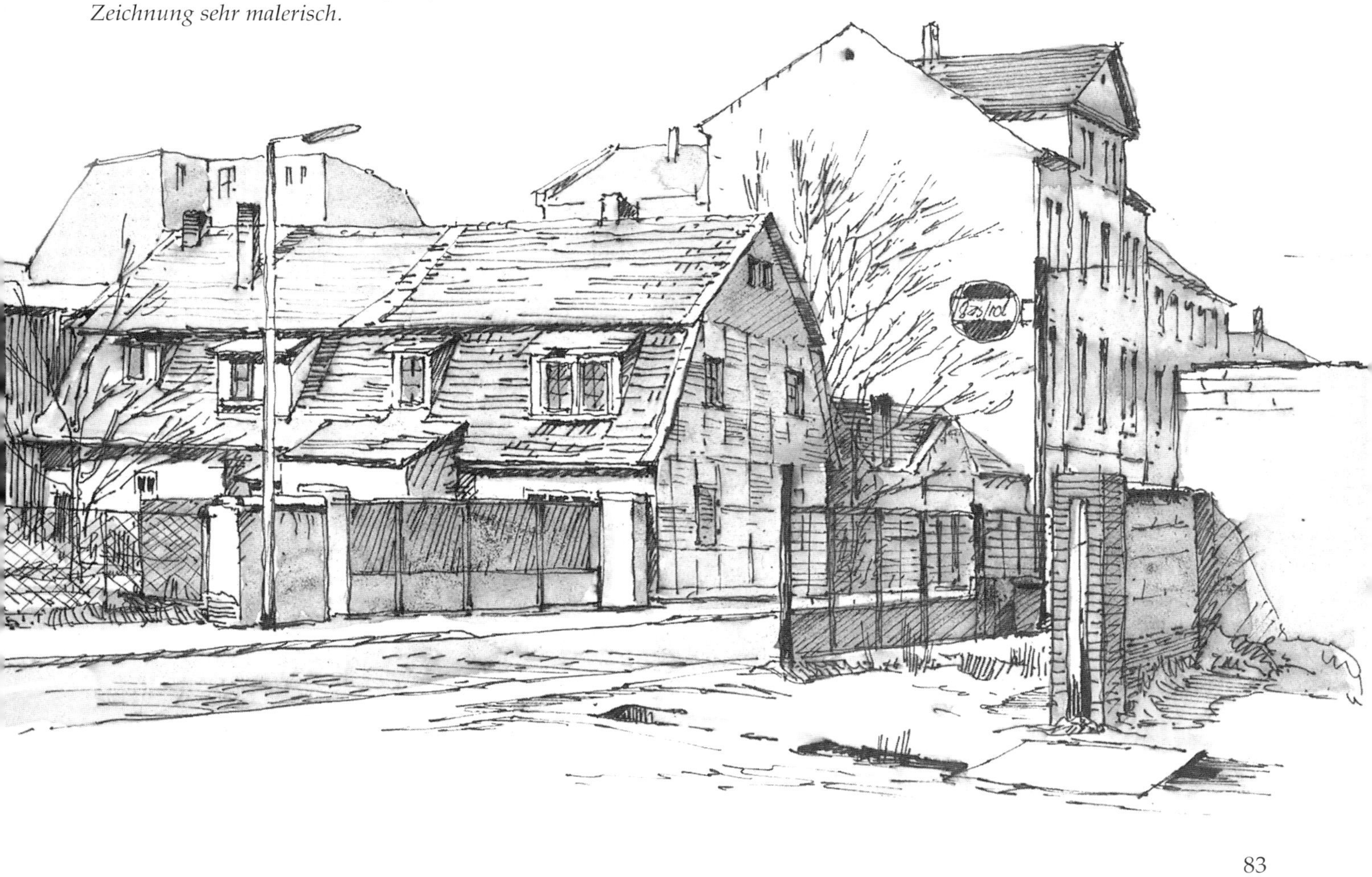

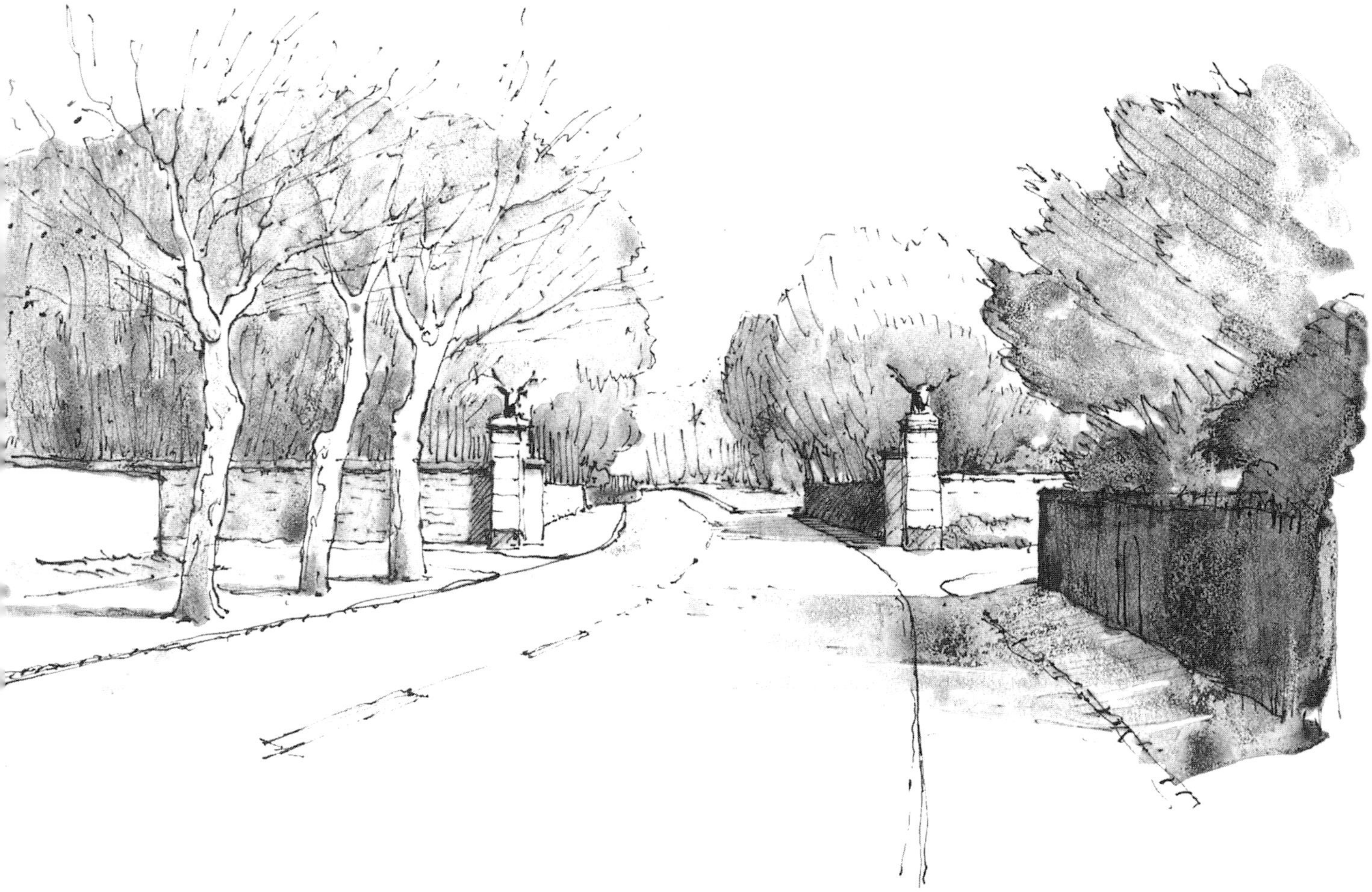

Darmstadt, Hirschköpfe (Chinatusche). Zeichenmittel sind Linienstrukturen und Tönung durch Lavieren.

Zeichenmittel

Zeichenmittel ist heute vielfach der Filzstift. Filzstifte gibt es in jeder Art und Qualität, nachfüllbar oder als Einwegstifte, dick oder dünn, mit unterschiedlichsten Tuschqualitäten, wasserfest oder wasserlöslich. Sie sind robust bis zur Unempfindlichkeit, nicht nachtragend bei schlechter Behandlung, klecksen nicht und erwarten keine besondere Pflege. Sie lassen sich gut zum Zeichnen verwenden. Der Strich ist gleichmäßig, bietet allerdings wenig Variationsmöglichkeiten. Wenn Sie mit dem Stift fetzig umgehen, können Sie aus ihm aber auch den Strich, den er selbst nicht bringt, herausholen.

Eine malerische Wirkung hat der Effekt, die Tuschestriche durch Lavieren aufzulösen und dies zur Flächenbetonung zu nutzen, was z. B. bei Chinatusche oder verdünnter Sepia möglich ist.

Einer der ersten Filzzeichner war der etwa 1960 von Picasso mitentwickelte „Flohmaster", ein solides, teures Zeichengerät, ähnlich wie ein Füllhalter. Zum Halter gehörten mehrere auswechselbare Filzeinsätze mit unterschiedlichen Spitzen. Die Filzeinsätze saugten sich mit Tusche voll, wenn man durch Druck auf die Spitze im Innern des Stiftes ein Ventil öffnete, damit Tusche nachlief. Bei zu langem Druck saugte der Filz jedoch zuviel Tusche an, und der Strich schwamm davon. Die anfängliche Begeisterung über den neuen Stift ließ nach einer gewissen Zeit nach, weil er zuviel Pflege brauchte. Die Zeichnungen selbst, gemessen an den bis dahin möglichen Federzeichnungen, schienen damals eine Art „New Generation" der Zeichnung zu sein.

Anspruchsvoll ist das Zeichnen mit der Feder in der klassischen Form. Dazu benötigen Sie eine Stahlfeder, einen Federhalter und Tusche oder Sepia. Die Stahlfeder ist spröde und kann immer nur in einer Richtung geführt werden. Bei leichtem Druck ist der Strich dünn, bei starkem Druck wird er dicker. Dazwischen liegt jede denkbare Stärke. Die Variationsfähigkeit des Striches macht die Zeichnung sehr lebendig, aber das Zeichnen ist schwierig. Die Feder spreizt sich beim Zeichnen nur, wenn man sie richtig führt. Sonst versprüht sie ihre Unlust, was nicht immer dekorativ wirkt.

Ähnliches ist vom Zeichnen mit der Rohrfeder zu sagen, einer ebenfalls alten Technik. Die Rohrfeder ist eine aus Bambusrohr geschnittene Feder, die vorn zugespitzt und gespalten ist. Das Zeichnen mit der Rohrfeder ergibt rustikale, malerische Zeichnungen.

Diese Zeichenart macht Spaß, weil sie zum Zeichnen reizt. Irgendwie ist das Temperament gefordert. Aber die Rohrfeder hat im Vergleich zur Stahlfeder ihre Grenzen. Sie ist wesentlich träger, über ein bestimmtes Maß an Ausdruck kommt man damit nicht hinaus.

Kohle als Zeichenmittel ist für Architekturzeichnen nicht geeignet. Der Strich ist zu weich und ungenau. Dieses Zeichenmittel eignet sich besser zum Aktzeichnen oder für Stilleben, wo malerisches Zeichnen gefragt ist.

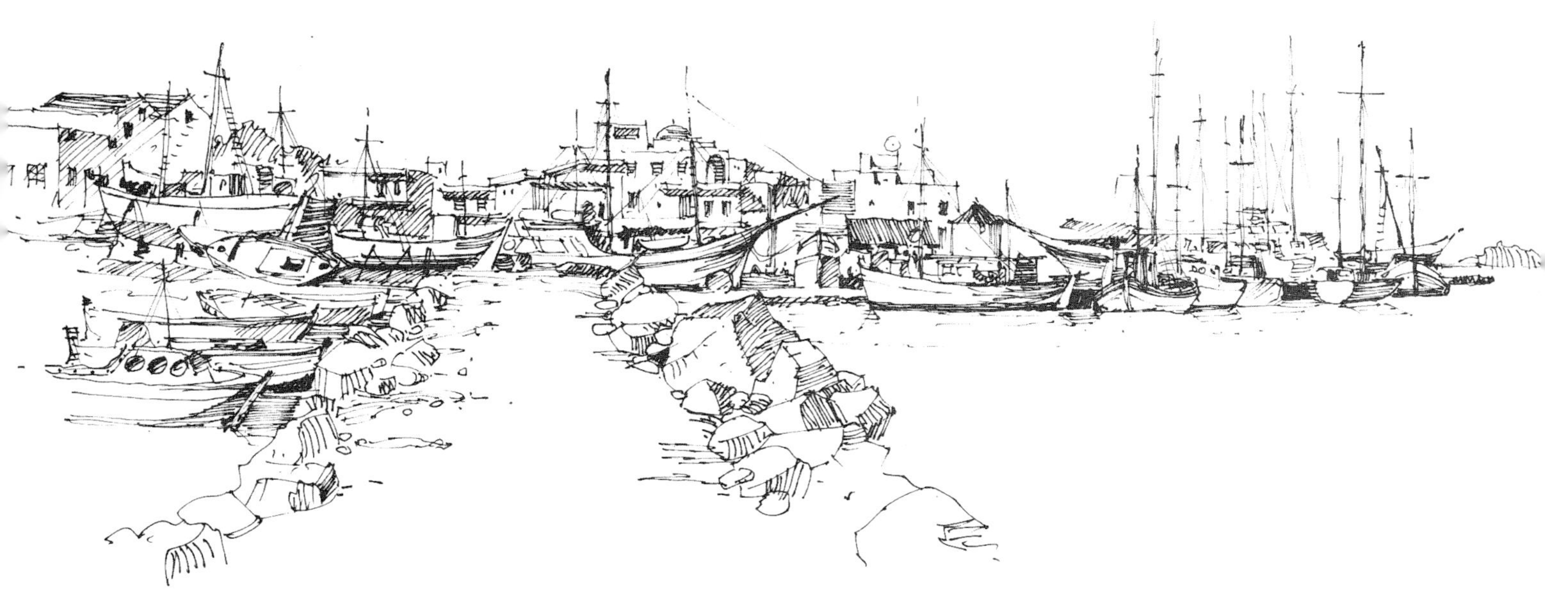

Paros, Hafen (1979; Tuschzeichnung). Darstellungsmittel dieser Tuschzeichnung sind lediglich Linien und Schraffuren.

Venedig (1962).
Der Flohmaster erlaubt eine robuste Zeichentechnik. Darstellungsmittel sind in diesem Fall Schraffuren.

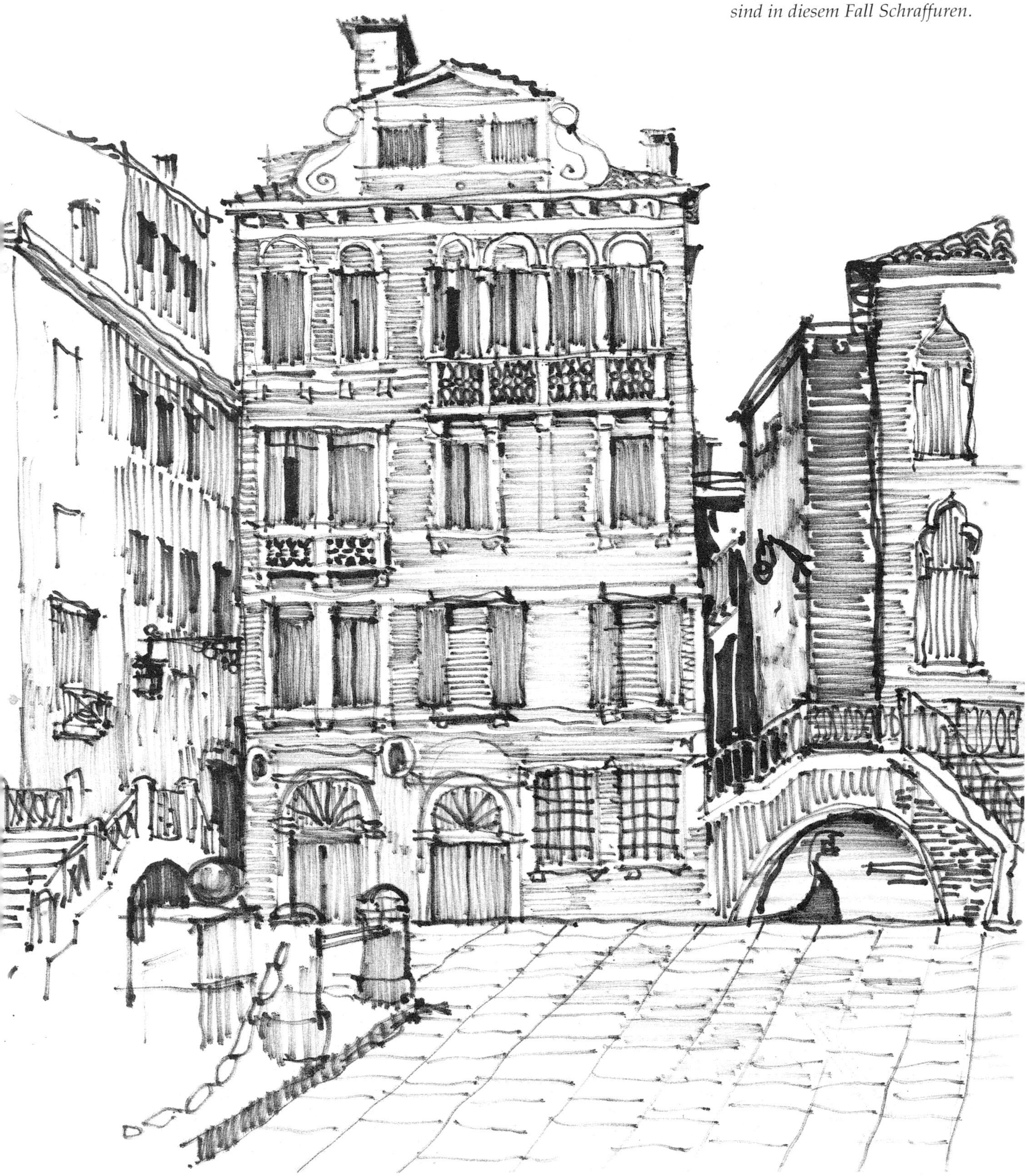

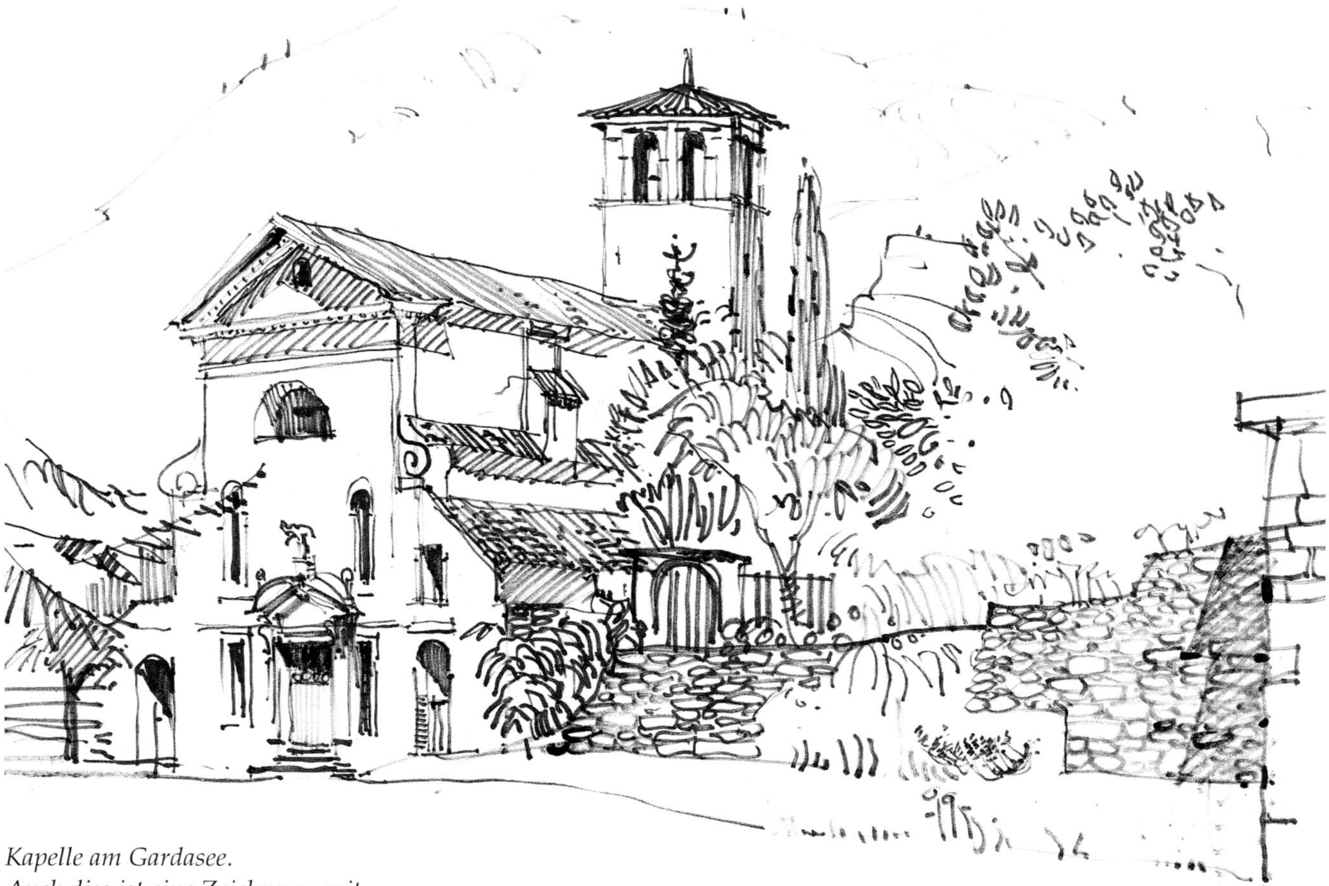

Kapelle am Gardasee.
Auch dies ist eine Zeichnung mit dem Flohmaster. Der volle Strich wirkt fast wie der malerische Strich mit schwarzer Kreide.

Darmstadt, Mathildenhöhe (1986; Rohrfederzeichnung).
Zeichnen mit der Rohrfeder bedeutet wegen der besonderen Eigenart dieses Zeichenmittels eine Beschränkung auf Andeutungen und verlangt ein sehr leichtes Schraffieren.

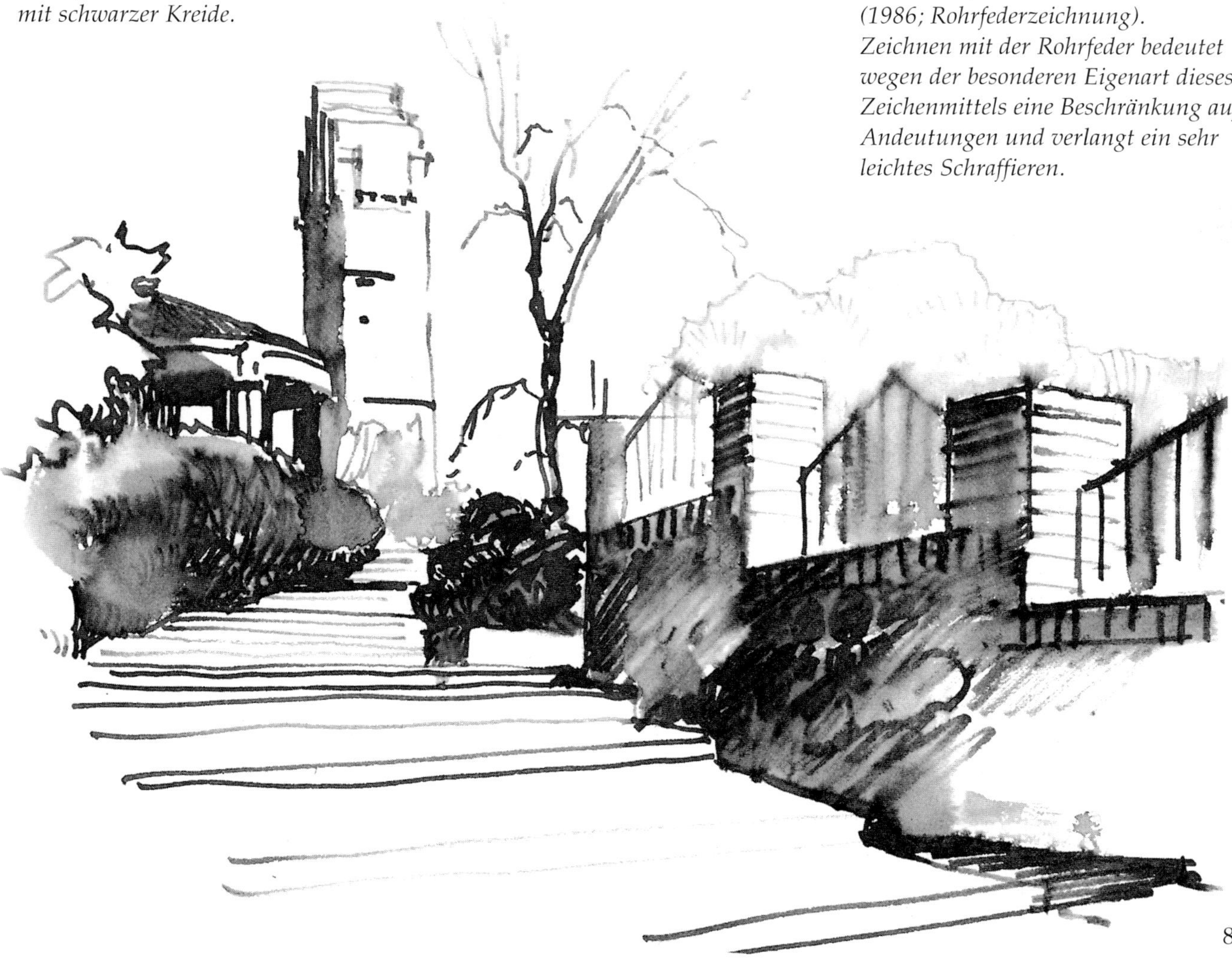

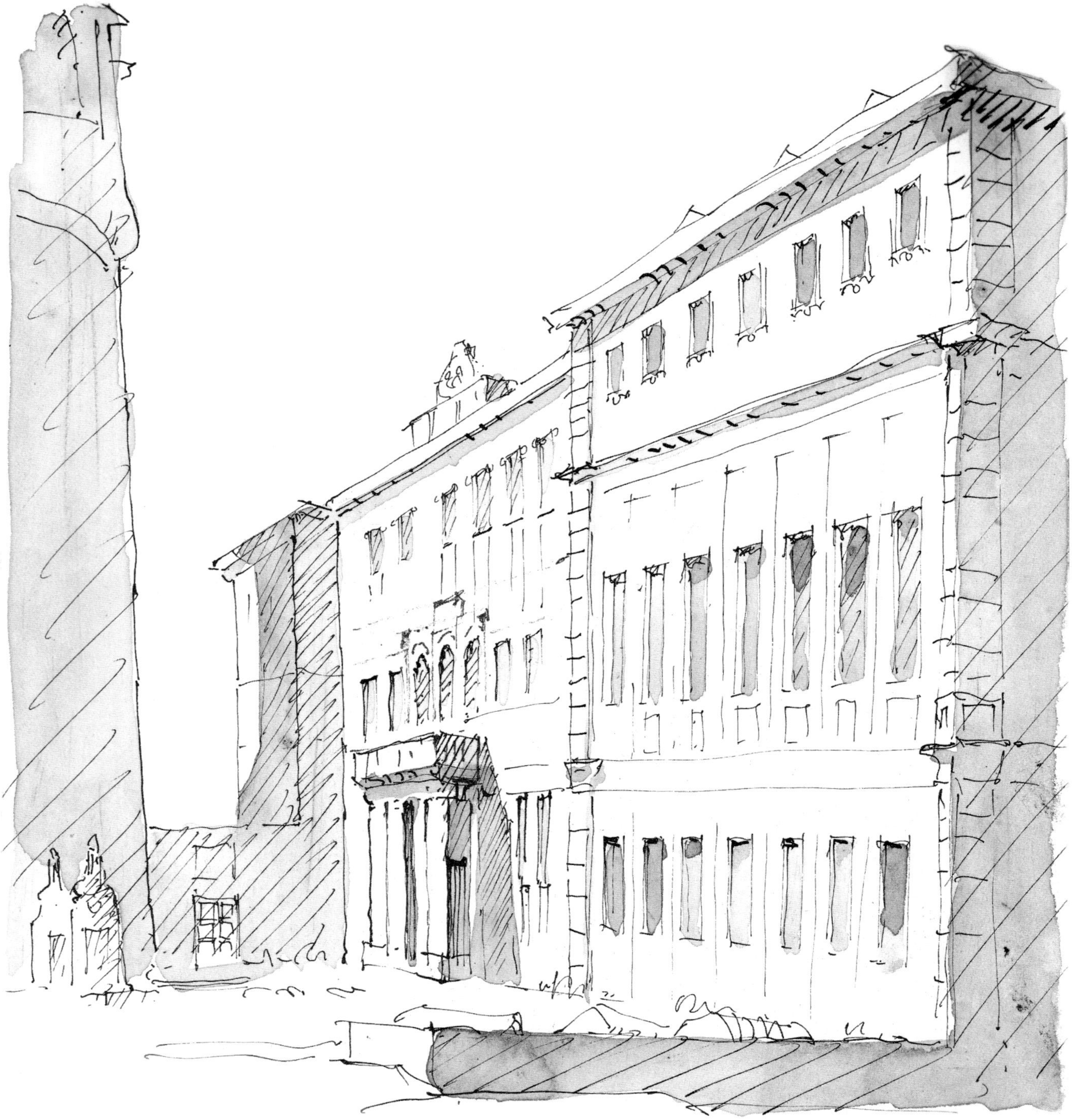

Weimar, Schloß
(1948; Federzeichnung).
Beim Zeichnen mit der Stahlfeder entsteht ein sensibler oder spröder, gekonnt oder hilflos wirkender Strich. Für dieses Zeichenmittel braucht man viel Erfahrung, um damit umgehen zu können.

Schraffieren und Lavieren beim Architekturzeichnen

Blick auf Aubenas, Zentralmassiv (1990).
In dieser Zeichnung sind Schraffuren als malerisches Mittel eingesetzt. Unterschiedlich verdichtet und überlagert für die einzelnen Zonen, ergeben sie strukturierende Grautöne, die dem Hintereinander der Gebirgszonen entsprechen. Richtungswechsel der Schraffuren ist bei der Vielfalt angebracht.

Mit der Kontur, der Linie werden die Form eines Architekturmotivs und seiner Bauteiles, der Vor- und Rücksprünge, der Öffnungen wie Fenster oder Türen dargestellt. Für eine schnell notierte Skizze mag dies ausreichen, auch als bewußt eingesetztes Stilmittel. Um den Raum zu betonen, Licht- und Schattenwirkung zu erreichen, Strukturen zu erklären oder Details besonders kenntlich zu machen, bedarf es jedoch einer zusätzlichen Belebung der Flächen.

Eine direkte, aus der Zeichnung abgeleitete Möglichkeit der Flächenbetonung sind Strichscharen als Schraffur. Dabei sind von einer leichten, nur angedeuteten Schraffur bis zur verdichteten viele Graustufen möglich.

Eine erste Strukturmarkierung ist ein Nachgehen des Materials mit dem Strich, um es charakteristisch zu erfassen. So lassen sich etwa Ziegel- oder Natursteinwände oder Ziegeldächer mit ihren ganz spezifischen Strukturmerkmalen andeuten. Mit dieser Art der Darstellung sollten Sie jedoch verhalten umgehen, damit die Fläche lebendig bleibt und diese Markierungen nicht mit den zusätzlich eingesetzten Schraffuren für Schatten und Raumtiefe im Widerspruch stehen.

Außer zur Kennzeichnung der Flächenstruktur lassen sich Schraffuren auch verwenden, um die Raumwirkung zu verstärken. Oft genügen schon wenige Striche, um das Helle einer im Schatten liegenden Wand zu verdeutlichen. Für den Einsatz solcher Schraffuren gibt es keine eindeutigen Regeln. Dies hängt ab von der jeweiligen Witterung oder von der Jahreszeit.

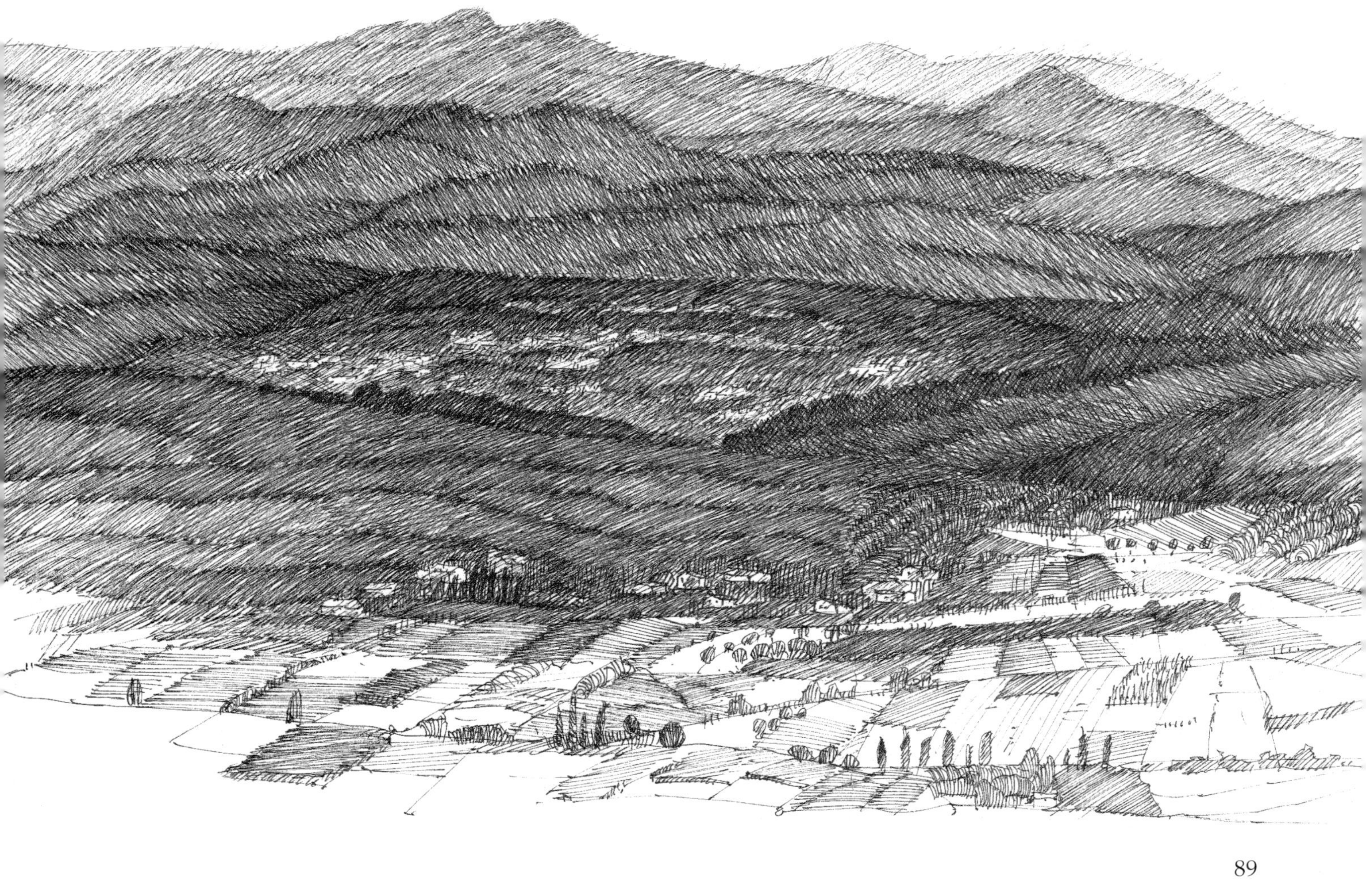

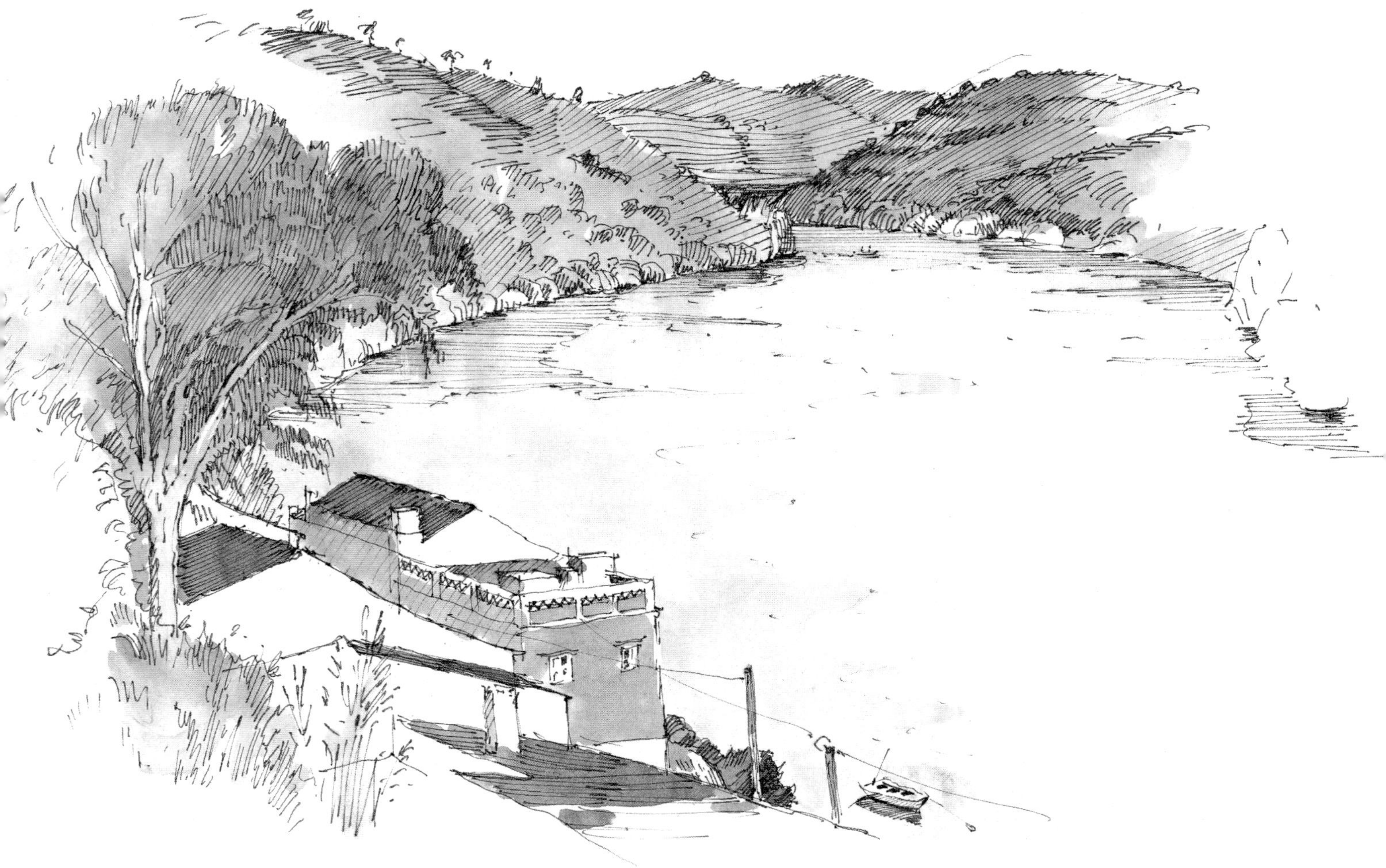

Fluß bei Pomarao, Portugal (1987). Die Weite des Raums, die Breite des Flusses sind durch das Weiß des Papiers mit geringen Andeutungen der Wasseroberfläche ausgedrückt. Die Betonung des Ufers und die Überschneidung im hinteren Flußlauf ist besonders für die Darstellung der räumlichen Tiefe geeignet, ebenso die Hausgruppe und der Baum im Vordergrund.

Es ist sicher so, daß an einem trüben Tag andere Schraffuren verwendet werden als bei Sonnenschein, in südlichen Regionen wird man anders zeichnen als im Norden. Auch die emotionale Einstellung zu dem gewählten Motiv kann eine Rolle spielen.

Die Verdichtung von Schraffuren zu einem vertieften Grau ist einmal durch ständige Überlagerung der Strichscharen in ein und derselben Richtung denkbar, wobei die Motorik des Zeichnens, des Zeichenduktus für Unterschiede im Verlauf der Striche sorgt. Zum anderen kann die Überlagerung bewußt in verschiedenen Richtungen erfolgen und damit lebendiger, aber auch unruhiger machen oder für eine bestimmte Flächenstruktur das bessere Mittel sein. Auf keinen Fall sollen sich Schraffuren jedoch senkrecht oder in sehr stumpfem Winkel kreuzen, denn dies würde leblos und drahtig wirken.

Ein wichtiger Aspekt bei der Anfertigung einer Zeichnung ist das Spannungsverhältnis von Linien und dem dazwischen liegend leeren Raum. Linien und Schraffuren werden zusammengehalten vom weißen oder getönten Grund des Zeichenpapiers. Um aus dem Nichts einen Raum zu bilden, ist dies ist ein entscheidendes Mittel für die Darstellung der Raumtiefe, für Weiten bis zur Endlosigkeit.

Schließlich sei noch als zeichnerisches Mittel zur Flächenbetonung das Lavieren angesprochen. Es handelt sich um eine alte Technik, bei der Sepia oder Chinatusche bei Architektur- oder Landschaftszeichnungen verwendet oder sogar vermischt werden. Der Vorteil dieser Technik liegt sowohl in der Gleichmäßigkeit der anzulegenden Fläche, der Großzügigkeit der Wirkung und der erreichten Räumlichkeit als auch in der leichten Körnung, die in den Flächen durch diese Methode zustande kommt. Wenn Sepia als braune Tönung aufgebracht wird, können wasserlösliche Striche und Schraffuren teilweise aufgelöst werden und in die Tönung übergehen. Dadurch werden Konturen weicher und gehen in der Fläche auf.

Chinatusche erhalten Sie in fester Form. Sie muß vorbereitet werden, wenn man sie verwenden will. Sie besteht aus einem verhältnismäßig zähen Material, das nicht leicht lösbar ist, so daß man durch Schaben mechanisch nachhelfen muß. Die gelöste Tusche sollten Sie etwas stehen lassen, damit sie sich setzt. Dann bekommen Sie durch das Lavieren in der Tönung eine starke Körnung, fast ein Auskristallisieren. So wie schon leichte Schraffuren den Raum betonen können, so kann auch eine leichte Tönung dafür ausreichend sein.

Die Anmerkungen zum Schraffieren oder Lavieren von Zeichnungen gelten auch für die Darstellung von Schlagschatten. Um ihn gegen verschattete Wände besser sichtbar zu machen, wird er eine Tönung dunkler wiedergegeben. Auf diese Weise hebt sich das Gebäude besser ab. Bei gleicher Tönung von Wand und Schlagschatten läßt sich dieser diffuse Zustand aber auch als besonderes Ausdrucksmittel in einer Zeichnung verwenden.

Darmstadt, Henkershaus (1986). Diese mit Chinatusche lavierte Zeichnung gibt der Gasse ein pittoreskes Äußeres. Die dunkle Tönung der Gebäude und der ebenso dunkle Schlagschatten in der Gasse lassen Häuser und Umgebung, d. h. horizontale und vertikale Ebenen, zusammenwachsen. Das gibt dem Bild eine dämmerhafte Stimmung.

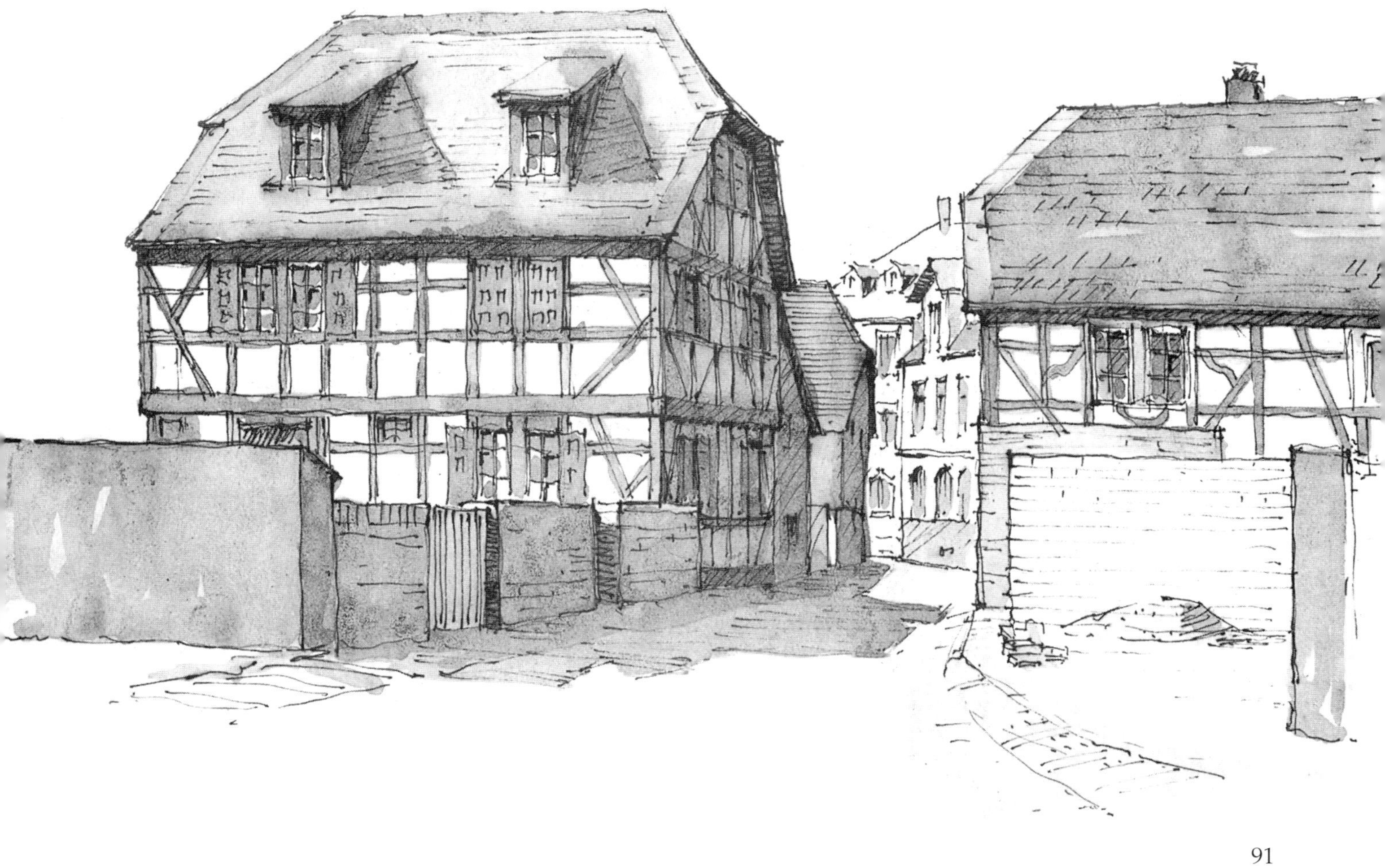

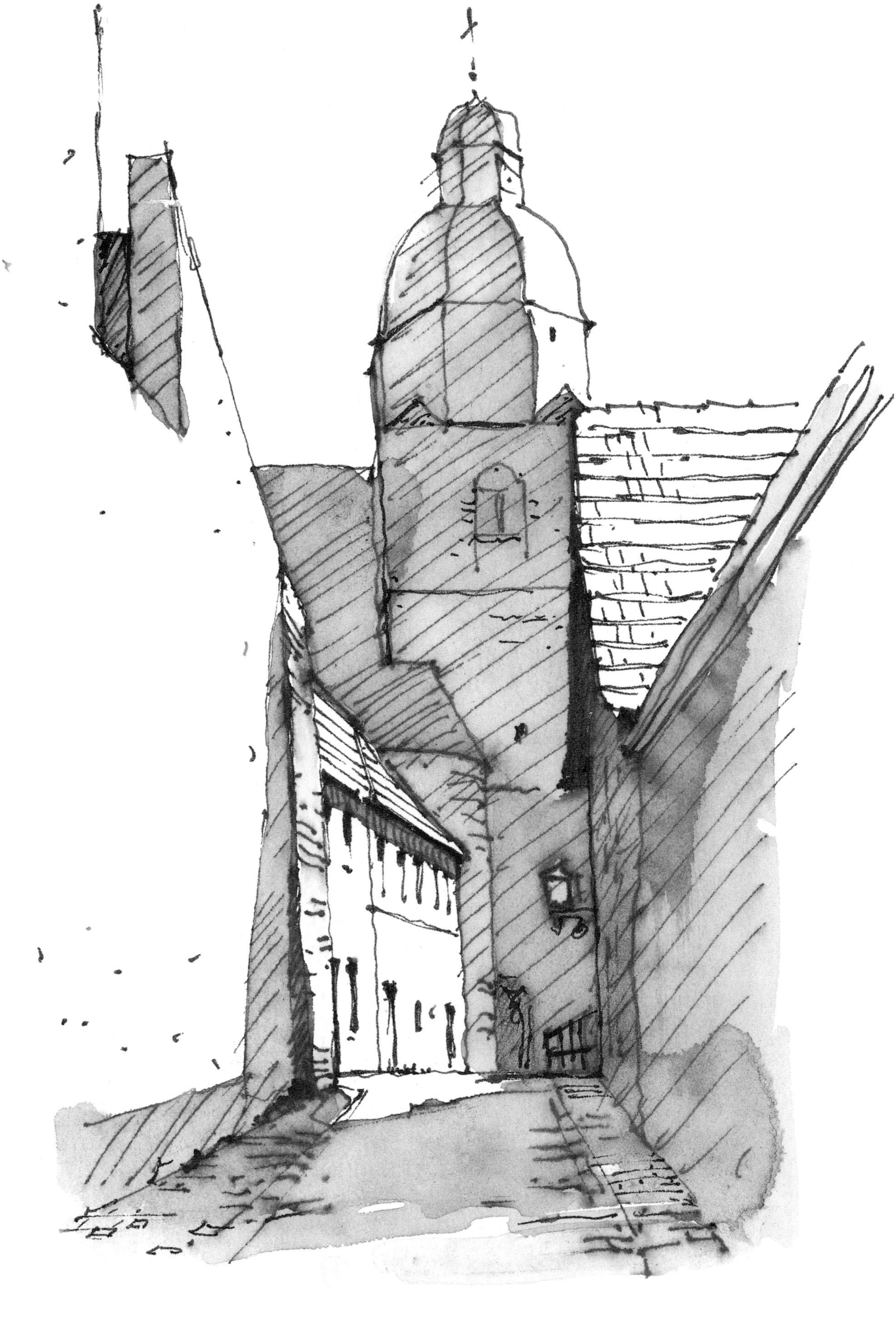

Von der Architekturzeichnung zum Stadtbild

Mit welcher Absicht werden Zeichnungen von Architekturmotiven angefertigt? Sind es beim Gang durch die Stadt entstehende schnelle Skizzen, beiläufig festgehaltene Eindrücke zur Information oder als Gedächtnisstütze? Oder will man Straßen, Plätze, Gebäude einer Stadt im Kontext, als Ganzes erfassen und sich so ein umfassendes „Bild" machen?

Um eine Stadt auf die zuletzt beschriebene Weise kennenzulernen, bedarf es einiger Vorbereitungen, damit eine Urlaubs- oder Studienfahrt durch Zeichnungen bereichert und durch Anmerkungen und Notizen ergänzt werden kann. Es ist empfehlenswert, sich Literatur und Stadtpläne zu beschaffen, um sich zu informieren.

Gezeichnete Reisetagebücher ergeben zusammen mit den aufgenommenen Fotos immer wieder Eindrücke von besonderer Intensität. Die selbstgefertigten Zeichnungen und Skizzen sollten dabei als das gesehen werden, was sie sind: persönliche Äußerungen außerhalb jeder Konkurrenz, die alleine für sich ihren Wert haben.

Eisleben, Blick auf die Peters- und Paul-Kirche; unverändert erhalten gebliebene Gebäude aus dem 15. Jahrhundert

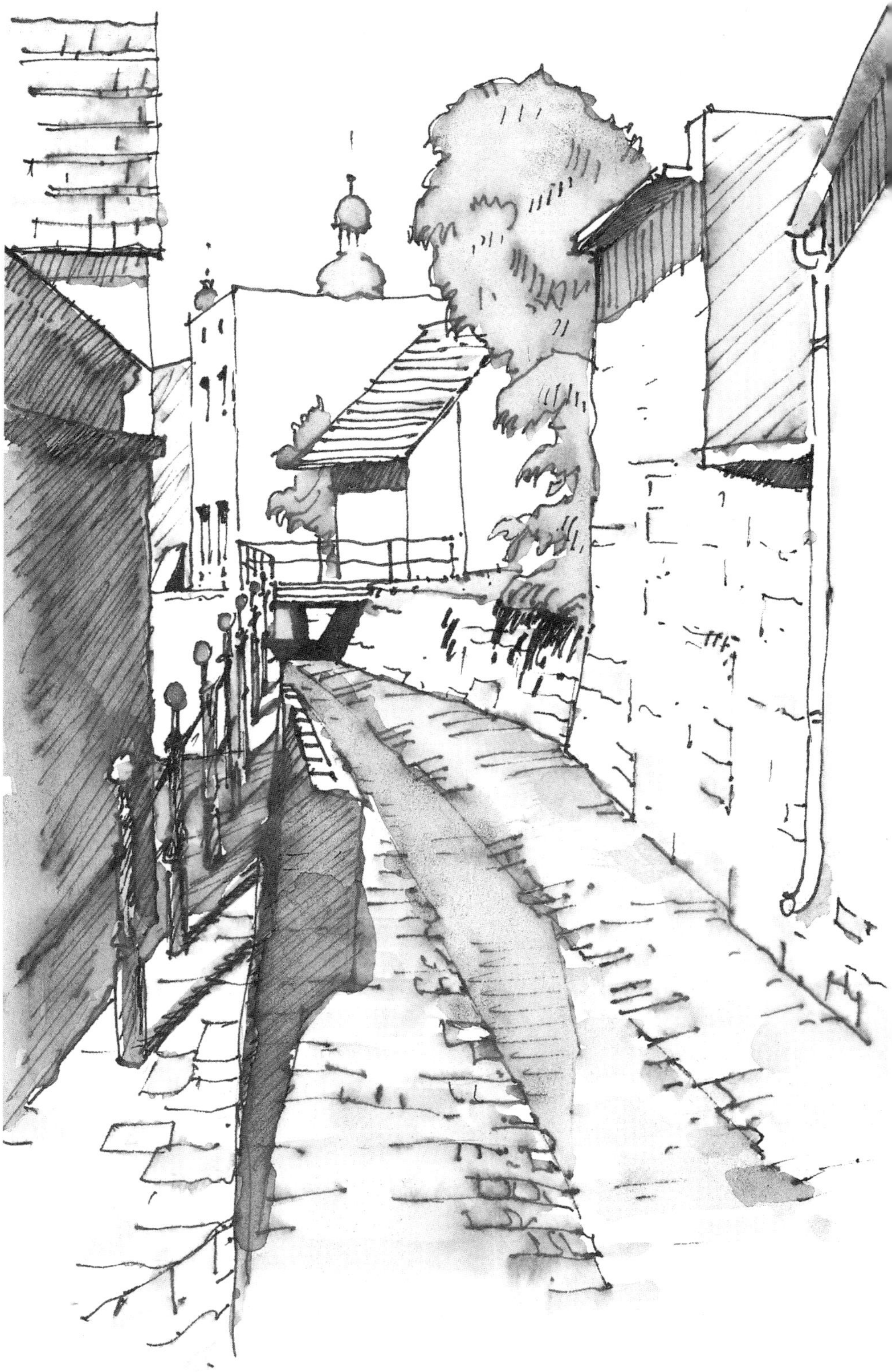

Eisleben,
Bachbett der „Bösen Sieben".
Der ansonsten harmlose Bach kann im Frühjahr zum reißenden Fluß werden.

Erscheinungsform und Strukturen

Um den Gesamteindruck, den man von einer Stadt gewonnen hat, in Zeichnungen wiederzugeben, ist es nötig, die einzelnen Strukturebenen sichtbar zu machen, die das Stadtbild bestimmen. So gelangt man zu einer Gliederung der Vielfalt, die von den Anfängen einer Stadt bis heute reicht. Sie bildet ein verdichtetes, vernetztes Gefüge, das es zu erschließen gilt. Kennzeichnende Merkmale einer Stadtstruktur sind

- die Form der Gebäudenutzung (z. B. Wohn-, Geschäftshäuser, öffentliche Gebäude),
- die verwendeten Bauelemente (Erker, Fenster, Türen, Tore),
- Stil und Ausführung der Gebäude,

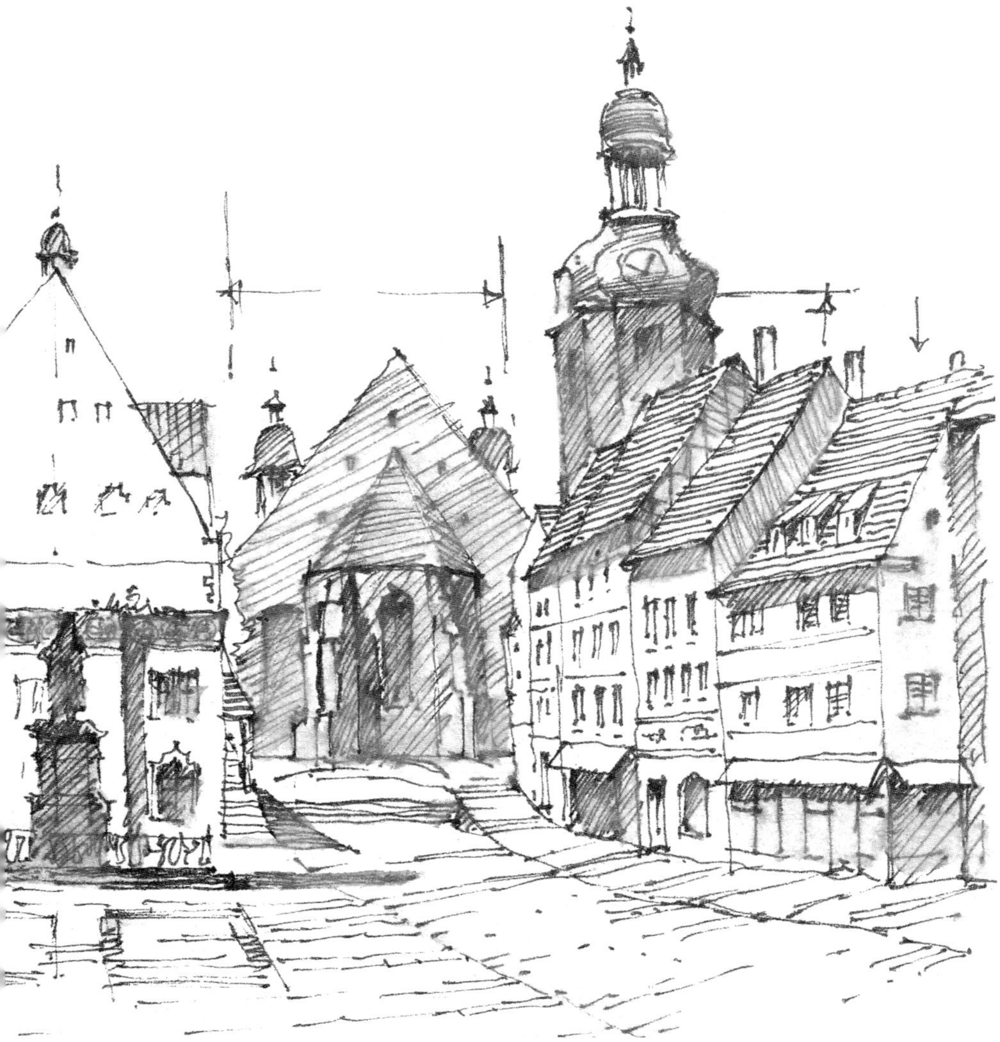

Eisleben, Marktplatz (1977). Eine erste Skizze, die Straßenraum und Gebäudeproportionen erfaßt. Die auf den ersten Blick gekonnt aussehende Zeichnung ist bei der Kontrolle fehlerhaft: ① Das Rathaus ist zu groß, ② die Kirchenfront zu breit, ③ der Kirchturm zu hoch, ④ die Häusergruppe rechts zu klein.

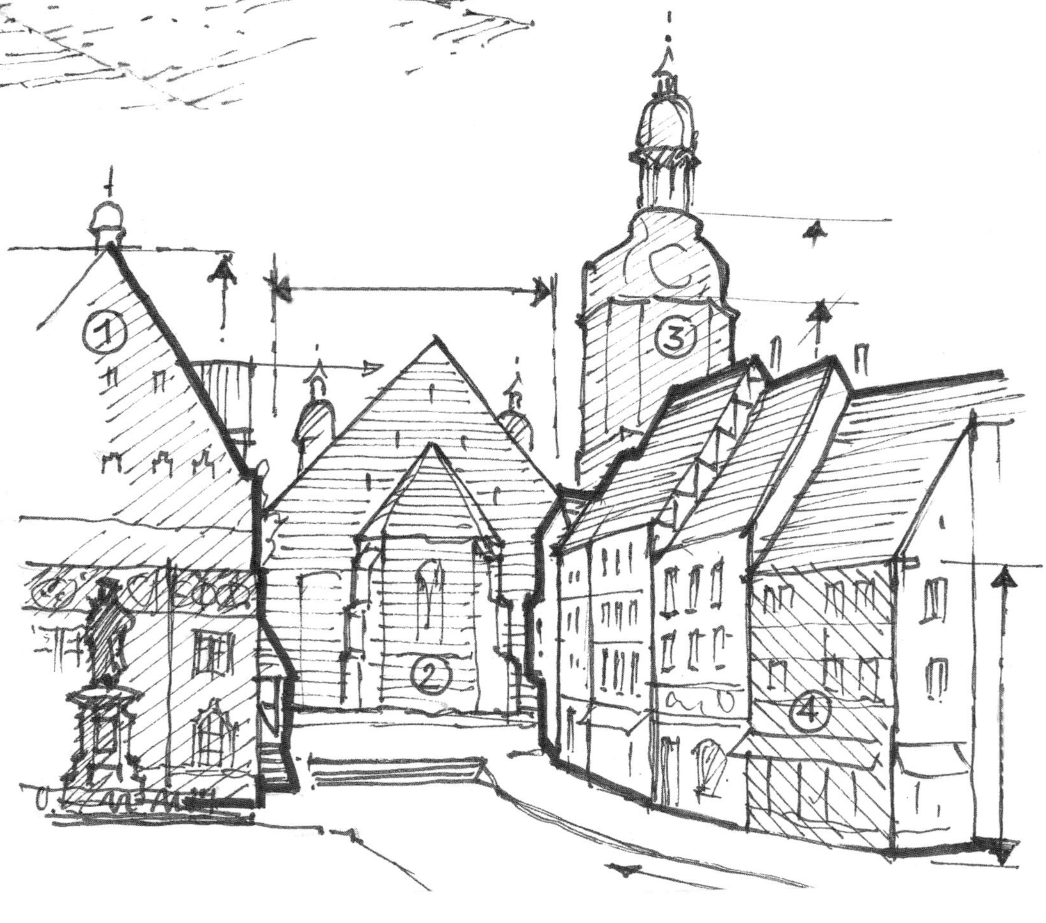

- Konstruktion, Form und Funktion der Dächer,
- das Nebeneinander von öffentlichem und privatem, geschlossenem und freiem Raum,
- die Abgrenzung, das Nebeneinander unterschiedlicher Stadtquartiere.

Diese und weitere Merkmale werden vom Zeichner zunächst als Ganzes wahrgenommen. Mit Hilfe von Hintergrundinformationen über Geschichte, Kultur oder Handwerk ist es möglich, das Stadtbild Schritt für Schritt zu analysieren.

Eisleben, Glockengasse.
Die unterschiedlichen Gebäudeformen lassen bei gleicher Maßstäblichkeit die Gasse lebendig und geschlossen erscheinen.

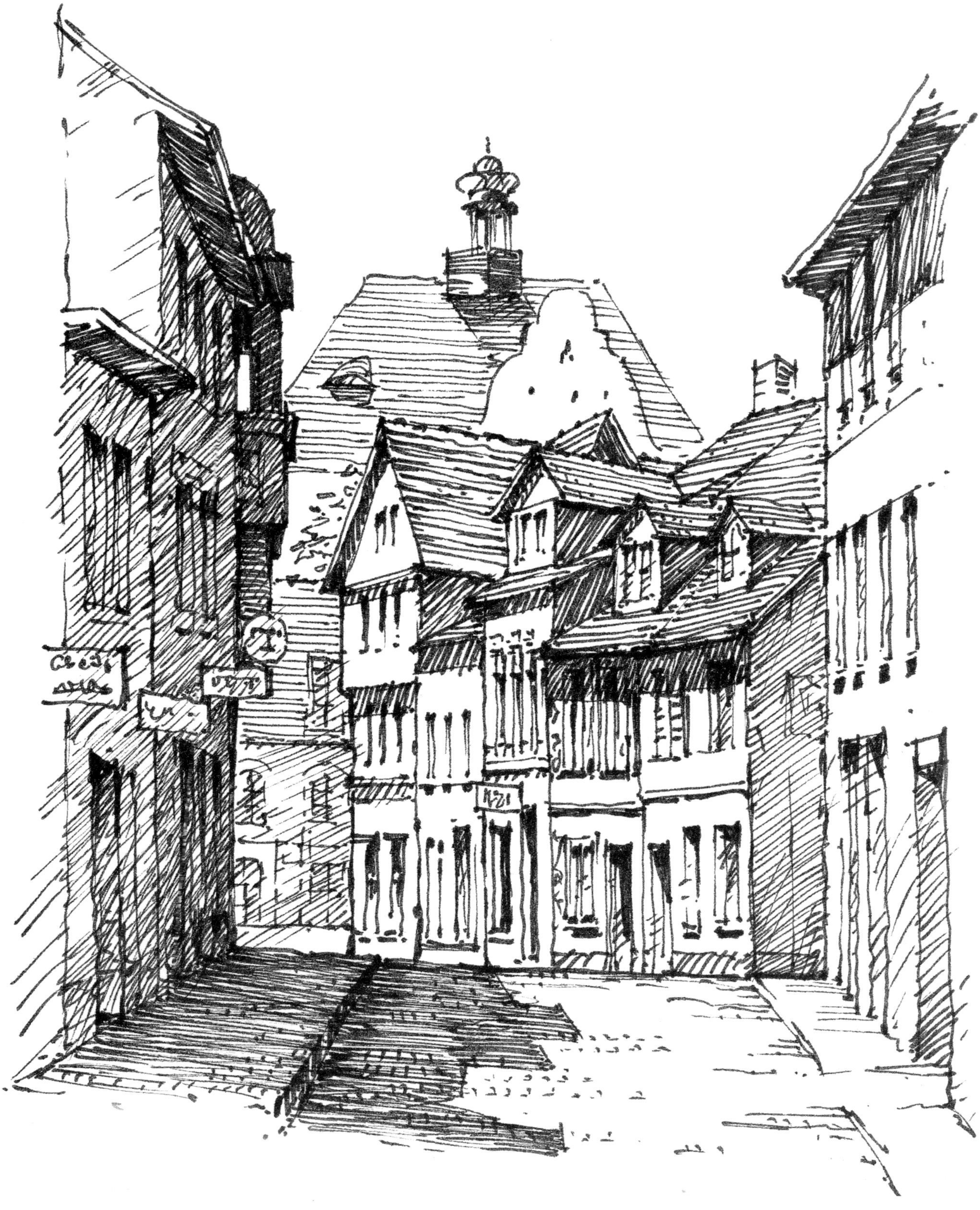

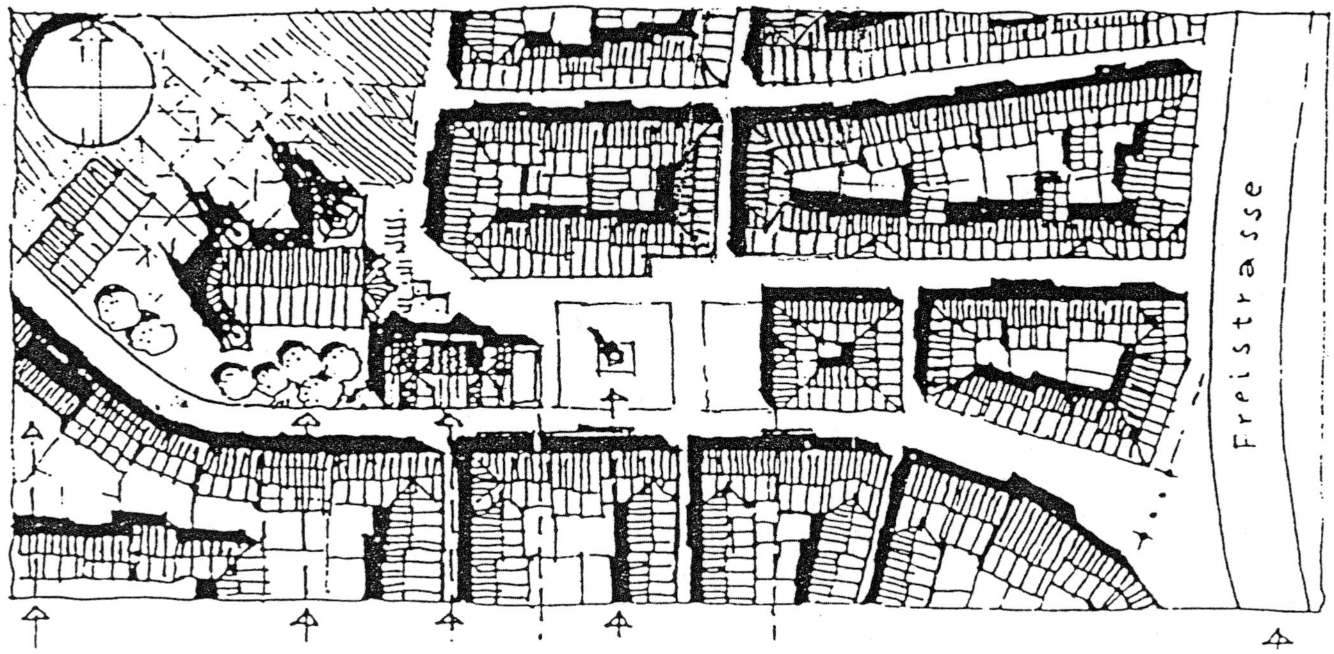

Eisleben, Stadtgrundriß des Zentrums mit Marktplatz.
Um sich über das Gefüge einer Stadt Klarheit zu verschaffen, ist es sinnvoll, sich Straßenführung und Platzformen sowie die Lage der Gebäude, die gezeichnet werden sollen und die Stadtstruktur bestimmen, in dieser Art zu vergegenwärtigen.

Hinter dem bildhaften Ensemble müssen Zusammenhänge hergestellt oder neu entdeckt werden. Damit wird die Zeichnung auch zu einem Ordnungssystem, dessen einzelne Aspekte zuvor schrittweise untersucht werden können.

Ein wesentliches Element für die Gliederung einer Stadt ist die Einteilung in Quartiere oder Stadtviertel. Die Unterteilung in Quartiere stammt aus dem antiken Rom, der ersten „modernen" Großstadt. Dort wurde eine Maßordnung entwickelt, die vom Bewegungsmaß bestimmt war. Die gesamte Stadt hatte einen Durchmesser von etwa 5-6 km. Um diese Strecke zurückzulegen, benötigt man etwa eine Stunde. Im vierten Teil dieser Zeit, also in 15 Minuten, legt man eine Strecke von etwa 1,5 km zurück. Das war die Seitenlänge eines römischen Quartiers, also eines überschaubaren, durch gleichartige Strukturen gekennzeichneten „Viertels". Dieses Ordnungssystem ist entstanden aus dem Bedürfnis der Stadtbewohner nach Nachbarschaft, Kommunikation, Zugehörigkeit zum gleichen Stand oder zum gleichen Milieu.

In der Verbindung von Stadtbilduntersuchung und Architekturzeichnen können historische Hintergründe und Strukturen transparent gemacht werden. Das Stadtbild wird geprägt sowohl durch allgemeingültige Merkmale der Architekturstile der jeweiligen Epochen als auch durch die Besonderheiten, die eine Stadt von anderen unterscheidet.

So führt die Zeichnung zu einer Vertiefung allgemeiner Kenntnisse und Erfahrungen im Kontext mit den vor Ort gewonnenen Eindrücken.

Stadtbild von Eisleben

Das Zentrum von Eisleben, der Lutherstadt im Südharz, zeigt mit dem Marktplatz das Bild eines mittelalterlichen Stadtkerns. Zweimal wurde die Stadt durch Großbrände weitgehend zerstört, aber erhalten blieb die Grundstruktur der wieder aufgebauten Altstadt, die im Zweiten Weltkrieg kaum beschädigt wurde.

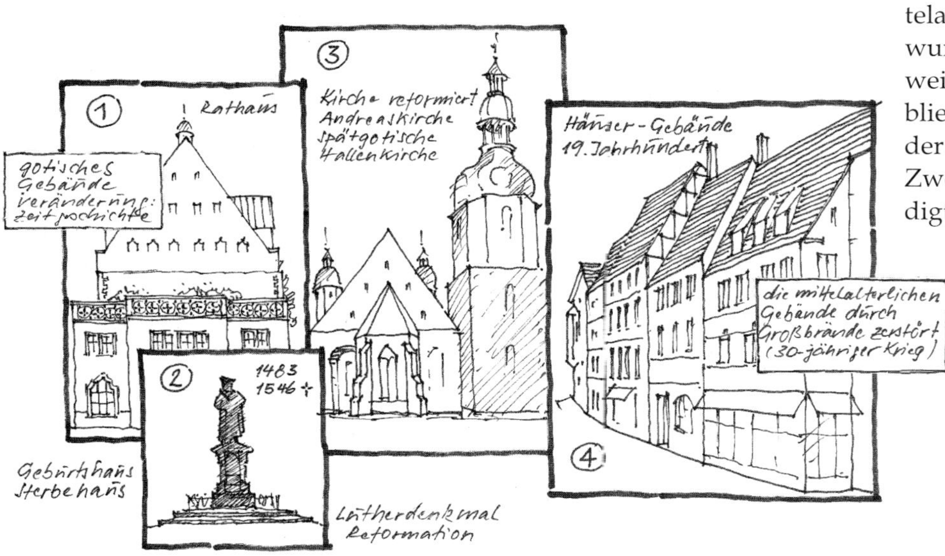

Eisleben, Marktplatz.
Skizzen der platz- und raumbestimmenden Elemente

Eisleben, Marktplatz.
Ganzheitliches Erscheinungsbild durch Baukörper, Flächen und Strukturen

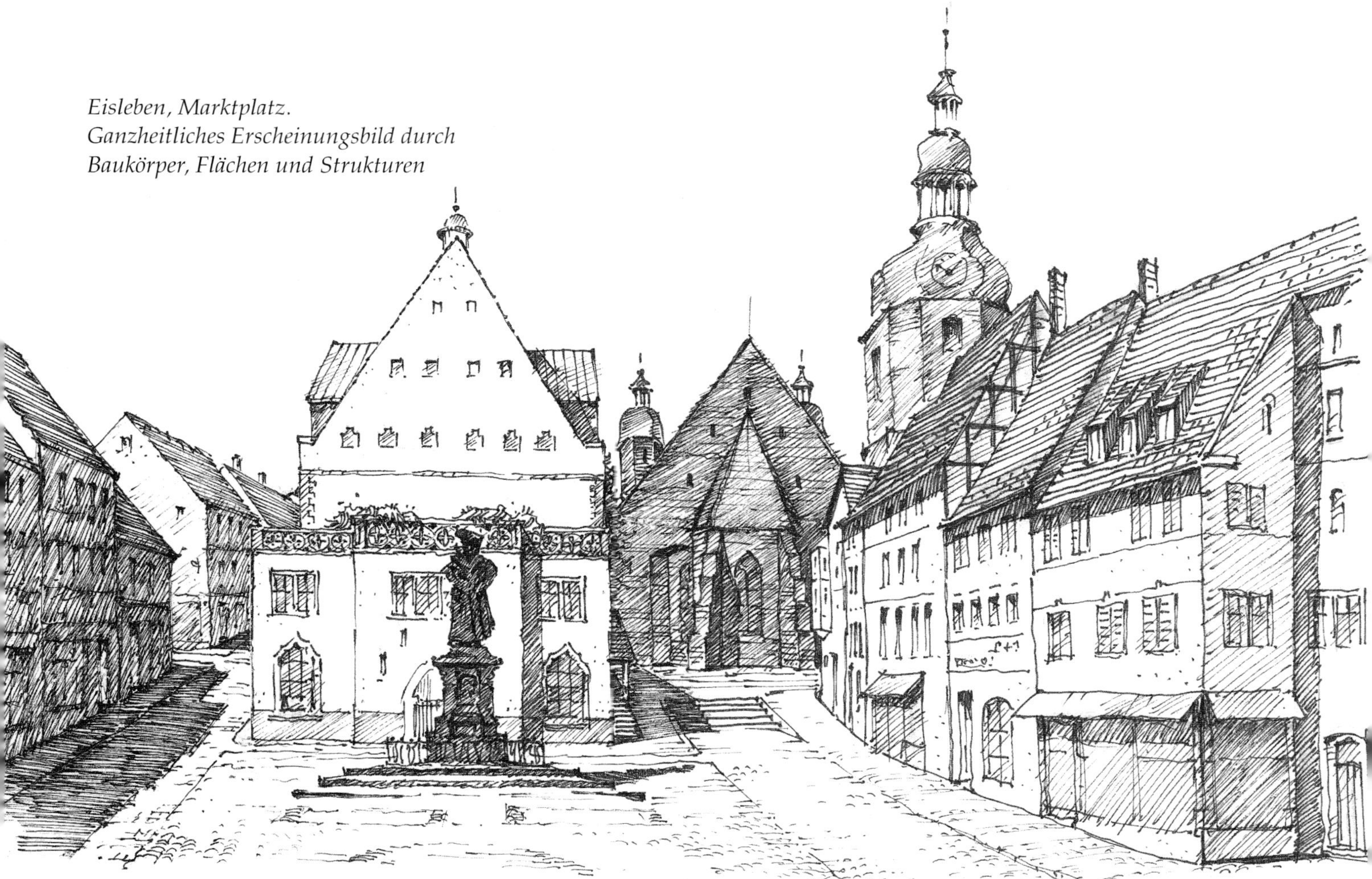

Eisleben, Marktplatz.
Die Blickrichtungen nach Westen und nach Osten zum Markt und zum Rathaus werden skizziert. Als Vorskizzen sind sie in den Details noch ungenau.

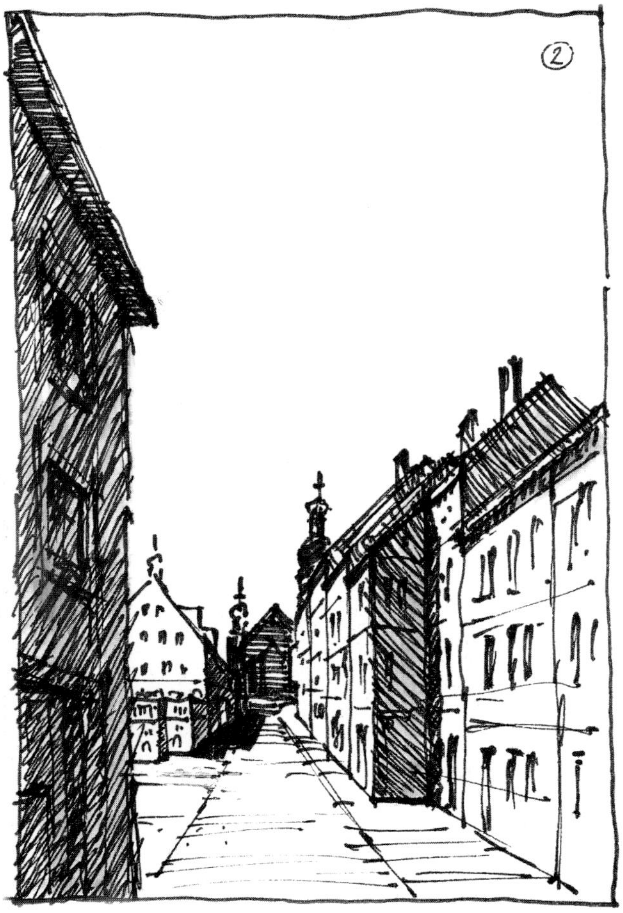

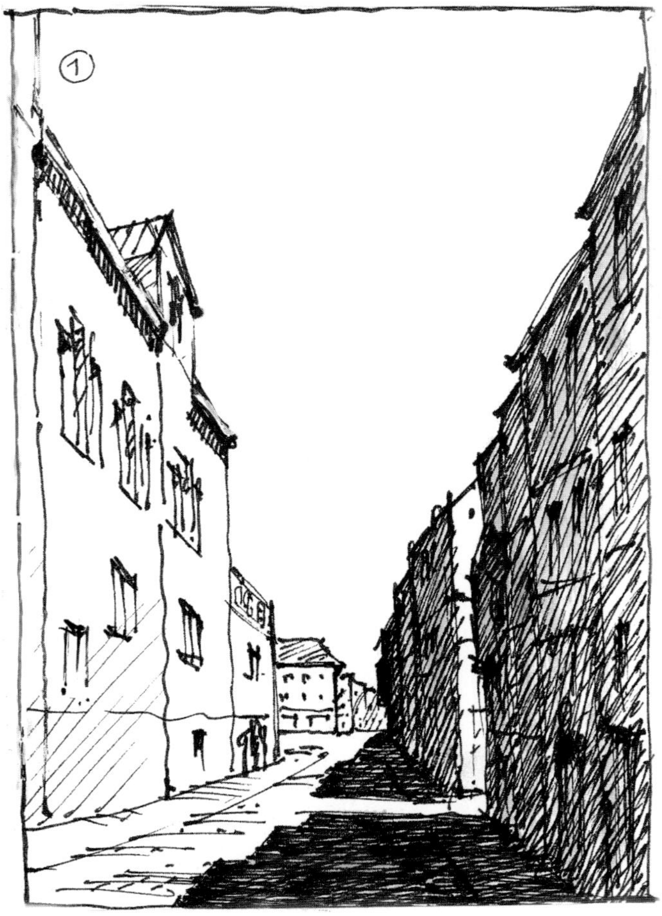

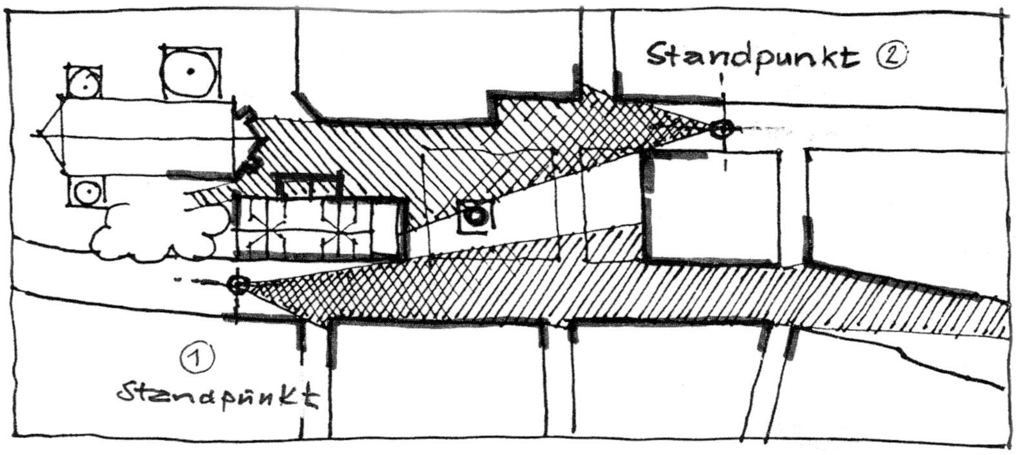

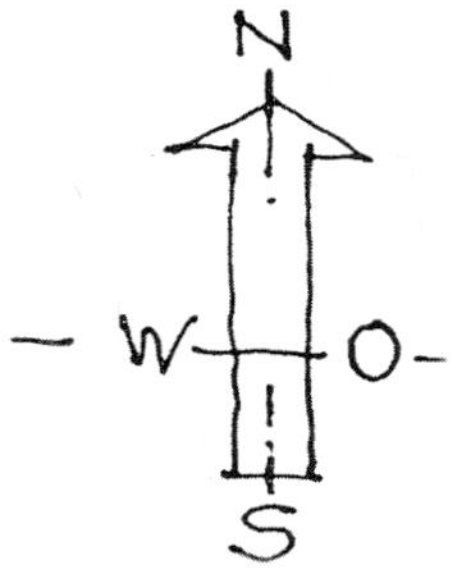

Räumlich geschlossene Form

Die Formen der einzelnen Gebäude bilden in ihrer Gesamtheit eine Einheit von Baumassen und Proportionen. Die Raumwand als äußeres Erscheinungsbild einer räumlich geschlossenen Form verläuft in der Regel nicht geradlinig, sondern ist äußerst differenziert: durch wechselnde Gebäudebreiten, Teilungen und Gliederungen, durch geringe Vor- und Rücksprünge oder Stufungen. Der Verlauf einer Straße, die Form eines Platzes, die richtunggebende Anordnung der Häuser als Begrenzung bestimmt die optische Lenkung im Stadtraum.

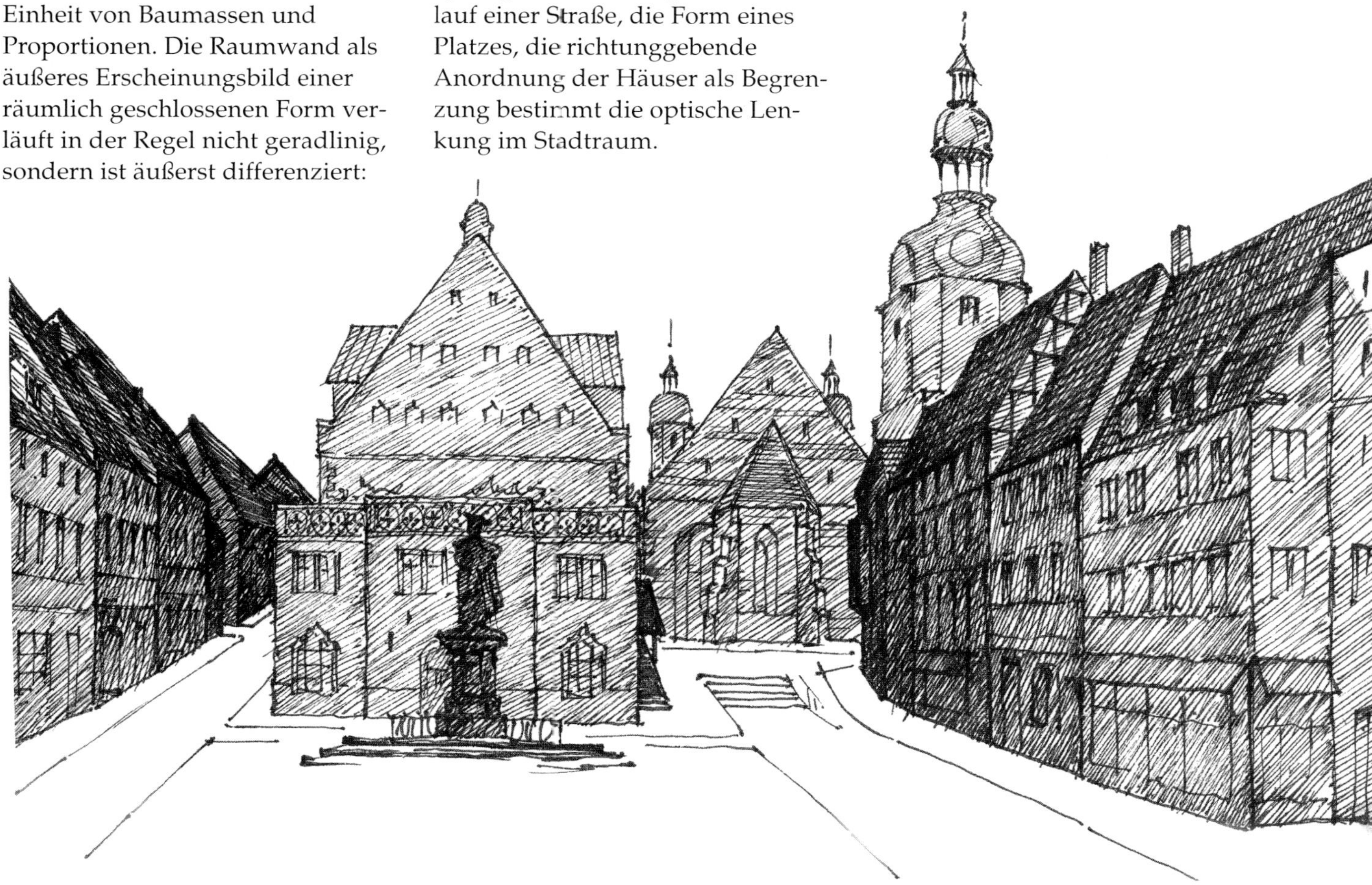

Eisleben, Marktplatz.
Die räumlich geschlossene Form und die optische Lenkung sind wichtige Erkennungsmerkmale

Eisleben, Stadtprofil.
Das Straßenprofil der Altstadt ist in seinem Verlauf überhöht gezeichnet.

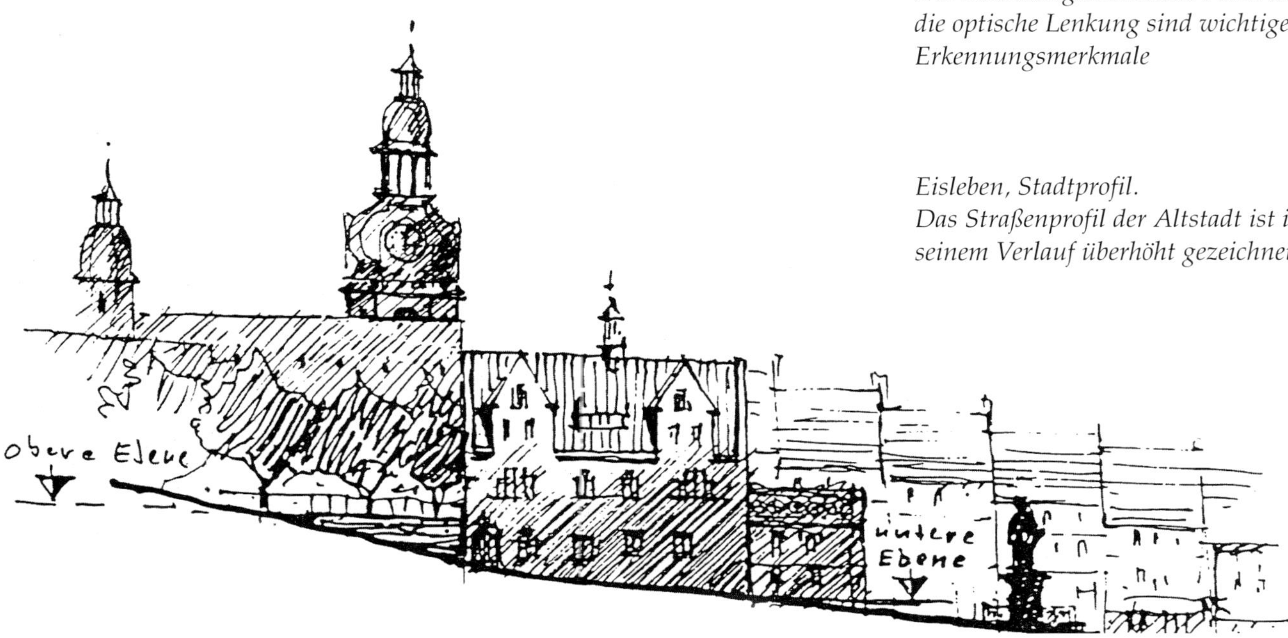

Dominanten

Wichtiges Element als Charakteristikum der Stadtsilhouette sind die dominant herausragenden baulichen Akzente. Die Gebäude demonstrieren Macht und Bedeutung der Institution Kirche auf der einen, des Selbstbewußtseins der Bürgerschaft auf der anderen Seite und zeigen zugleich die Machtverhältnisse auf. Obgleich die Religion noch allgemein gültiges Glaubensbekenntnis ist, ist die Macht

Eisleben, Markt.
Die Dominanten Rathaus und Kirche sind Signale und Wahrzeichen und repräsentieren die Macht der jeweiligen Institutionen.

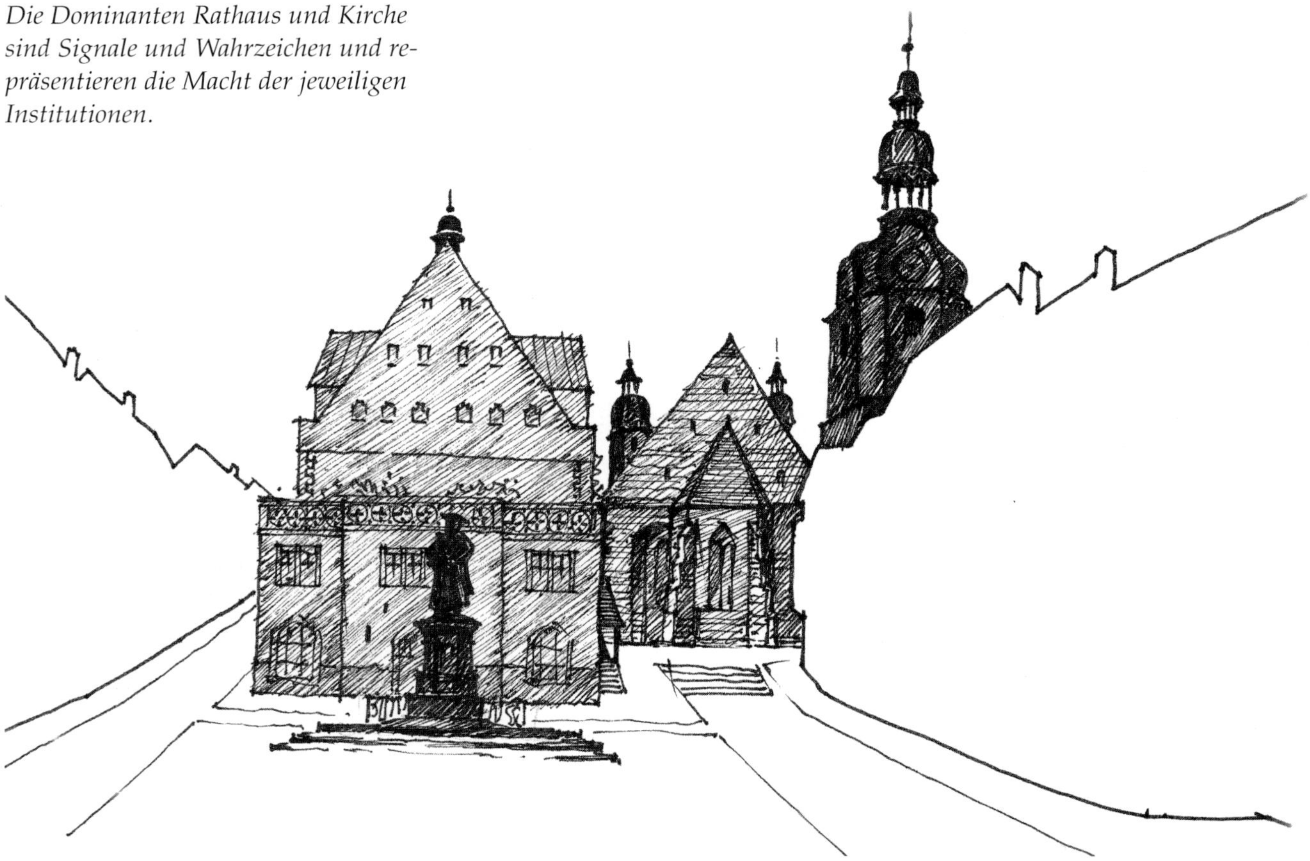

Eisleben, Stadtsilhouette.
Die baulichen Akzente sind Merkmale einer bestimmten Zeit, eines bestimmten Baustils.

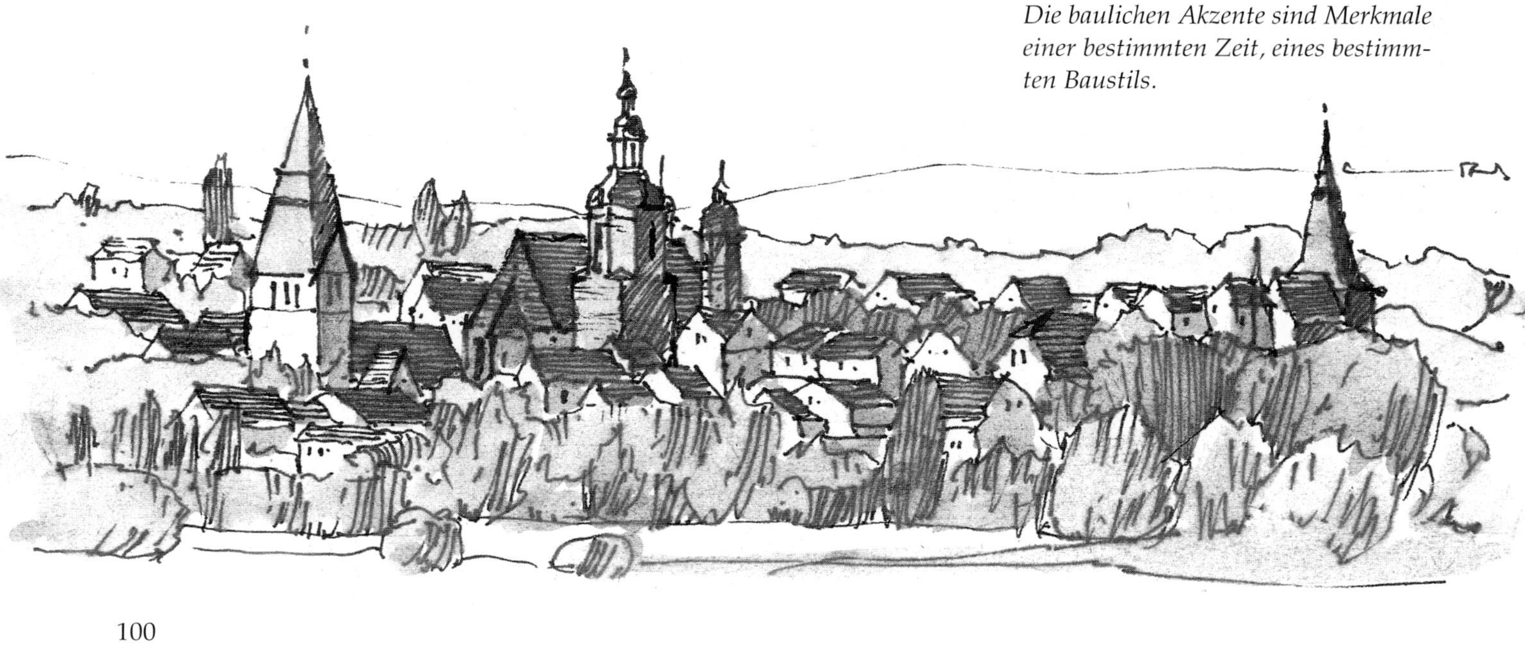

der Kirche in der mittelalterlichen Stadt nicht mehr vorherrschend. Auftraggeber für den Bau der Kirchen sind die Bürger, der Standort der Kirche wird neu bestimmt in Abhängigkeit vom Gefüge der Stadt.

Darüber hinaus sind die Dominanten als Wahrzeichen der Stadt so angeordnet, daß viele Blickbeziehungen entstehen und ihre beherrschende Wirkung im Straßen- und Platzraum zur Geltung kommt.

Dachlandschaft

Das harmonische Bild der Gebäude und der Dächer ist nicht zufällig entstanden. Es ist das Ergebnis der im Konsens gebauten Stadt mit unterschiedlich großen, aber doch einheitlichen Baukörpern mit gleichen Dachformen. Im Stadtbild von Eisleben herrscht das Satteldach mit gleicher Neigung und gleichem Dachdeckungsmaterial vor. Auch die öffentlichen Gebäude ordnen sich in diese Gleichartigkeit der Dachformen und des Materials ein.

Die Richtung der Firstlinien, die Ausrichtung der Dächer gibt einen Hinweis auf die Bedeutung der Stadt. Die Traufstellung der Dächer zur Straße und zum Platz belegt die überwiegend private Nutzung des Dachraums, teils zum Lagern der Produkte hausferner Gärten, teils für Schlafkammern oder als Abstellraum. Dies entspricht der Bedeutung der Stadt als Marktflecken oder als Handwerkerstadt.

Anders ist das z. B. in den Handels- und Kaufmannsstädten Nord- und Süddeutschlands, wo die Häuser durch ihre Giebelstellung zur Straße charakterisiert sind. Dies hat eine besonders repräsentative Wirkung und zudem den praktischen Sinn, den Transport der Waren und die Lagerung der Waren im Dachraum über eine entsprechende senkrechte Hebevorrichtung zu ermöglichen. Der Hebebaum mit Seilzügen oben im Giebel machte das deutlich.

Eisleben, Markt.
Dachformen, Struktur und Art der Deckung kennzeichnen das Stadtbild.

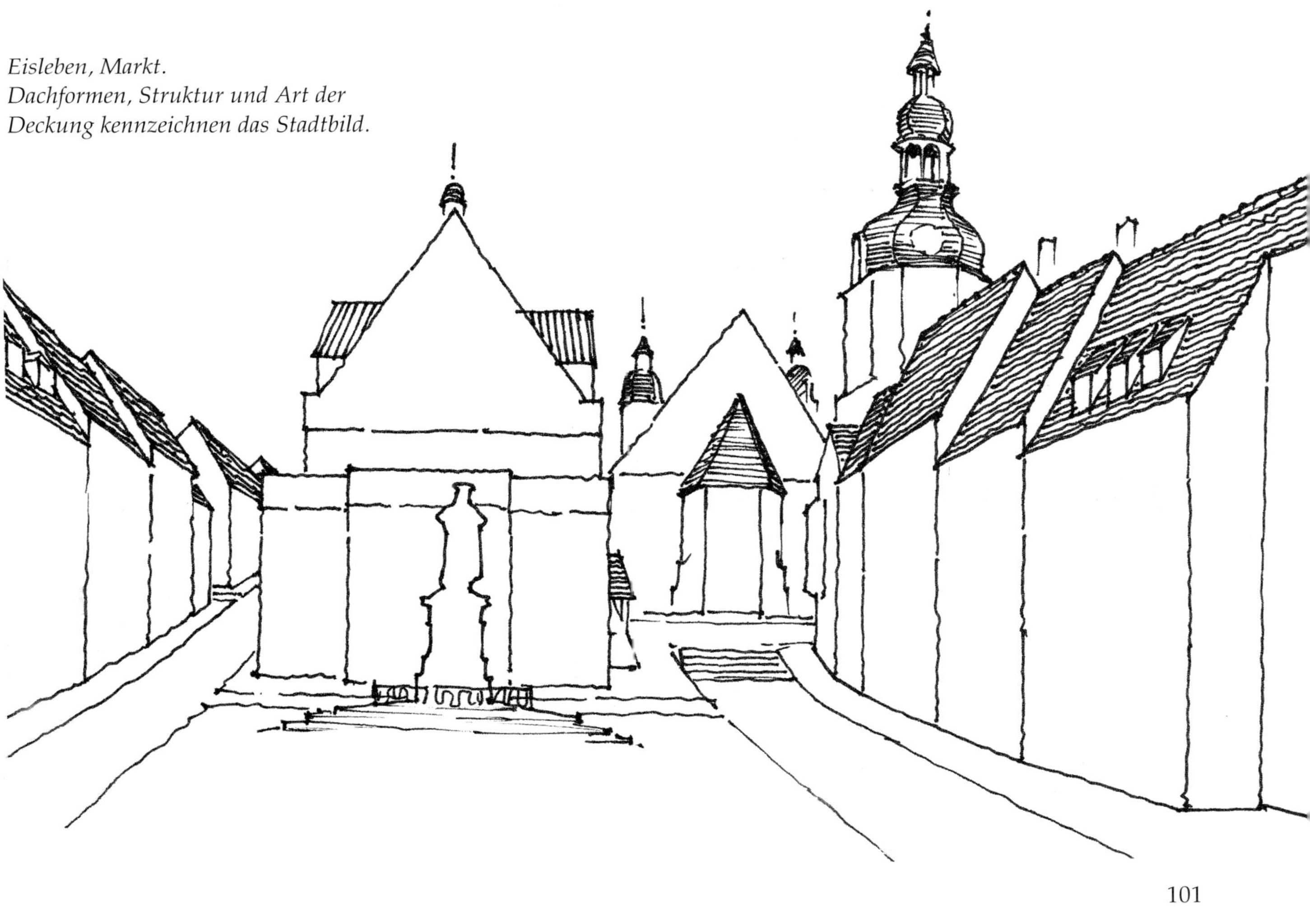

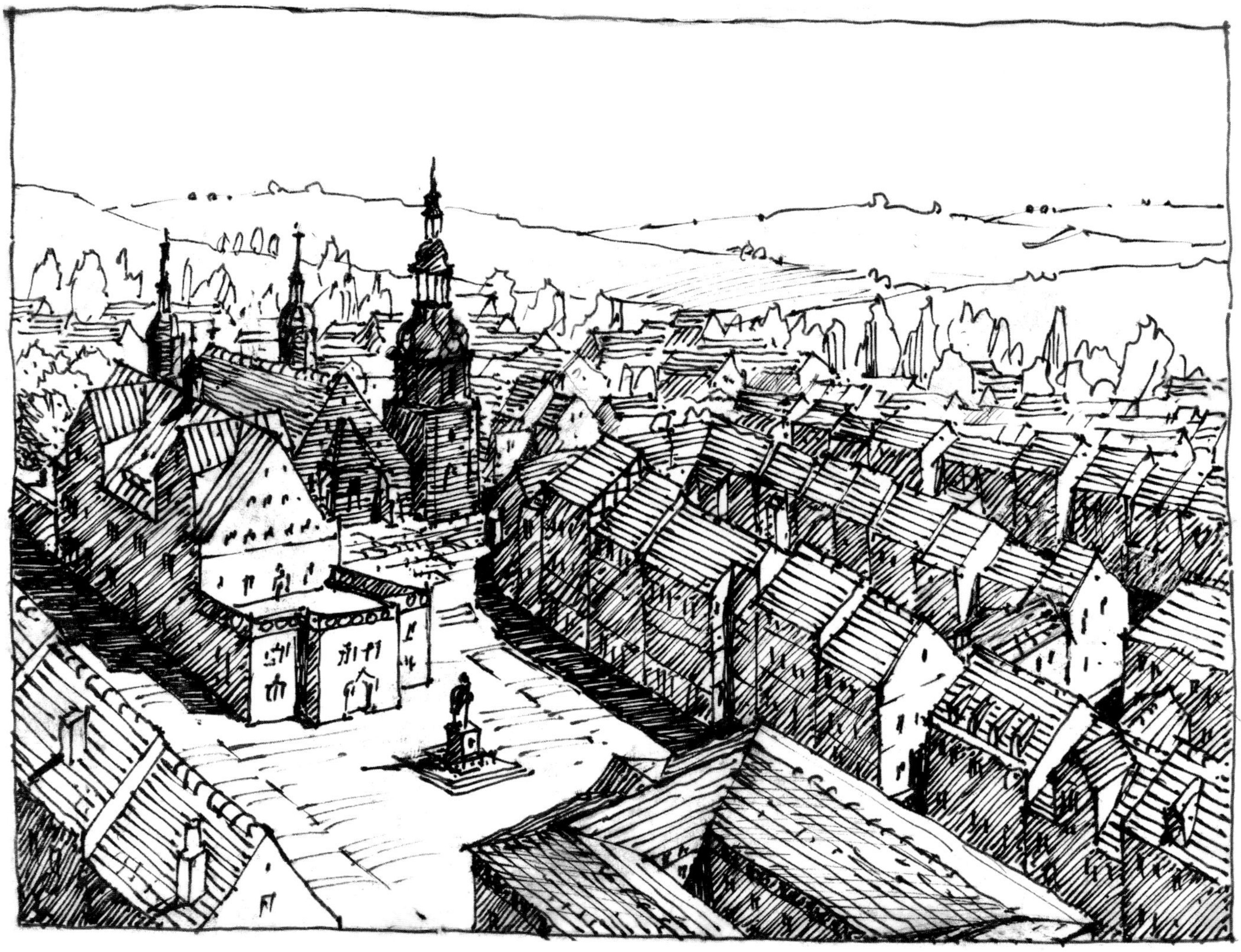

Eisleben, Markt aus der Vogelschau. Dieser Blick über die Stadt macht die Geschlossenheit des mittelalterlichen Stadtgefüges deutlich.

Stadtboden

Die Teilung des Straßenraums in Fahrbahn und Gehwege mit einer durchgehenden Bordsteinkante als räumliche und optische Trennung ist heute zur Selbstverständlichkeit geworden. Durch diese in die Länge gezogene Teilung werden die Straßen der Stadt optisch enger und formal sturer, sie ordnen sich nur noch der Funktion des Verkehrs unter.

Diese Beeinträchtigung der ehemals für viele Funktionen gedachten Straße mit ihrer strukturierten Oberfläche ist ein wesentlicher Gestaltverlust der städtischen Freiräume. Die Straße war der erweiterte Raum vor den Häusern im Übergang vom öffentlichen zum privaten Bereich. Dieser Übergang vollzog sich nahtlos durch den gleichen Belag von Straße, Durchgang und Hof. Im Straßenraum selbst sind in der Struktur der Pflasterung Rinnen angelegt für den Abfluß des Regenwassers, ohne daß dadurch die Gesamtfläche zerstört wird. Die Einheitlichkeit von Material und Form verbindet.

Was am Anfang nur Befestigung der Straßenoberfläche war, um bei Regen- und Unwetter nicht im Morast zu versinken, wird in der spätmittelalterlichen Stadt vielfach zur dekorativen Form. Im Verlauf der intensiveren und anspruchsvolleren Nutzung der Freiräume wird der Oberfläche der Straßen und Plätze mehr Beachtung geschenkt. Dekorative Muster der gepflasterten Flächen sind auch Ausdruck einer alles umfassenden Detailkultur. Eine Besonderheit in Eisleben: Die durch den Kupferbergbau gewonnene Schlacke wird zu Pflastersteinen gegossen, so daß Steine entstehen, die von Blaugrau bis Violett getönt sind. Bei Regen schillern sie in allen Farben.

Eisleben, Markt.
Der Stadtboden ist Bewegungsraum und verbindet öffentlichen mit privatem Raum.

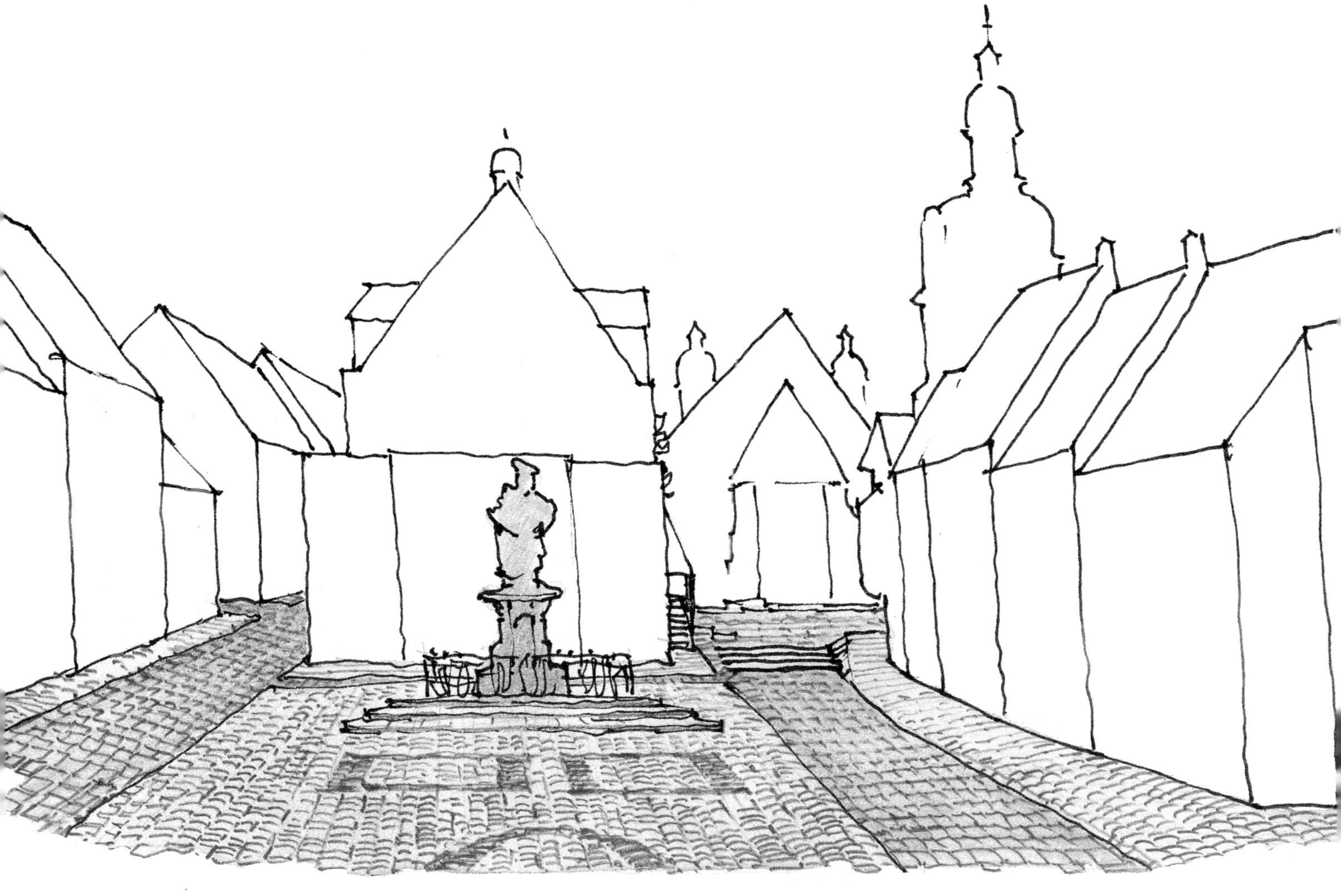

Einzelformen

Bei der zeichnerischen Erfassung eines Stadtbildes werden Sie in vielen Fällen auf Einzelformen stoßen, die das Gesamtbild prägen. Oftmals laden gerade diese Formen ein, gesondert gezeichnet zu werden. Dazu müssen Sie den Abstand, der für das Gesamtmotiv nötig war, verringern. Zeichnen von Einzelformen bedeutet: neuer Bildausschnitt, Nähe, Genauigkeit – fast eine Art Bauaufnahme, die der Schulung des Proportionsgefühls dient und die jetzt im Detail feststellbaren handwerklichen und bautechnischen Feinheiten nachvollziehen läßt.

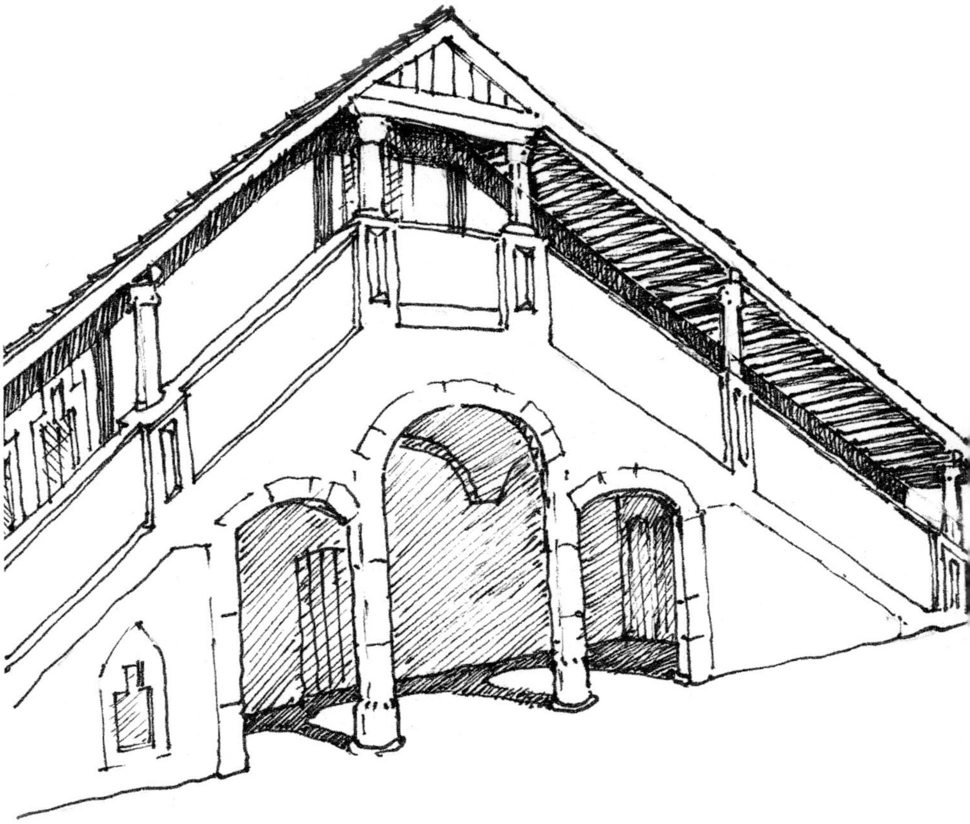

Eisleben, Eingang und Treppenaufgang am Rathaus. Darstellung von Einzelelementen fast im Stil einer Bauaufnahme

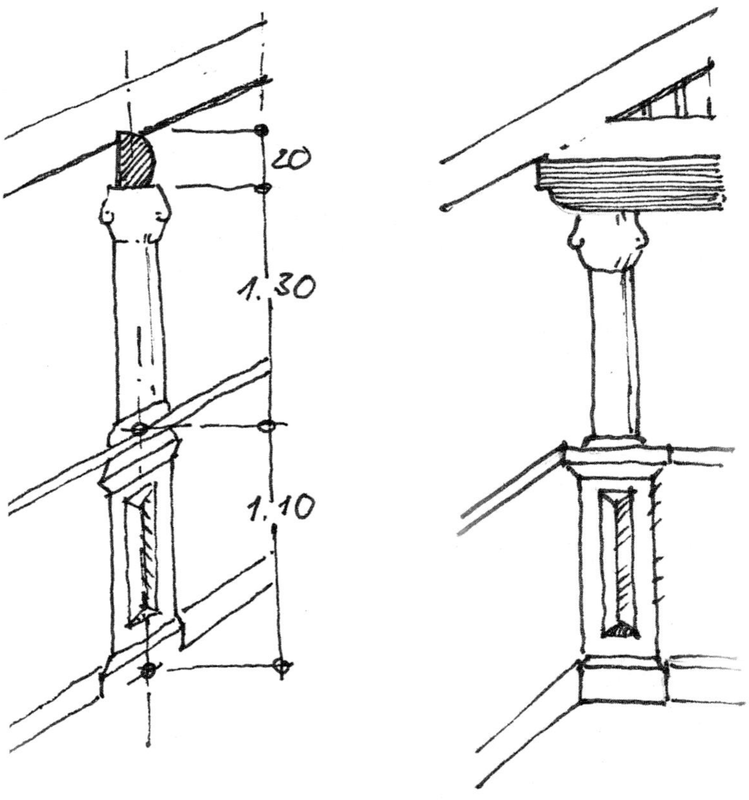

Eisleben, Rathausstraße (ehemals Armsündergasse). Die Wiedergabe solch versteckter Motive ergänzt die zeichnerische Erfassung des Stadtbilds

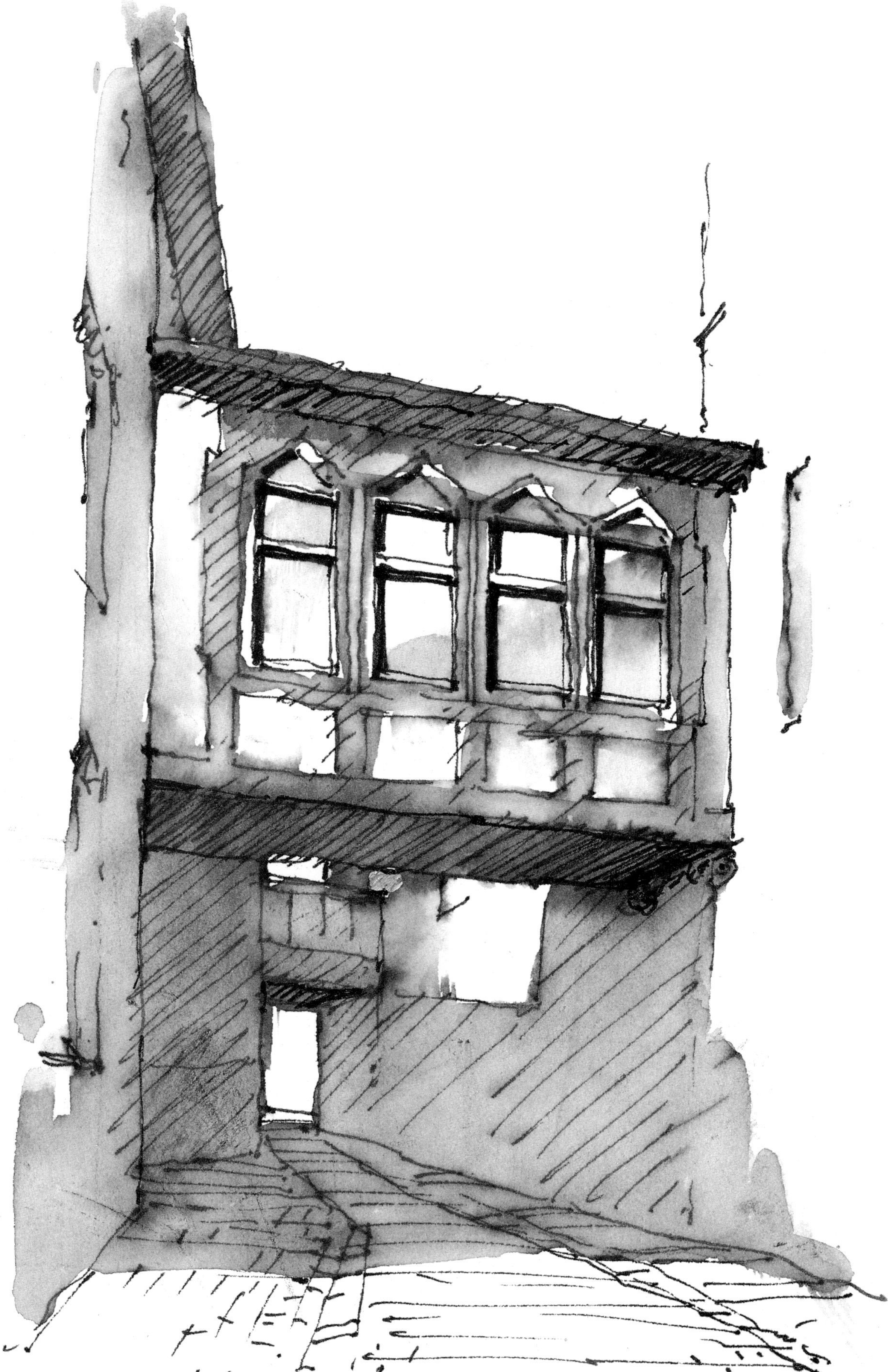

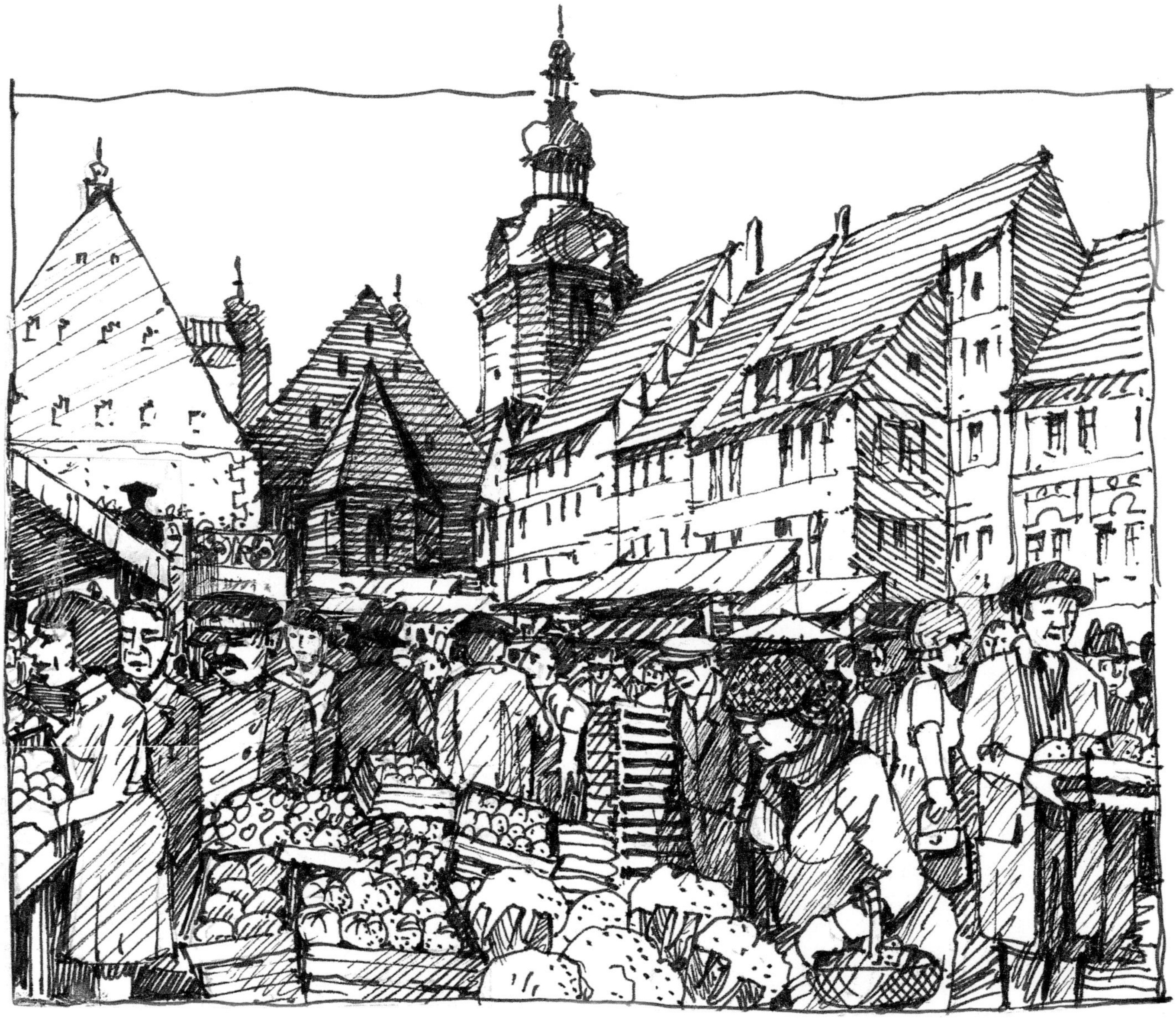

Markttag in Eisleben.
Der Marktplatz ist in seiner eigentlichen Funktion wiedergegeben.

Anhang

Aus dem Skizzenbuch – zeichnerische Momentaufnahmen

Architekturzeichnen ist immer vom jeweiligen Motiv abhängig, vom Wesentlichen der Erscheinung eines Stadtbilds oder eines gewählten Bildausschnitts.
So kann es geschehen, daß dem Zeichner plötzlich Zusammenhänge bewußt werden, die auf den ersten Blick nicht zu vermuten waren. In den hier wiedergegebenen Zeichnungen sind Eindrücke einer Reise in den französischen Jura wiedergegeben, die bei aller Verschiedenheit der Städte Parallelen bei Formen und Motiven, Größenordnungen und Proportionen zwischen diesen mittelalterlichen Städten und dem Stadtbild von Eisleben entdecken lassen. So werden Grundzüge der mittelalterlichen Stadt „an sich" sichtbar, die bei einer weniger intensiven Beschäftigung mit den Reisezielen vielleicht verborgen geblieben wären.

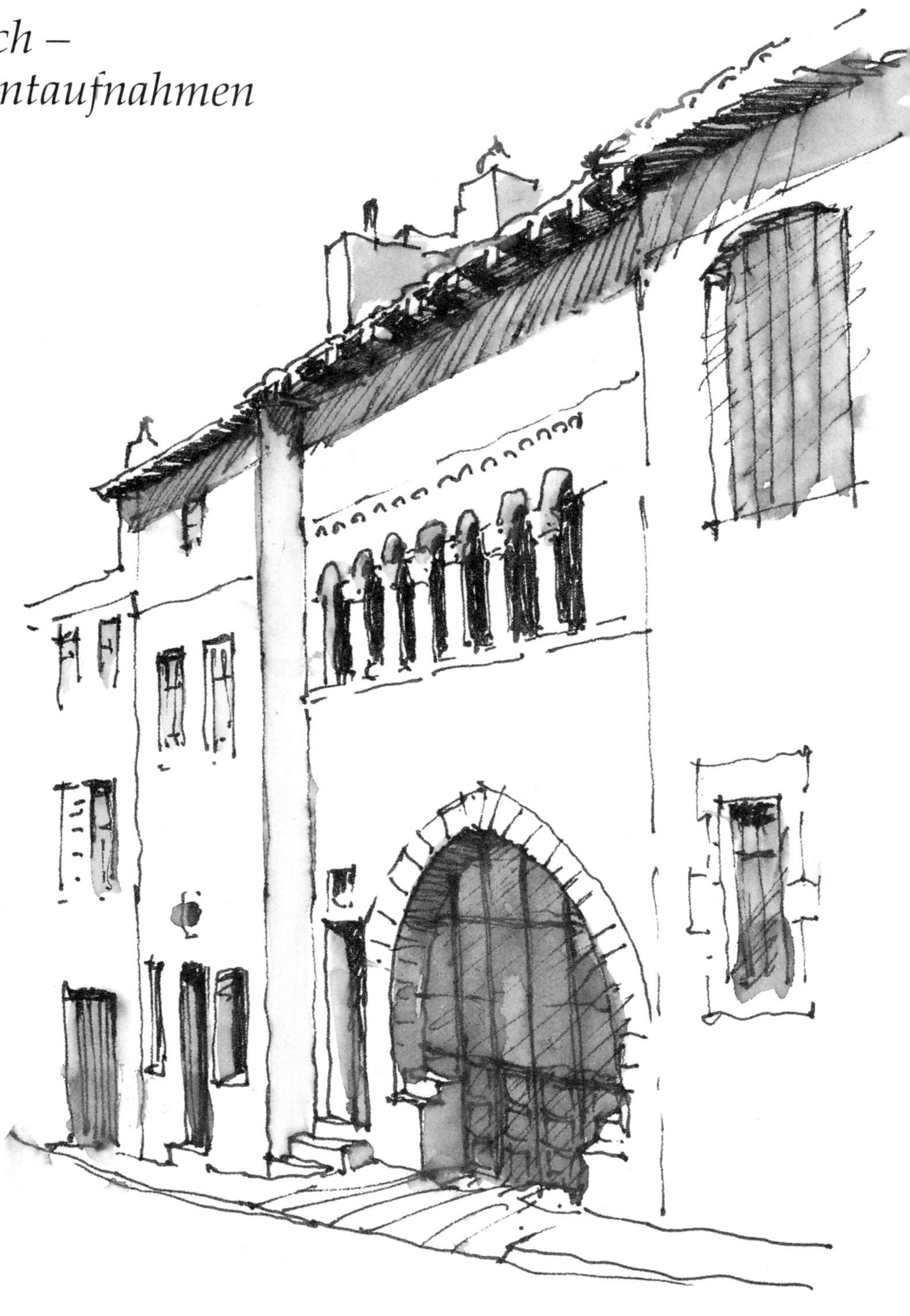

Cluny (1994).
Romanische Häuser der mittelalterlichen Stadt

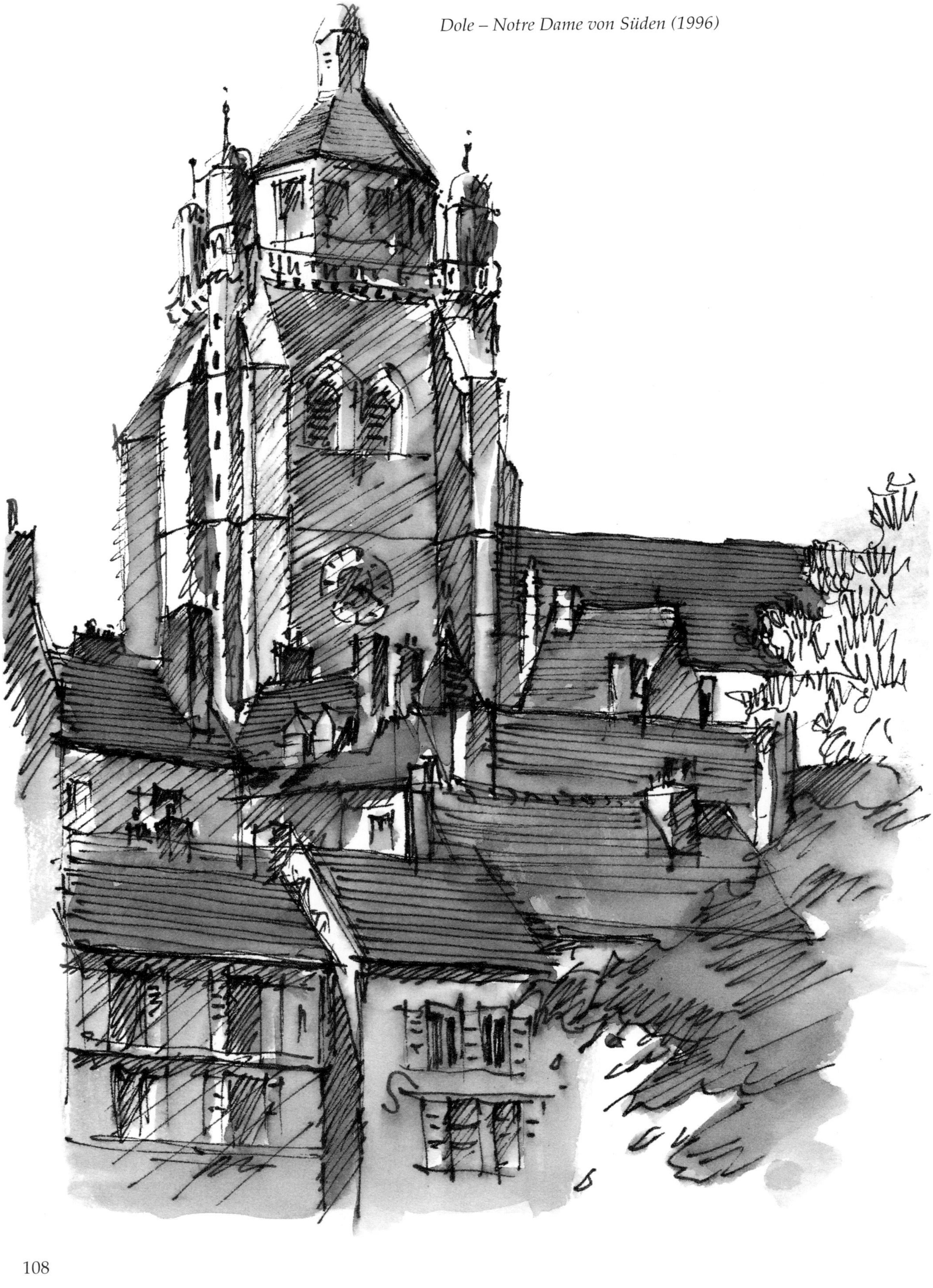

Dole – Notre Dame von Süden (1996)

Cluny (1994).
Restbestände der Klosteranlage

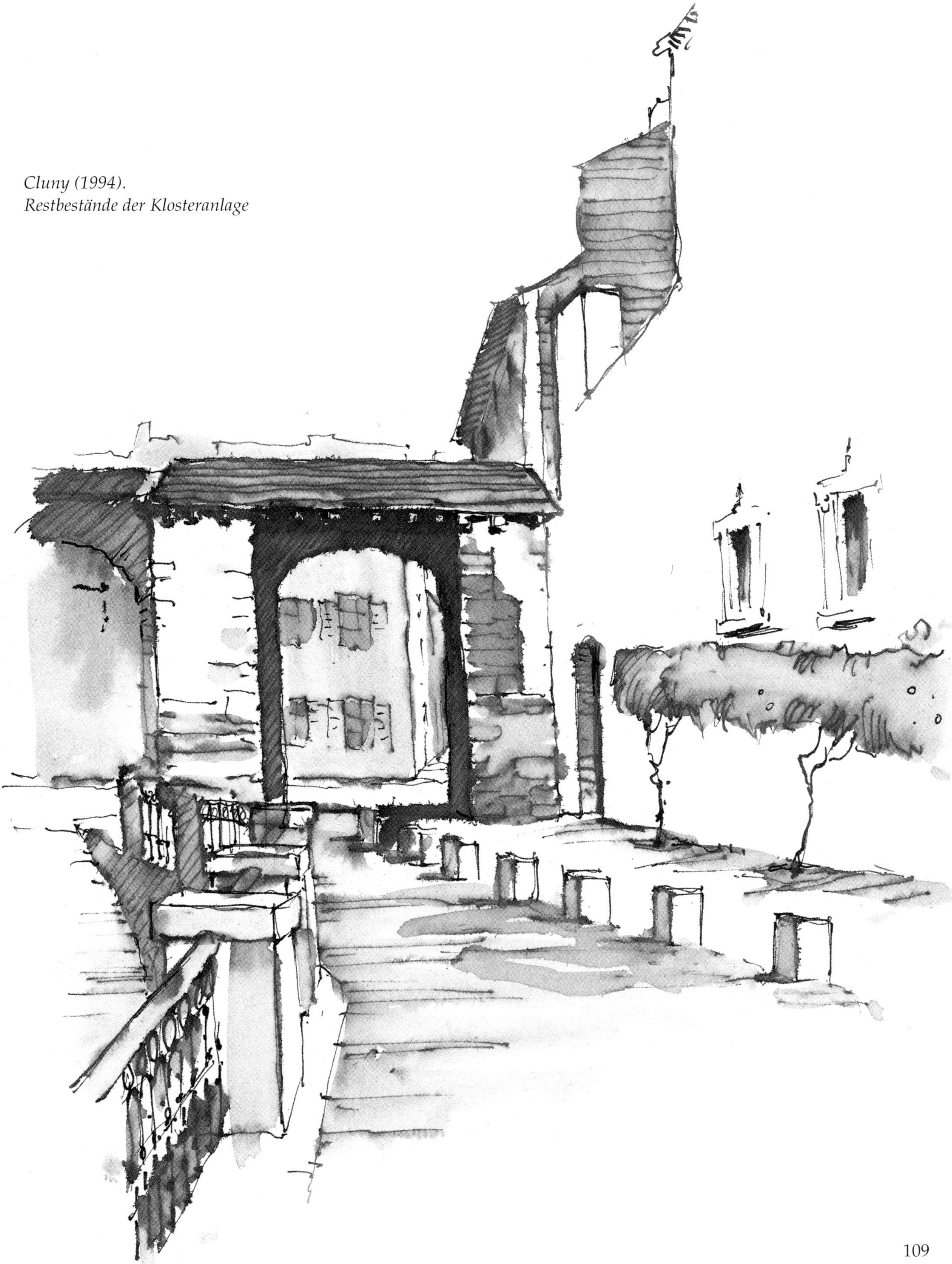

Cluny (1994).
Topographie, Gassen und Gebäude zeigen einen bewegten Verlauf mit einer optischen Führung

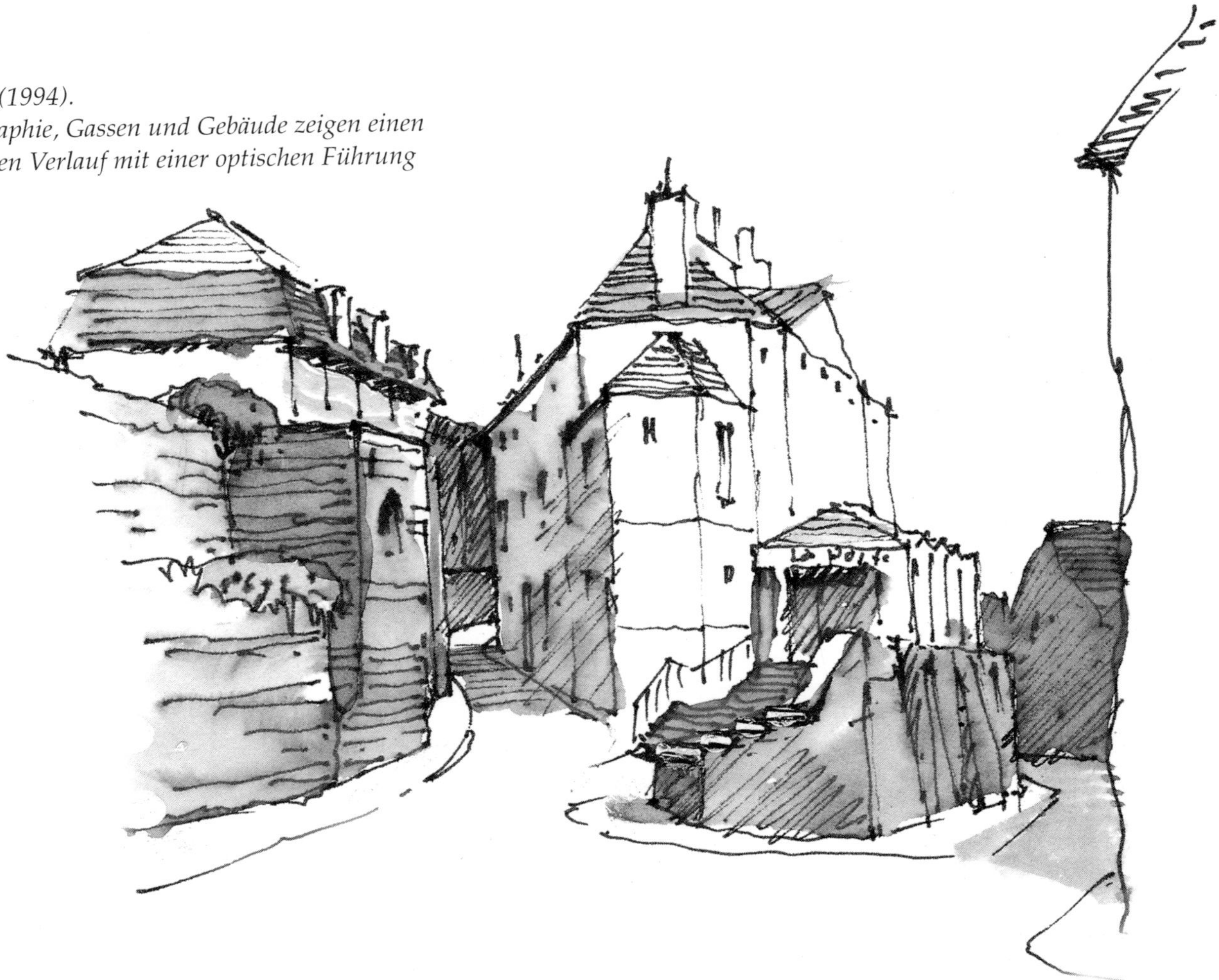

Dole (1994).
Hauptstadt der „Ancienne Comté“ im französischen Jura mit einer geschlossenen Struktur des Stadtbildes

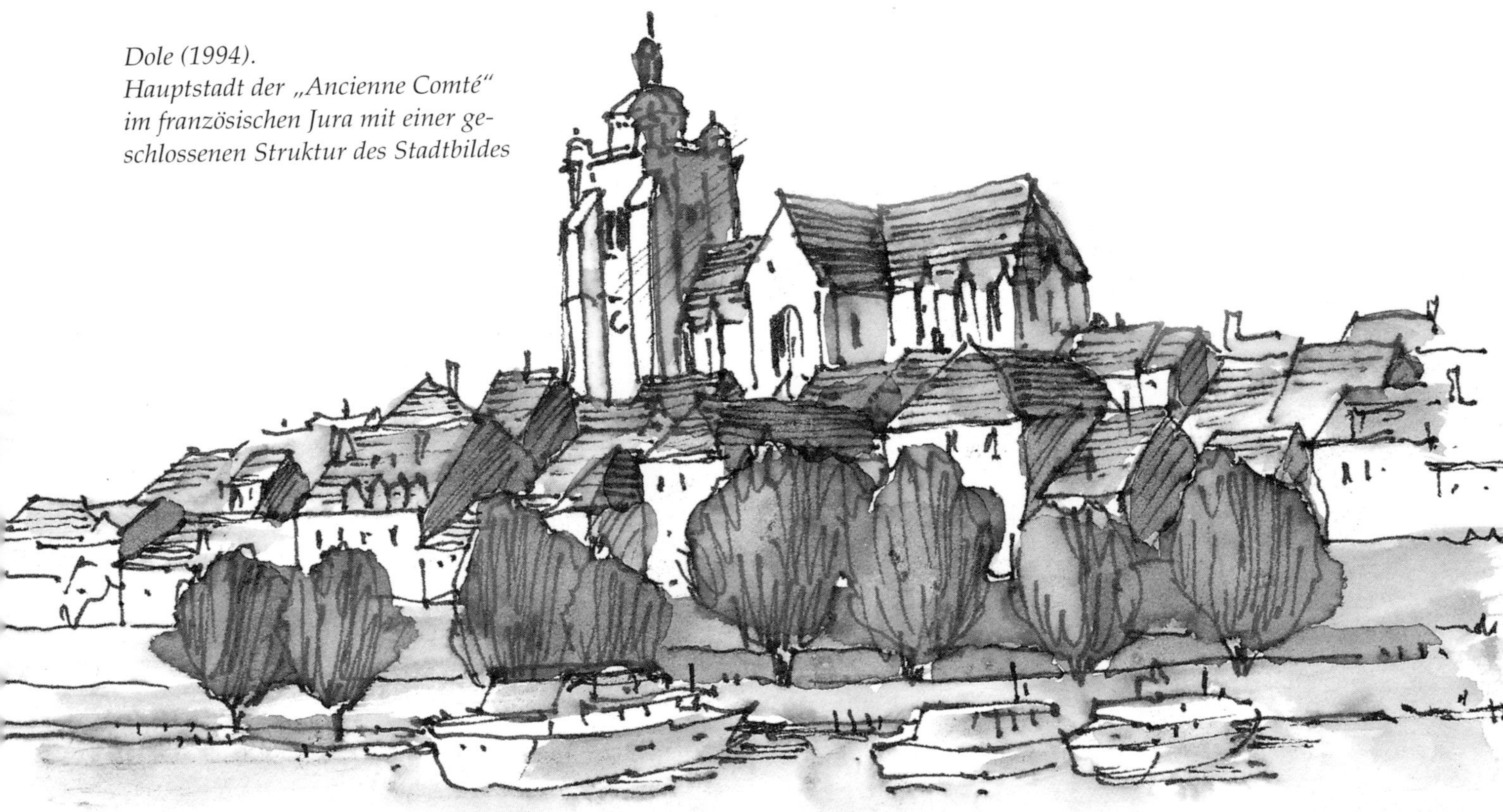

Dole (1994).
Altstadtkern mit Place des Fleurs und Notre Dame

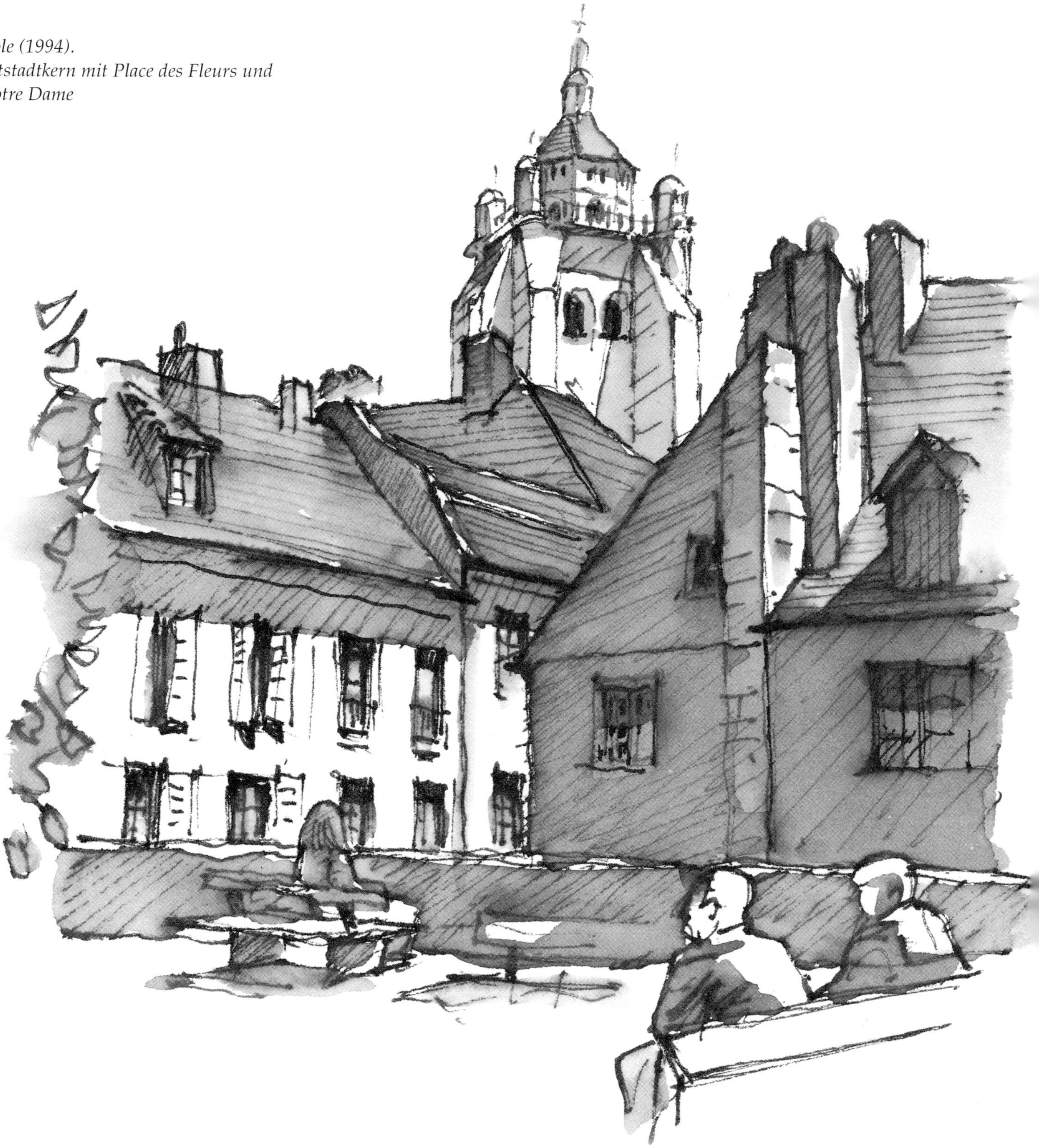

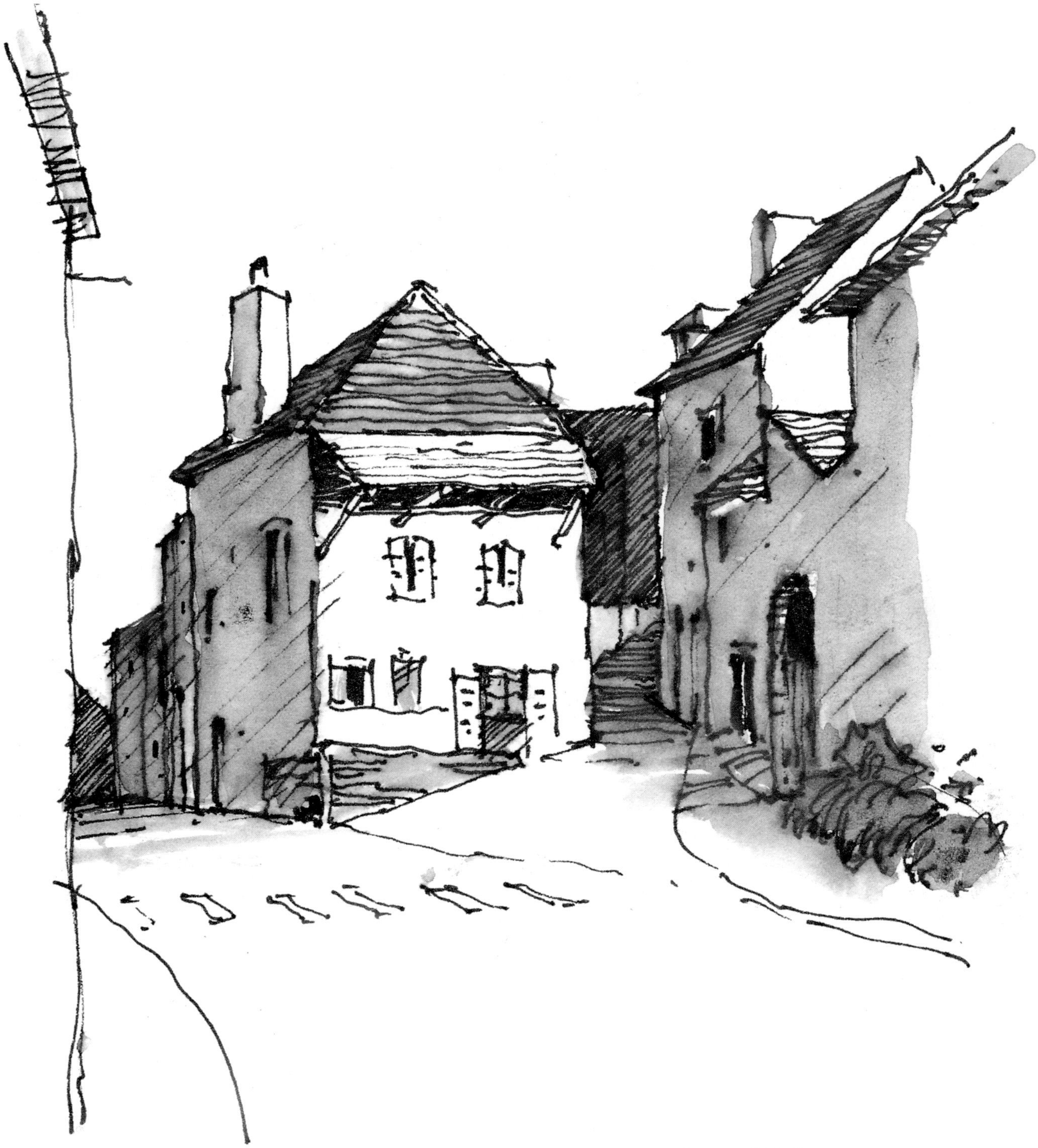

Pesmes (1994).
Abfallende und ansteigende Gassen mit Häusern aus der Zeit der Renaissance

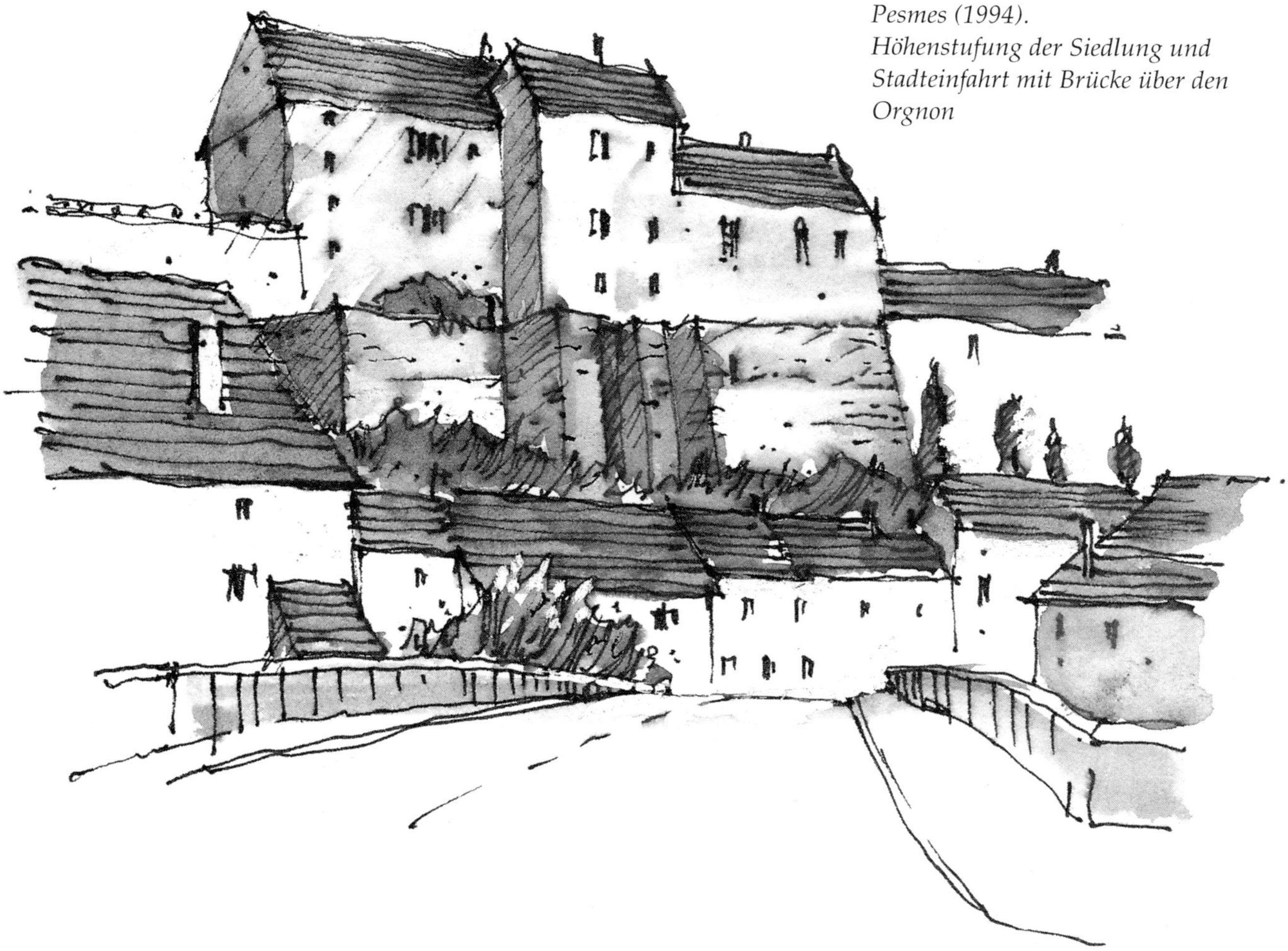

Pesmes (1994).
Höhenstufung der Siedlung und Stadteinfahrt mit Brücke über den Orgnon

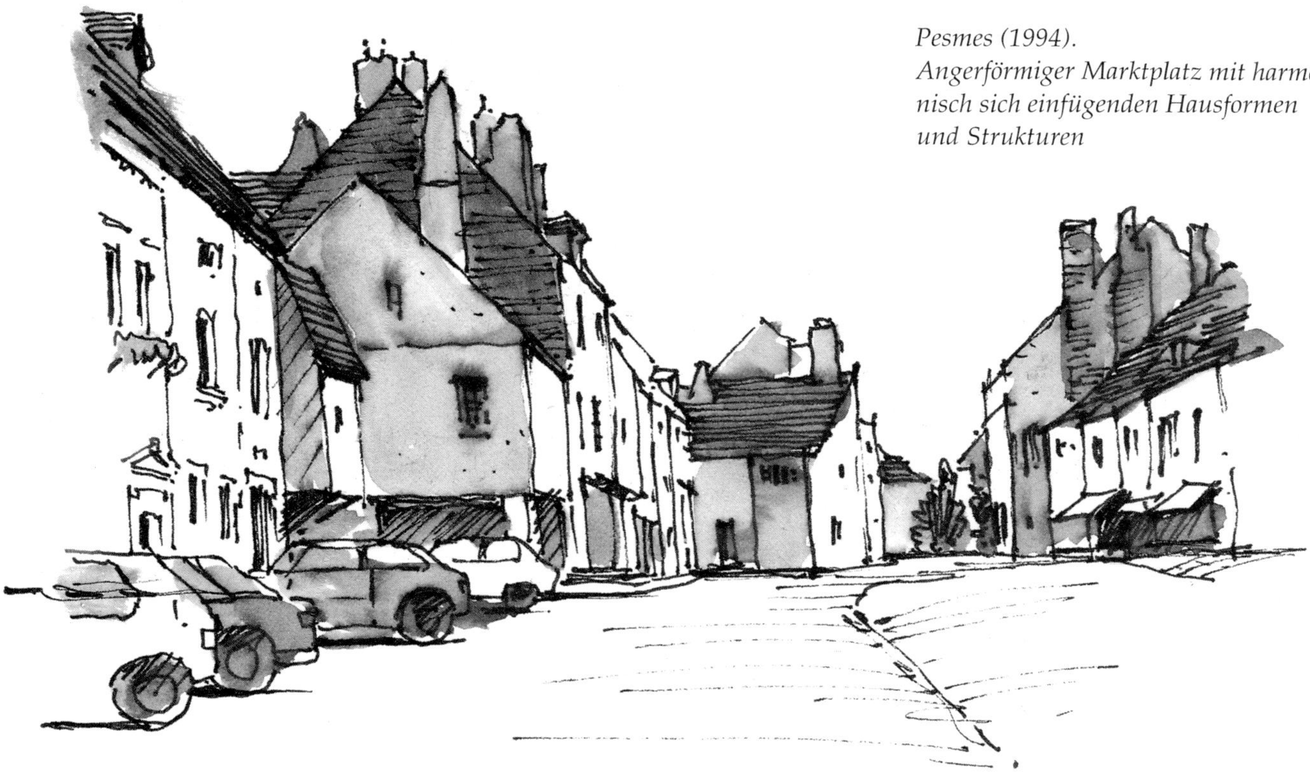

Pesmes (1994).
Angerförmiger Marktplatz mit harmonisch sich einfügenden Hausformen und Strukturen

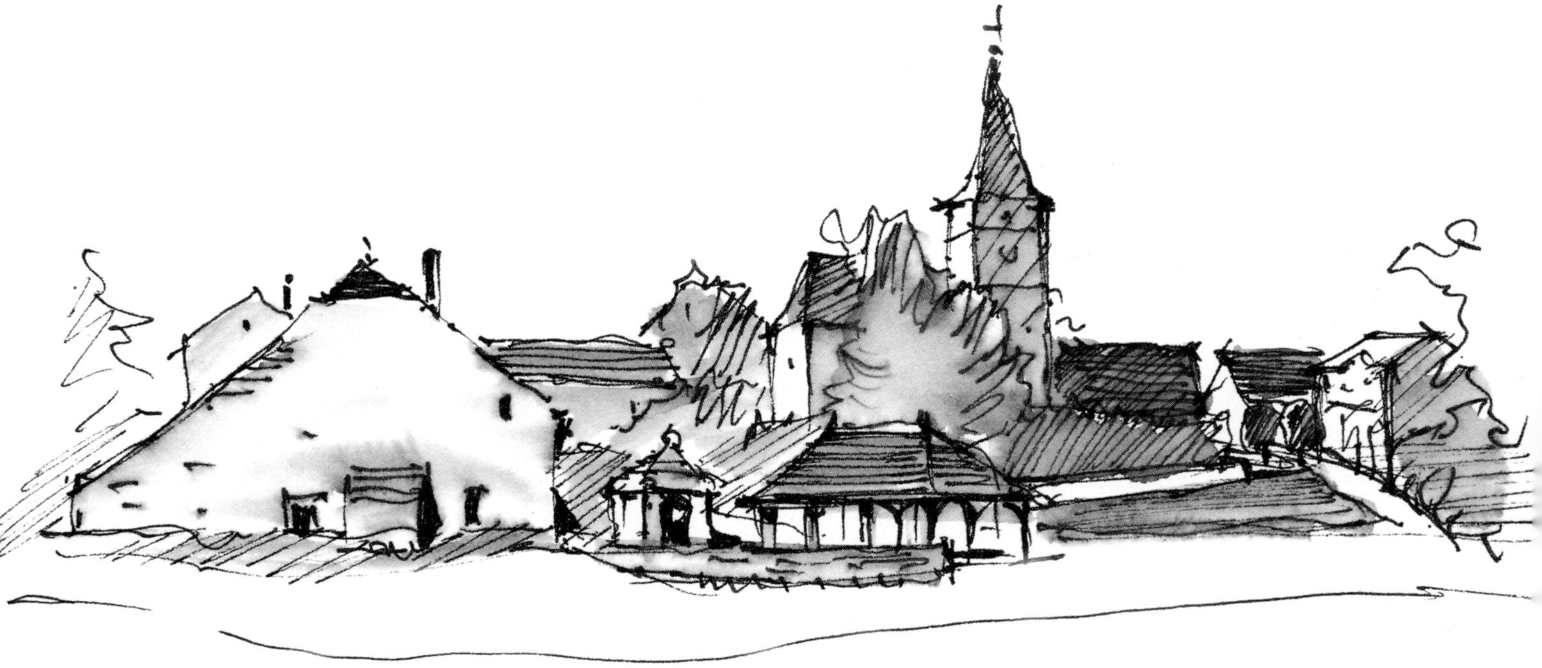

Sermange (1995).
Das Dorf bei Dole von der Straße aus gesehen

Sermange (1995).
Waschhaus als typische Gemeinschaftseinrichtung am Dorfeingang

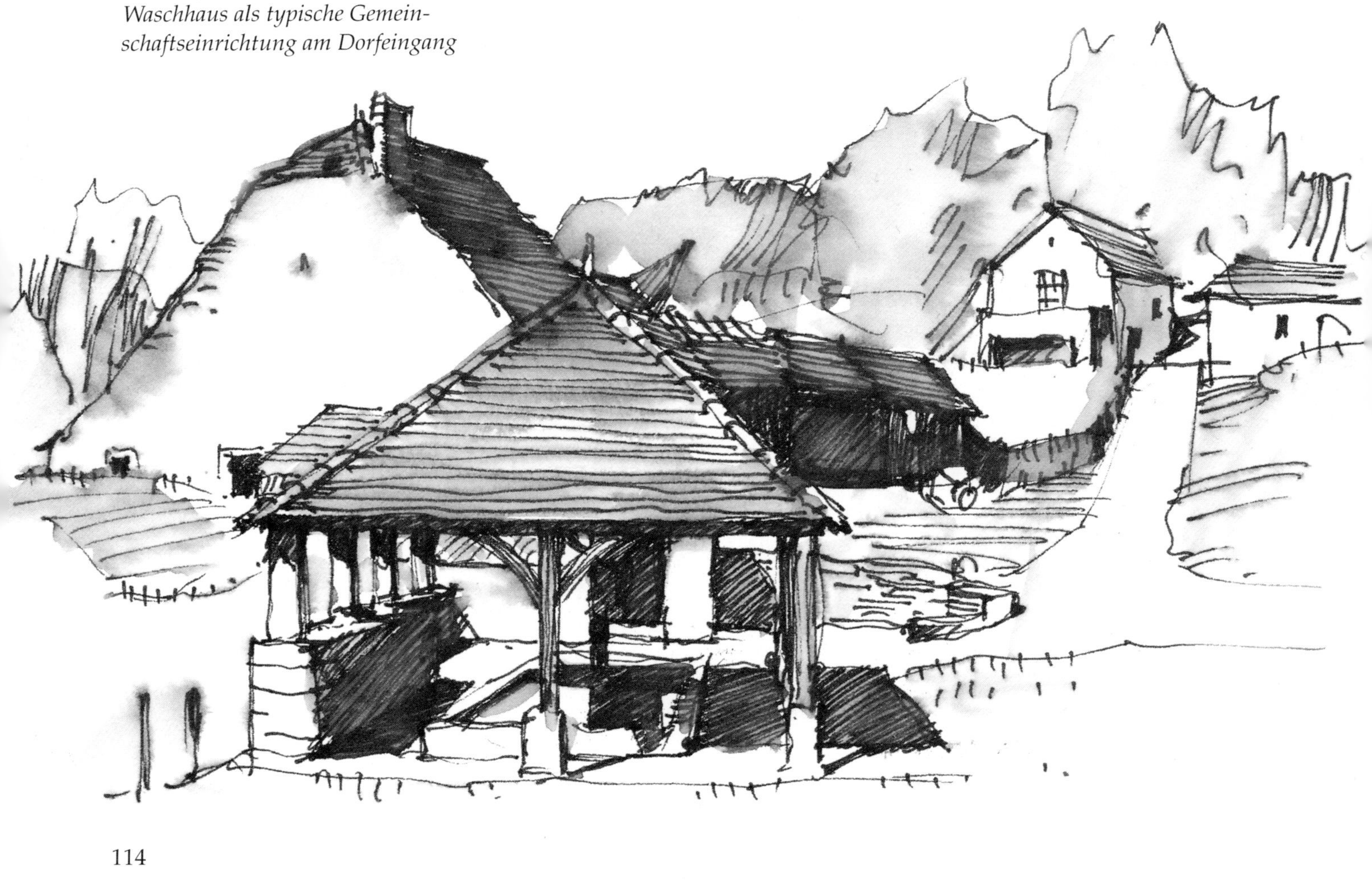

Chateau Chalon (1996).
Alle Hänge zum Tal der Seille sind mit Weinbergen bestanden.

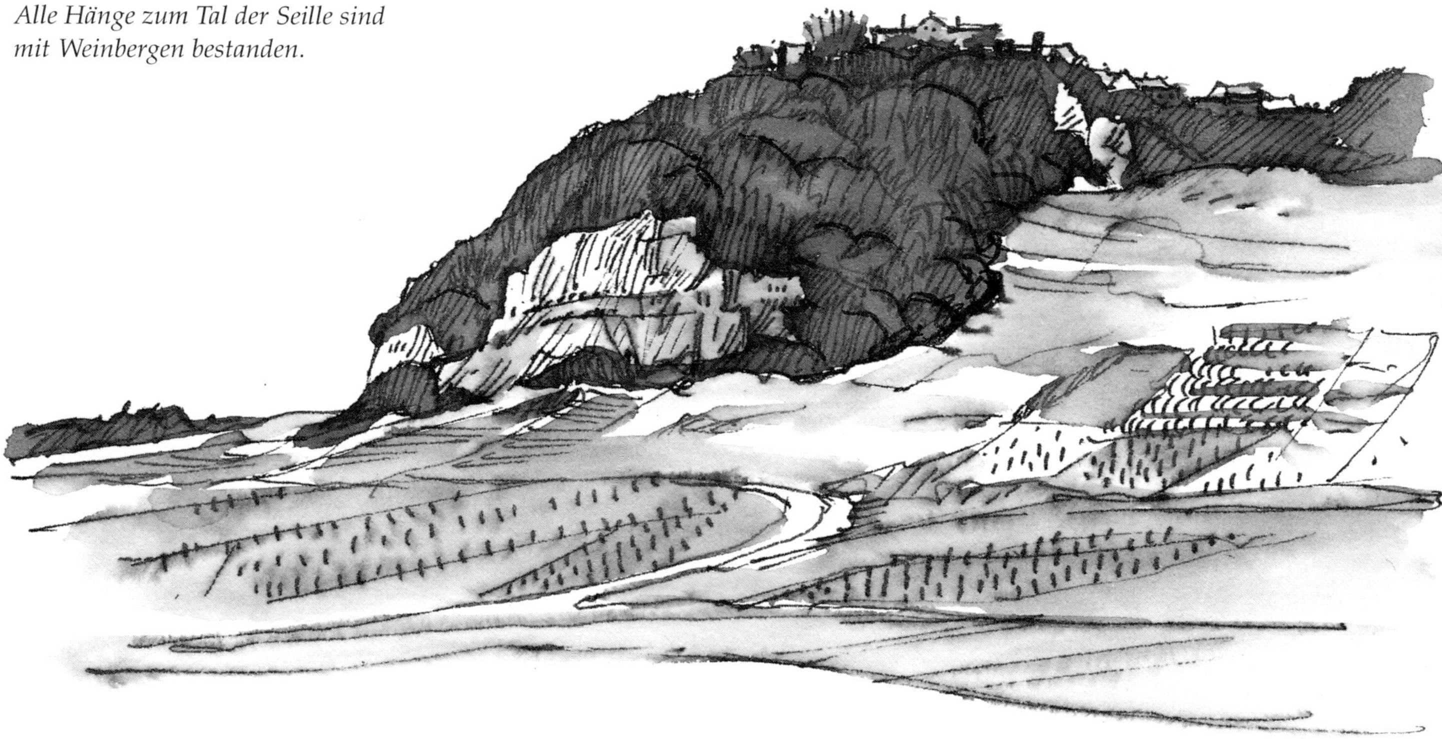

Chateau Chalon (1996).
Das Weindorf in der Region Cirque de Landoye liegt wie ein Raubvogelnest auf dem Felsen.

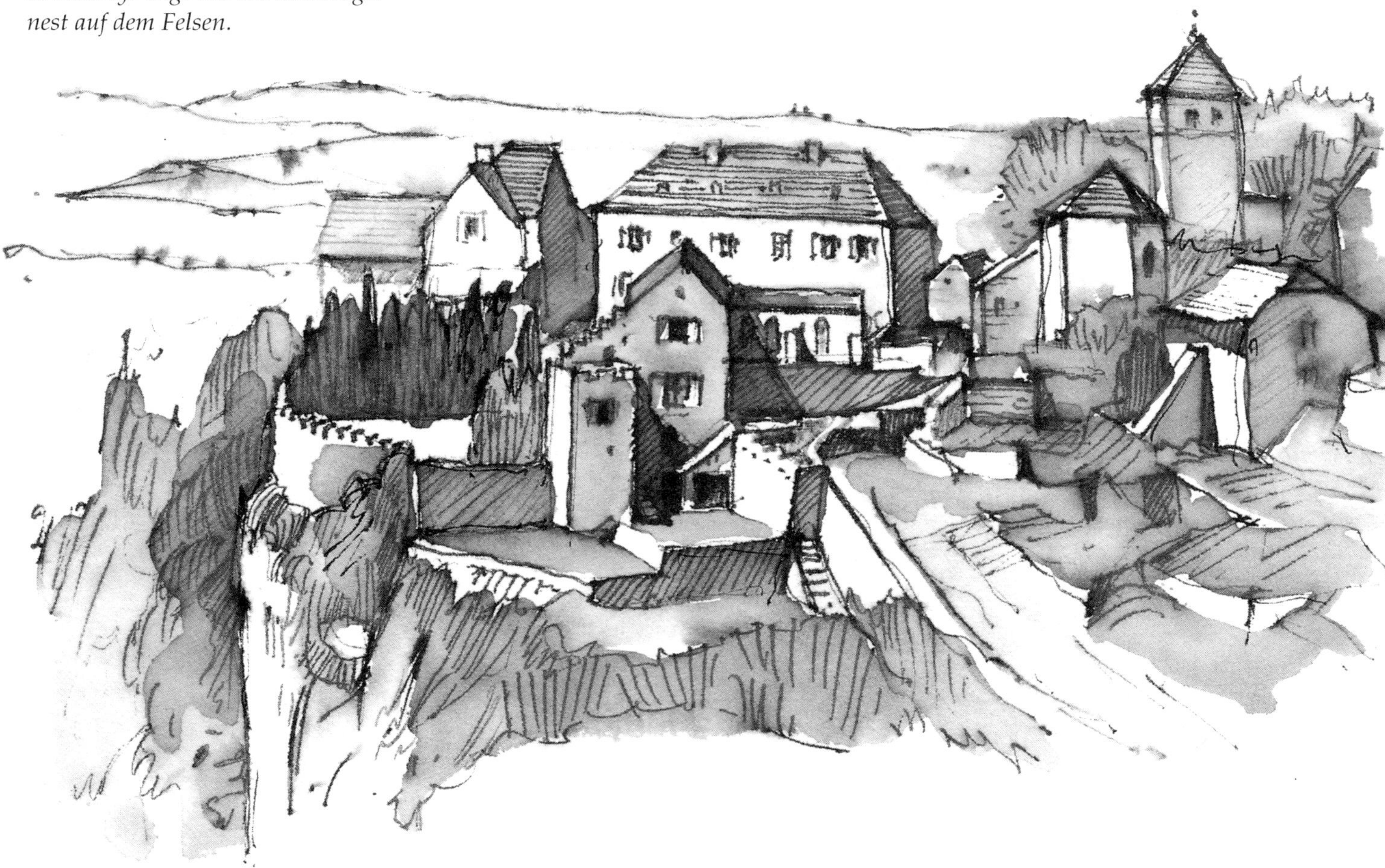

Autun – malerischer Wildwuchs aus dem 19. Jahrhundert (1995)

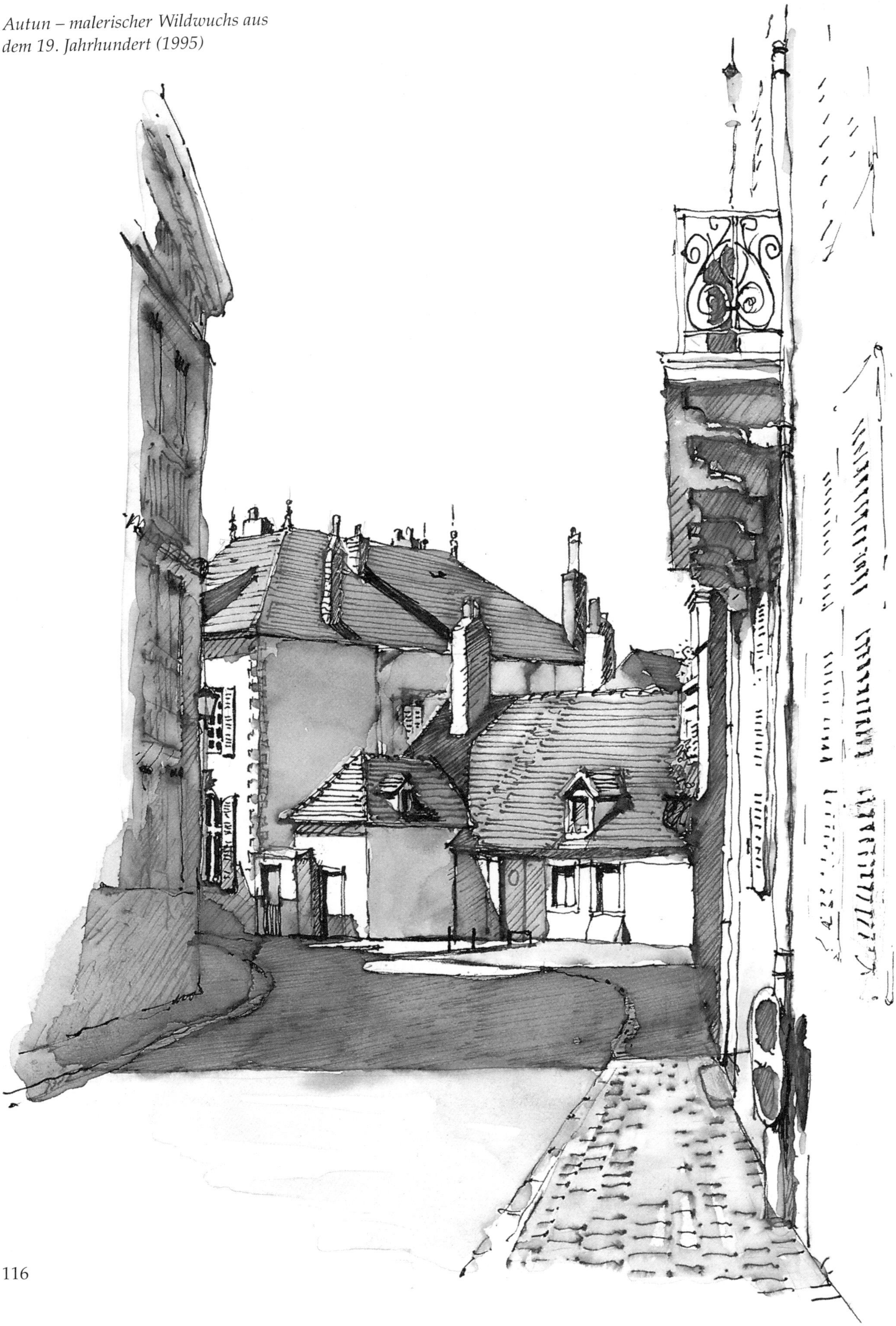

Autun – gotische Stadtkirche (1995)

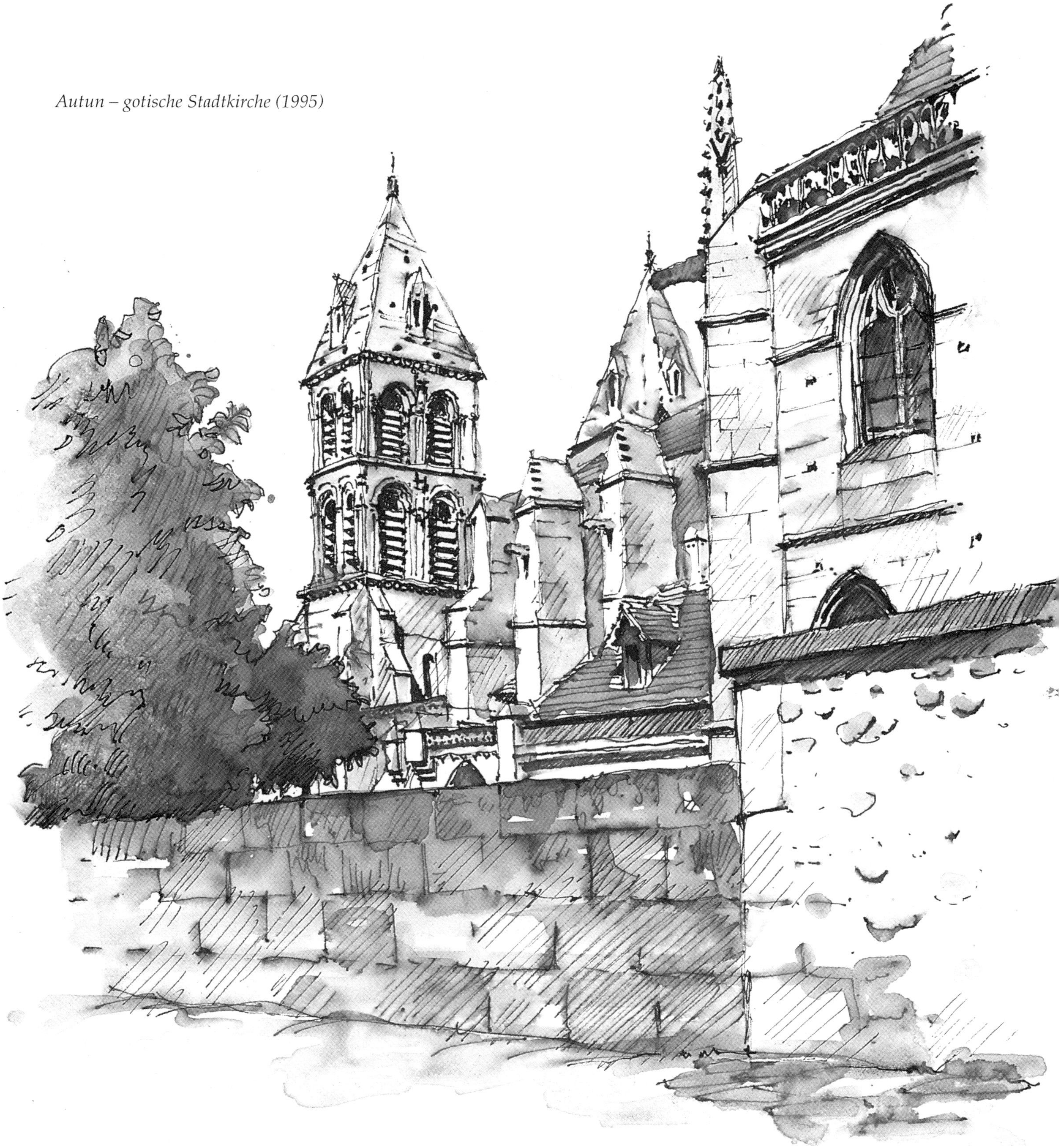

Weiterführende Literatur

A. Zeichnen

Dodson, Bert: Meisterschule Zeichnen. – Augsburg: Augustus Verlag 1991

Koschatzki, Walter: Die Kunst der Zeichnung. – München: dtv 1991

Schelling, Karl-Heinz (mit Harald Riebe): Darmstadt. Skizzen und Texte. – Darmstadt: Verlag der Georg-Büchner-Buchhandlung 1986

Winkler, Friedrich: Die großen Zeichner. – Frankfurt a. M.: Büchergilde Gutenberg 1951

Stadt Darmstadt: Internationale der Zeichnung (Ausstellungskatalog). – Darmstadt 1964

B. Stadt und Stadtbild

Benevolo, Leonardo: Die Geschichte der Stadt. – Frankfurt a.M.: Campus Verlag 1990

Breitling, Peter: Alte Stadt – heute und morgen. – München: Dokumentation bayerische Staatsbehörde des Innern / Oberste Baubehörde 1975

Gruber, Karl: Die Gestalt der deutschen Stadt – im Wandel aus der geistigen Ordnung der Zeiten. – München: Calway 1952

Lynch, Kevin: Das Bild der Stadt. Bauweltfundamente Nr. 16. – Braunschweig / Wiesbaden: Vieweg Verlag 1989

Zemlin, Burghard und Feldrapp, Reinhold: Lutherstadt Eisleben. – Bindlach: Gondrom-Verlag 1993

C. Themen / Hintergrund

Hauser, Arnold: Sozialgeschichte der Kunst und Literatur. – München: Verlag C. H. Beck 1973

Wick, Rainer: Bauhauspädagogik. – Köln: DuMont Verlag 1982

Universität Stuttgart, Institut für Grundlagen der modernen Architektur: Arbeitsberichte zur Planungsmethodik. – Stuttgart: Krämer-Verlag 1970

Ein ganz anderes Skizzenbuch:
anderes Licht, andere Formen.
Szene von der griechischen Insel Santorin

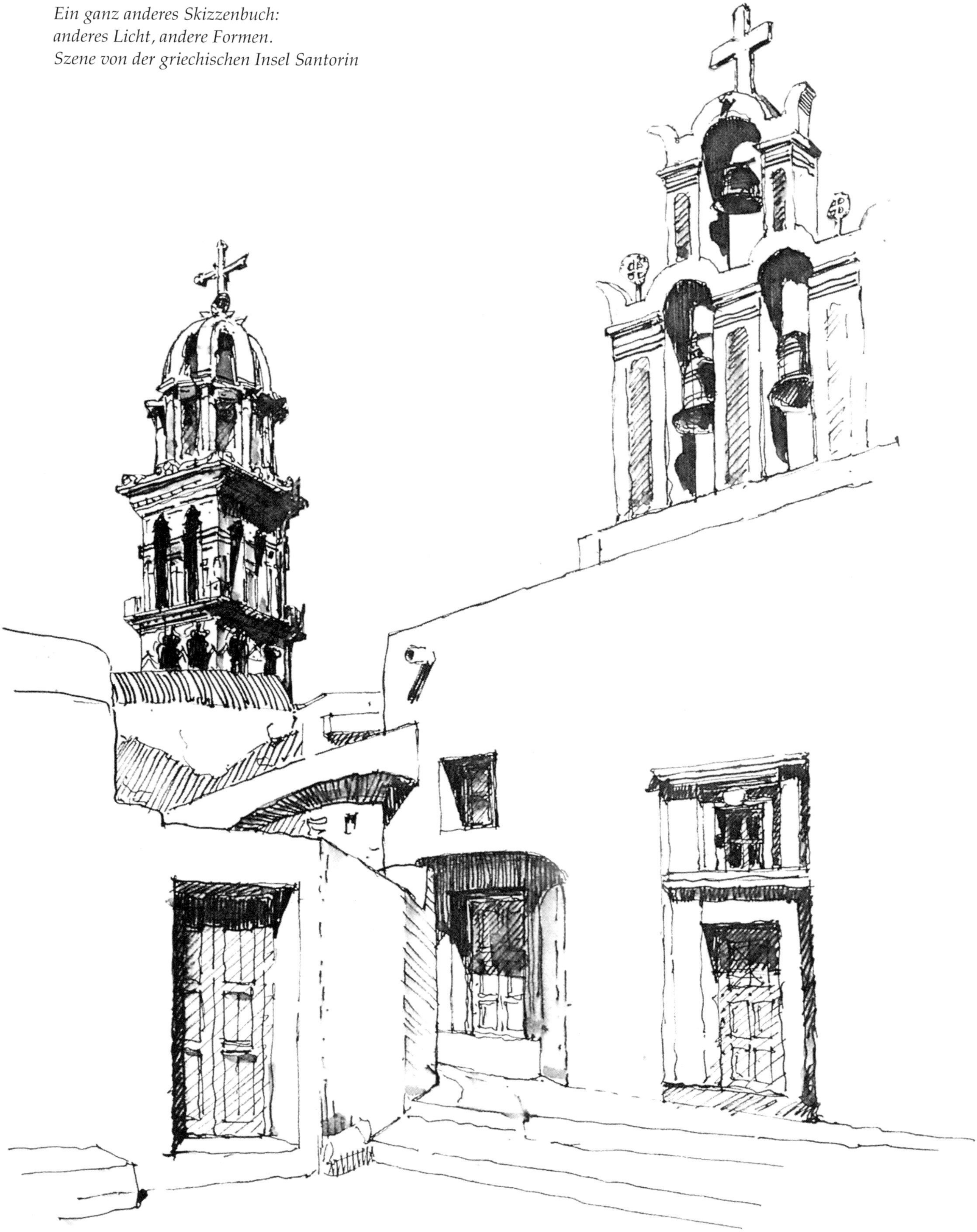

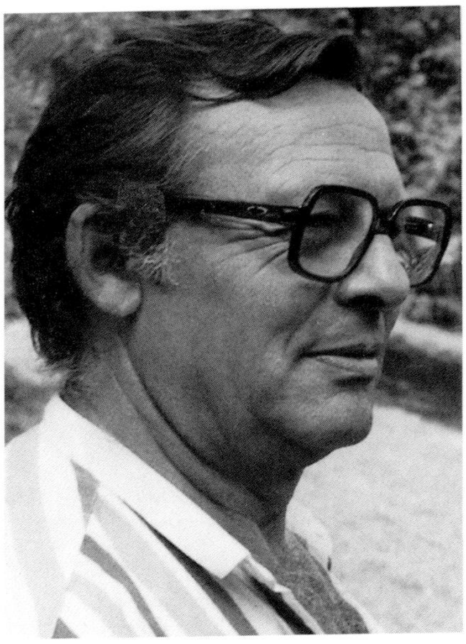

Zum Autor

Prof. Dipl.-Ing. Karl-Heinz Schelling * 1925 in Eisleben
– Schulen in Bitterfeld und Leipzig, Lehre als Maurer
– Studium in Weimar und Darmstadt, 1953 Dipl.-Ing.
– Danach Hochschulplaner im Bauamt der TH Darmstadt
– Gleichzeitig von 1954 bis 1958 Korrespondent und redaktioneller Mitarbeiter der Zeitschrift „Baukunst und Werkeform"
– Ab 1962 eigenes Architekturbüro
– 1964/65 Studienfahrten in den Orient, nach Nordafrika und Ostasien, in die USA sowie nach Mittel- und Südamerika
– Ab 1969 Lehrtätigkeit an der FH Darmstadt mit dem Studiengang Hochbau: Planung und Konstruktion sowie mit Seminaren über Baugeschichte
– Von 1985 bis 1992 mehrere Ausstellungen seiner Zeichnungen in Darmstadt
– Zahlreiche Veröffentlichungen, Fachbeiträge und Buchrezensionen
– Viele seiner Darmstadt-Bilder sind zusammengefaßt in dem Buch „Darmstadt Skizzen und Texte", das 1986 erschien.

Die Deutsche Bibliothek –
CIP-Einheitsaufnahme
Schelling, Karl-Heinz: Bauwerke und Stadtansichten : Architektur zeichnen für Studium und Freizeit / Karl-Heinz Schelling. –
Augsburg : Augustus-Verl., 1997
ISBN 3-8043-0436-2

Lektorat: Günther Wiegand, Wiesbaden
Umschlaggestaltung:
Christa Manner, München

Layout: Anton Walter, Gundelfingen

AUGUSTUS VERLAG AUGSBURG 1997

Satz: Gesetzt aus 10 Punkt Palatino Roman in QuarkXPress von DTP-Design Walter, Gundelfingen
Reproduktion: Repro Ludwig, A-Zell am See
Druck und Bindung: Presse-Druck, Augsburg

Gedruckt auf 120 g umweltfreundlich elementar chlorfrei gebleichtes Papier.

ISBN 3-8043-0436-2
Printed in Germany